StGB

Strafgesetzbuch

2022

Roman Graf

Strafgesetzbuch (StGB)

StGB

Ausfertigungsdatum:

15.05.1871 Vollzitat:

"Strafgesetzbuch in der Fassung der Bekanntmachung vom 13. November 1998 (BGBl. I S. 3322), das zuletzt durch Artikel 2 des Gesetzes vom 22. November 2021 geändert worden ist"

Stand: Neugefasst durch Bek. v. 13.11.1998 I 3322;

zuletzt geändert durch Art. 1 G v. 30.3.2021 I 441, dieser geändert durch Art. 15 Nr. 1 G v. 30.3.2021 I 448

mittelbare Änderung durch Art. 15 Nr. 6 G v. 30.3.2021 I 448 ist berücksichtigt

Hinweis: Änderung durch Art. 1 G v. 16.6.2021 I 1810 (Nr. 33) textlich nachgewiesen, dokumentarisch noch nicht abschließend bearbeitet

Änderung durch Art. 20 G v. 25.6.2021 I 2099 (Nr. 37) textlich nachgewiesen, dokumentarisch noch nicht abschließend bearbeitet

Änderung durch Art. 29 G v. 7.7.2021 I 2363 (Nr. 41) textlich nachgewiesen, dokumentarisch noch nicht abschließend bearbeitet

Änderung durch Art. 1 G v. 10.8.2021 I 3513 (Nr. 53) ist berücksichtigt

Änderung durch Art. 2 G v. 12.8.2021 I 3542 (Nr. 54) ist berücksichtigt

Änderung durch Art. 1 G v. 12.8.2021 I 3544 (Nr. 54) textlich nachgewiesen, dokumentarisch noch nicht abschließend bearbeitet

Änderung durch Art. 1 G v. 14.9.2021 I 4250 (Nr. 66) textlich nachgewiesen, dokumentarisch noch nicht abschließend bearbeitet

Änderung durch Art. 3 G v. 8.10.2021 I 4650 (Nr. 73) ist berücksichtigt

Änderung durch Art. 2 G v. 22.11.2021 4906 (Nr. 79) textlich nachgewiesen, dokumentarisch noch nicht abschließend bearbeitet

Fußnote

(+++ Textnachweis Geltung ab: 1.1.1982 +++)
(+++ Zur Anwendung d. §§ 73d u. 74a vgl. § 184b F ab 27.12.2003, §§ 184k u. 201a
    +++)
(+++ Zur Anwendung d. § 152a Abs. 4 vgl. § 152c Abs. 2 Satz 2 +++) (+++ Zur
Anwendung d. § 73e Abs. 1 Satz 1 vgl. Art. 316j StGBEG +++) (+++ Zur
Anwendung d. § 74a vgl. § 95 Satz 2 MPDG +++)
(+++ Amtlicher Hinweis des Normgebers auf EG-Recht:
    Umsetzung der
      EWGRL 439/91   (CELEX Nr: 31991L0439) vgl. G v. 24.4.1998 I 747 EURaBes
      913/2008 (CELEX Nr: 32008F0913) vgl. G v. 16.3.2011 I 418 EURL 42/2014
      (CELEX Nr: 32014L0042) vgl. G v. 13.4.2017 I 872
    Umsetzung der
      EURL 2018/1673   (CELEX Nr: 32018L1673) vgl. Art. 1
                                  G v. 9.3.2021 I 327 +++)
(+++ Maßgaben aufgrund EinigVtr vgl. StGB Anhang EV; nicht mehr anzuwenden +++)

Inhaltsübersicht

Allgemeiner Teil

Erster Abschnitt

Das Strafgesetz

Erster Titel
Geltungsbereich

§ 1   Keine Strafe ohne Gesetz

§ 2   Zeitliche Geltung

§ 3   Geltung für Inlandstaten

§ 4   Geltung für Taten auf deutschen Schiffen und Luftfahrzeugen

§ 5   Auslandstaten mit besonderem Inlandsbezug

§ 6   Auslandstaten gegen international geschützte Rechtsgüter

§ 7   Geltung für Auslandstaten in anderen Fällen

§ 8   Zeit der Tat

§ 9   Ort der Tat

§ 10   Sondervorschriften für Jugendliche und Heranwachsende

Zweiter Titel
Sprachgebrauch

§ 11   Personen- und Sachbegriffe

§ 12   Verbrechen und Vergehen

Zweiter Abschnitt
Die Tat

Erster Titel
Grundlagen der Strafbarkeit

§ 13   Begehen durch Unterlassen

§ 14   Handeln für einen anderen

§ 15   Vorsätzliches und fahrlässiges Handeln

§ 16   Irrtum über Tatumstände

§ 17   Verbotsirrtum

§ 18   Schwerere Strafe bei besonderen Tatfolgen

§ 19   Schuldunfähigkeit des Kindes

§ 20   Schuldunfähigkeit wegen seelischer Störungen

§ 21   Verminderte Schuldfähigkeit

Zweiter Titel
Versuch

§ 22   Begriffsbestimmung

§ 23   Strafbarkeit des Versuchs

§ 24   Rücktritt

Dritter Titel

Täterschaft und Teilnahme

§ 25   Täterschaft

§ 26   Anstiftung

§ 27   Beihilfe

§ 28   Besondere persönliche Merkmale

§ 29   Selbständige Strafbarkeit des Beteiligten

§ 30   Versuch der Beteiligung

§ 31   Rücktritt vom Versuch der Beteiligung

Vierter Titel

Notwehr und Notstand

§ 32   Notwehr

§ 33   Überschreitung der Notwehr

§ 34   Rechtfertigender Notstand

§ 35   Entschuldigender Notstand

Fünfter Titel

Straflosigkeit parlamentarischer Äußerungen und Berichte

§ 36   Parlamentarische Äußerungen

§ 37   Parlamentarische Berichte

Dritter Abschnitt

Rechtsfolgen der Tat

Erster Titel

Strafen

- Freiheitsstrafe -

§ 38   Dauer der Freiheitsstrafe

§ 39   Bemessung der Freiheitsstrafe

\-   Geldstrafe -

§ 40   Verhängung in Tagessätzen
§ 41   Geldstrafe neben Freiheitsstrafe
§ 42   Zahlungserleichterungen
§ 43   Ersatzfreiheitsstrafe

§ 43a   (weggefallen)

               - Nebenstrafe -

§ 44   Fahrverbot

               - Nebenfolgen -

§ 45   Verlust der Amtsfähigkeit, der Wählbarkeit und des Stimmrechts
§ 45a   Eintritt und Berechnung des Verlustes
§ 45b   Wiederverleihung von Fähigkeiten und Rechten

Zweiter Titel

Strafbemessung

§ 46   Grundsätze der Strafzumessung
§ 46a   Täter-Opfer-Ausgleich, Schadenswiedergutmachung
§ 46b   Hilfe zur Aufklärung oder Verhinderung von schweren Straftaten
§ 47   Kurze Freiheitsstrafe nur in Ausnahmefällen
§ 48   (weggefallen)
§ 49   Besondere gesetzliche Milderungsgründe
§ 50   Zusammentreffen von Milderungsgründen
§ 51   Anrechnung

Dritter Titel

Strafbemessung bei mehreren Gesetzesverletzungen

§ 52   Tateinheit
§ 53   Tatmehrheit
§ 54   Bildung der Gesamtstrafe
§ 55   Nachträgliche Bildung der Gesamtstrafe

Vierter Titel

Strafaussetzung zur Bewährung

§ 56   Strafaussetzung

§ 56a   Bewährungszeit

§ 56b   Auflagen

§ 56c   Weisungen

§ 56d   Bewährungshilfe

§ 56e   Nachträgliche Entscheidungen

§ 56f   Widerruf der Strafaussetzung

§ 56g   Straferlaß

§ 57   Aussetzung des Strafrestes bei zeitiger Freiheitsstrafe

§ 57a   Aussetzung des Strafrestes bei lebenslanger Freiheitsstrafe

§ 57b   Aussetzung des Strafrestes bei lebenslanger Freiheitsstrafe als Gesamtstrafe

§ 58   Gesamtstrafe und Strafaussetzung

Fünfter Titel

Verwarnung mit Strafvorbehalt; Absehen von Strafe

§ 59   Voraussetzungen der Verwarnung mit Strafvorbehalt

§ 59a   Bewährungszeit, Auflagen und Weisungen

§ 59b   Verurteilung zu der vorbehaltenen Strafe

§ 59c   Gesamtstrafe und Verwarnung mit Strafvorbehalt

§ 60   Absehen von Strafe

Sechster Titel

Maßregeln der Besserung und Sicherung

§ 61   Übersicht

§ 62   Grundsatz der Verhältnismäßigkeit

            - Freiheitsentziehende Maßregeln -

§ 63   Unterbringung in einem psychiatrischen Krankenhaus

§ 64   Unterbringung in einer Entziehungsanstalt

§ 65   (weggefallen)

§ 66   Unterbringung in der Sicherungsverwahrung

§ 66a   Vorbehalt der Unterbringung in der Sicherungsverwahrung

§ 66b   Nachträgliche Anordnung der Unterbringung in der Sicherungsverwahrung

§ 66c   Ausgestaltung der Unterbringung in der Sicherungsverwahrung und des
            vorhergehenden Strafvollzugs

§ 67   Reihenfolge der Vollstreckung

§ 67a   Überweisung in den Vollzug einer anderen Maßregel

§ 67b   Aussetzung zugleich mit der Anordnung

§ 67c   Späterer Beginn der Unterbringung

§ 67d   Dauer der Unterbringung

§ 67e   Überprüfung

§ 67f   Mehrfache Anordnung der Maßregel

§ 67g   Widerruf der Aussetzung

§ 67h   Befristete Wiederinvollzugsetzung; Krisenintervention

- Führungsaufsicht -

§ 68   Voraussetzungen der Führungsaufsicht

§ 68a   Aufsichtsstelle, Bewährungshilfe, forensische Ambulanz

§ 68b   Weisungen

§ 68c   Dauer der Führungsaufsicht

§ 68d   Nachträgliche Entscheidungen; Überprüfungsfrist

§ 68e   Beendigung oder Ruhen der Führungsaufsicht

§ 68f   Führungsaufsicht bei Nichtaussetzung des Strafrestes

§ 68g   Führungsaufsicht und Aussetzung zur Bewährung

- Entziehung der Fahrerlaubnis -

§ 69   Entziehung der Fahrerlaubnis

§ 69a   Sperre für die Erteilung einer Fahrerlaubnis

§ 69b   Wirkung der Entziehung bei einer ausländischen Fahrerlaubnis

- Berufsverbot -

§ 70   Anordnung des Berufsverbots

§ 70a   Aussetzung des Berufsverbots

§ 70b   Widerruf der Aussetzung und Erledigung des Berufsverbots

- Gemeinsame Vorschriften -

§ 71   Selbständige Anordnung

§ 72   Verbindung von Maßregeln

Siebenter Titel
Einziehung

§ 73   Einziehung von Taterträgen bei Tätern und Teilnehmern

§ 73a   Erweiterte Einziehung von Taterträgen bei Tätern und Teilnehmern

§ 73b   Einziehung von Taterträgen bei anderen

§ 73c   Einziehung des Wertes von Taterträgen

§ 73d   Bestimmung des Wertes des Erlangten; Schätzung

§ 73e   Ausschluss der Einziehung des Tatertrages oder des Wertersatzes

§ 74   Einziehung von Tatprodukten, Tatmitteln und Tatobjekten bei Tätern und
Teilnehmern

§ 74a   Einziehung von Tatprodukten, Tatmitteln und Tatobjekten bei anderen

§ 74b   Sicherungseinziehung

§ 74c   Einziehung des Wertes von Tatprodukten, Tatmitteln und Tatobjekten bei
Tätern und Teilnehmern

§ 74d   Einziehung von Verkörperungen eines Inhalts und Unbrauchbarmachung

§ 74e   Sondervorschrift für Organe und Vertreter

§ 74f   Grundsatz der Verhältnismäßigkeit

§ 75   Wirkung der Einziehung

§ 76   Nachträgliche Anordnung der Einziehung des Wertersatzes

§ 76a   Selbständige Einziehung

§ 76b   Verjährung der Einziehung von Taterträgen und des Wertes von Taterträgen

Vierter Abschnitt

Strafantrag, Ermächtigung, Strafverlangen

§ 77   Antragsberechtigte

§ 77a   Antrag des Dienstvorgesetzten

§ 77b   Antragsfrist

§ 77c   Wechselseitig begangene Taten

§ 77d   Zurücknahme des Antrags

§ 77e   Ermächtigung und Strafverlangen

Fünfter Abschnitt

Verjährung

Erster Titel

Verfolgungsverjährung

§ 78   Verjährungsfrist

§ 78a   Beginn

§ 78b   Ruhen

§ 78c   Unterbrechung

Zweiter Titel

Vollstreckungsverjährung

§ 79   Verjährungsfrist
§ 79a   Ruhen
§ 79b   Verlängerung

Besonderer Teil

Erster Abschnitt

Friedensverrat, Hochverrat und Gefährdung des demokratischen Rechtsstaates

Erster Titel

Friedensverrat

§ 80   (weggefallen)
§ 80a   Aufstacheln zum Verbrechen der Aggression

Zweiter Titel

Hochverrat

§ 81   Hochverrat gegen den Bund
§ 82   Hochverrat gegen ein Land
§ 83   Vorbereitung eines hochverräterischen Unternehmens
§ 83a   Tätige Reue

Dritter Titel

Gefährdung des demokratischen Rechtsstaates

§ 84   Fortführung einer für verfassungswidrig erklärten Partei
§ 85   Verstoß gegen ein Vereinigungsverbot
§ 86   Verbreiten von Propagandamitteln verfassungswidriger und terroristischer Organisationen
§ 86a   Verwenden von Kennzeichen verfassungswidriger und terroristischer Organisationen
§ 87   Agententätigkeit zu Sabotagezwecken
§ 88   Verfassungsfeindliche Sabotage
§ 89   Verfassungsfeindliche Einwirkung auf Bundeswehr und öffentliche Sicherheitsorgane
§ 89a   Vorbereitung einer schweren staatsgefährdenden Gewalttat
§ 89b   Aufnahme von Beziehungen zur Begehung einer schweren staatsgefährdenden Gewalttat
§ 89c   Terrorismusfinanzierung
§ 90   Verunglimpfung des Bundespräsidenten

§ 90a   Verunglimpfung des Staates und seiner Symbole

§ 90b   Verfassungsfeindliche Verunglimpfung von Verfassungsorganen

§ 90c   Verunglimpfung von Symbolen der Europäischen Union

§ 91   Anleitung zur Begehung einer schweren staatsgefährdenden Gewalttat

§ 91a   Anwendungsbereich

Vierter Titel

Gemeinsame Vorschriften

§ 92   Begriffsbestimmungen

§ 92a   Nebenfolgen

§ 92b   Einziehung

Zweiter Abschnitt

Landesverrat und Gefährdung der äußeren Sicherheit

§ 93   Begriff des Staatsgeheimnisses

§ 94   Landesverrat

§ 95   Offenbaren von Staatsgeheimnissen

§ 96   Landesverräterische Ausspähung; Auskundschaften von Staatsgeheimnissen

§ 97   Preisgabe von Staatsgeheimnissen

§ 97a   Verrat illegaler Geheimnisse

§ 97b   Verrat in irriger Annahme eines illegalen Geheimnisses

§ 98   Landesverräterische Agententätigkeit

§ 99   Geheimdienstliche Agententätigkeit

§ 100   Friedensgefährdende Beziehungen

§ 100a   Landesverräterische Fälschung

§ 101   Nebenfolgen

§ 101a   Einziehung

Dritter Abschnitt

Straftaten gegen ausländische Staaten

§ 102   Angriff gegen Organe und Vertreter ausländischer Staaten

§ 103   (weggefallen)

§ 104   Verletzung von Flaggen und Hoheitszeichen ausländischer Staaten

§ 104a   Voraussetzungen der Strafverfolgung

Vierter Abschnitt

Straftaten gegen Verfassungsorgane sowie bei Wahlen und Abstimmungen; Bestechlichkeit und Bestechung von Mandatsträgern

§ 105   Nötigung von Verfassungsorganen

§ 106   Nötigung des Bundespräsidenten und von Mitgliedern eines Verfassungsorgans

§ 106a   (weggefallen)

§ 106b   Störung der Tätigkeit eines Gesetzgebungsorgans

§ 107   Wahlbehinderung

§ 107a   Wahlfälschung

§ 107b   Fälschung von Wahlunterlagen

§ 107c   Verletzung des Wahlgeheimnisses

§ 108   Wählernötigung

§ 108a   Wählertäuschung

§ 108b   Wählerbestechung

§ 108c   Nebenfolgen

§ 108d   Geltungsbereich

§ 108e   Bestechlichkeit und Bestechung von Mandatsträgern

Fünfter Abschnitt

Straftaten gegen die Landesverteidigung

§ 109   Wehrpflichtentziehung durch Verstümmelung

§ 109a   Wehrpflichtentziehung durch Täuschung

§§ 109b   und 109c (weggefallen)

§ 109d   Störpropaganda gegen die Bundeswehr

§ 109e   Sabotagehandlungen an Verteidigungsmitteln

§ 109f   Sicherheitsgefährdender Nachrichtendienst

§ 109g   Sicherheitsgefährdendes Abbilden

§ 109h   Anwerben für fremden Wehrdienst

§ 109i   Nebenfolgen

§ 109k   Einziehung

Sechster Abschnitt

Widerstand gegen die Staatsgewalt

§ 110   (weggefallen)

§ 111   Öffentliche Aufforderung zu Straftaten

§ 112   (weggefallen)

§ 113   Widerstand gegen Vollstreckungsbeamte

§ 114   Tätlicher Angriff auf Vollstreckungsbeamte

§ 115   Widerstand gegen oder tätlicher Angriff auf Personen, die
             Vollstreckungsbeamten gleichstehen

§§ 116   bis 119 (weggefallen)

§ 120   Gefangenenbefreiung

§ 121   Gefangenenmeuterei

§ 122   (weggefallen)

Siebenter Abschnitt

Straftaten gegen die öffentliche Ordnung

§ 123   Hausfriedensbruch

§ 124   Schwerer Hausfriedensbruch

§ 125   Landfriedensbruch

§ 125a   Besonders schwerer Fall des Landfriedensbruchs

§ 126   Störung des öffentlichen Friedens durch Androhung von Straftaten

§ 126a   Gefährdendes Verbreiten personenbezogener Daten

§ 127   Betreiben krimineller Handelsplattformen im Internet

§ 128   Bildung bewaffneter Gruppen

§ 129   Bildung krimineller Vereinigungen

§ 129a   Bildung terroristischer Vereinigungen

§ 129b   Kriminelle und terroristische Vereinigungen im Ausland; Einziehung

§ 130   Volksverhetzung

§ 130a   Anleitung zu Straftaten

§ 131   Gewaltdarstellung

§ 132   Amtsanmaßung

§ 132a   Mißbrauch von Titeln, Berufsbezeichnungen und Abzeichen

§ 133   Verwahrungsbruch

§ 134   Verletzung amtlicher Bekanntmachungen

§ 135   (weggefallen)

§ 136   Verstrickungsbruch; Siegelbruch

§ 137   (weggefallen)

§ 138   Nichtanzeige geplanter Straftaten

§ 139   Straflosigkeit der Nichtanzeige geplanter Straftaten

§ 140   Belohnung und Billigung von Straftaten

§ 141   (weggefallen)

§ 142   Unerlaubtes Entfernen vom Unfallort

§ 143   (weggefallen)

§ 144   (weggefallen)

§ 145   Mißbrauch von Notrufen und Beeinträchtigung von Unfallverhütungs- und Nothilfemitteln

§ 145a   Verstoß gegen Weisungen während der Führungsaufsicht

§ 145b   (weggefallen)

§ 145c   Verstoß gegen das Berufsverbot

§ 145d   Vortäuschen einer Straftat

Achter Abschnitt

Geld- und Wertzeichenfälschung

§ 146   Geldfälschung

§ 147   Inverkehrbringen von Falschgeld

§ 148   Wertzeichenfälschung

§ 149   Vorbereitung der Fälschung von Geld und Wertzeichen

§ 150   Einziehung

§ 151   Wertpapiere

§ 152   Geld, Wertzeichen und Wertpapiere eines fremden Währungsgebiets

§ 152a   Fälschung von Zahlungskarten, Schecks, Wechseln und anderen körperlichen unbaren Zahlungsinstrumenten

§ 152b   Fälschung von Zahlungskarten mit Garantiefunktion

§ 152c   Vorbereitung des Diebstahls und der Unterschlagung von Zahlungskarten, Schecks, Wechseln und anderen körperlichen unbaren Zahlungsinstrumenten

Neunter Abschnitt

Falsche uneidliche Aussage und Meineid

§ 153   Falsche uneidliche Aussage

§ 154   Meineid

§ 155   Eidesgleiche Bekräftigungen

§ 156   Falsche Versicherung an Eides Statt

§ 157   Aussagenotstand

§ 158   Berichtigung einer falschen Angabe

§ 159   Versuch der Anstiftung zur Falschaussage

§ 160   Verleitung zur Falschaussage

§ 161   Fahrlässiger Falscheid; fahrlässige falsche Versicherung an Eides statt

§ 162   Internationale Gerichte; nationale Untersuchungsausschüsse

§ 163   (weggefallen)

Zehnter Abschnitt

Falsche Verdächtigung

§ 164   Falsche Verdächtigung

§ 165   Bekanntgabe der Verurteilung

Elfter Abschnitt

Straftaten, welche sich auf Religion und Weltanschauung beziehen

§ 166   Beschimpfung von Bekenntnissen, Religionsgesellschaften und Weltanschauungsvereinigungen

§ 167   Störung der Religionsausübung

§ 167a   Störung einer Bestattungsfeier

§ 168   Störung der Totenruhe

Zwölfter Abschnitt

Straftaten gegen den Personenstand, die Ehe und die Familie

§ 169   Personenstandsfälschung
§ 170   Verletzung der Unterhaltspflicht
§ 171   Verletzung der Fürsorge- oder Erziehungspflicht
§ 172   Doppelehe; doppelte Lebenspartnerschaft
§ 173   Beischlaf zwischen Verwandten

Dreizehnter Abschnitt

Straftaten gegen die sexuelle Selbstbestimmung

§ 174   Sexueller Mißbrauch von Schutzbefohlenen
§ 174a   Sexueller Mißbrauch von Gefangenen, behördlich Verwahrten oder Kranken und Hilfsbedürftigen in Einrichtungen
§ 174b   Sexueller Mißbrauch unter Ausnutzung einer Amtsstellung
§ 174c   Sexueller Mißbrauch unter Ausnutzung eines Beratungs-, Behandlungs- oder Betreuungsverhältnisses
§ 175   (weggefallen)
§ 176   Sexueller Missbrauch von Kindern
§ 176a   Sexueller Missbrauch von Kindern ohne Körperkontakt mit dem Kind
§ 176b   Vorbereitung des sexuellen Missbrauchs von Kindern
§ 176c   Schwerer sexueller Missbrauch von Kindern
§ 176d   Sexueller Missbrauch von Kindern mit Todesfolge
§ 176e   Verbreitung und Besitz von Anleitungen zu sexuellem Missbrauch von Kindern
§ 177   Sexueller Übergriff; sexuelle Nötigung; Vergewaltigung
§ 178   Sexueller Übergriff, sexuelle Nötigung und Vergewaltigung mit Todesfolge
§ 179   (weggefallen)
§ 180   Förderung sexueller Handlungen Minderjähriger
§ 180a   Ausbeutung von Prostituierten
§§ 180b   und 181 (weggefallen)
§ 181a   Zuhälterei
§ 181b   Führungsaufsicht
§ 181c   (weggefallen)
§ 182   Sexueller Mißbrauch von Jugendlichen
§ 183   Exhibitionistische Handlungen
§ 183a   Erregung öffentlichen Ärgernisses
§ 184   Verbreitung pornographischer Inhalte
§ 184a   Verbreitung gewalt- oder tierpornographischer Inhalte
§ 184b   Verbreitung, Erwerb und Besitz kinderpornographischer Inhalte

§ 184c   Verbreitung, Erwerb und Besitz jugendpornographischer Inhalte

§ 184d   (weggefallen)

§ 184e   Veranstaltung und Besuch kinder- und jugendpornographischer Darbietungen

§ 184f   Ausübung der verbotenen Prostitution

§ 184g   Jugendgefährdende Prostitution

§ 184h   Begriffsbestimmungen

§ 184i   Sexuelle Belästigung

§ 184j   Straftaten aus Gruppen

§ 184k   Verletzung des Intimbereichs durch Bildaufnahmen

§ 184l   Inverkehrbringen, Erwerb und Besitz von Sexpuppen mit kindlichem Erscheinungsbild

Vierzehnter Abschnitt
Beleidigung

§ 185   Beleidigung

§ 186   Üble Nachrede

§ 187   Verleumdung

§ 188   Gegen Personen des politischen Lebens gerichtete Beleidigung, üble Nachrede und Verleumdung

§ 189   Verunglimpfung des Andenkens Verstorbener

§ 190   Wahrheitsbeweis durch Strafurteil

§ 191   (weggefallen)

§ 192   Beleidigung trotz Wahrheitsbeweises

§ 192a   Verhetzende Beleidigung

§ 193   Wahrnehmung berechtigter Interessen

§ 194   Strafantrag

§§ 195   bis 198 (weggefallen)

§ 199   Wechselseitig begangene Beleidigungen

§ 200   Bekanntgabe der Verurteilung

Fünfzehnter Abschnitt
Verletzung des persönlichen Lebens- und Geheimbereichs

§ 201   Verletzung der Vertraulichkeit des Wortes

§ 201a   Verletzung des höchstpersönlichen Lebensbereichs und von Persönlichkeitsrechten durch Bildaufnahmen

§ 202   Verletzung des Briefgeheimnisses

§ 202a   Ausspähen von Daten

§ 202b   Abfangen von Daten

§ 202c   Vorbereiten des Ausspähens und Abfangens von Daten

§ 202d   Datenhehlerei

§ 203   Verletzung von Privatgeheimnissen

§ 204   Verwertung fremder Geheimnisse

§ 205   Strafantrag

§ 206   Verletzung des Post- oder Fernmeldegeheimnisses

§§ 207   bis 210 (weggefallen)

Sechzehnter Abschnitt
Straftaten gegen das Leben

§ 211   Mord

§ 212   Totschlag

§ 213   Minder schwerer Fall des Totschlags

§§ 214   und 215 (weggefallen)

§ 216   Tötung auf Verlangen

§ 217   Geschäftsmäßige Förderung der Selbsttötung

§ 218   Schwangerschaftsabbruch

§ 218a   Straflosigkeit des Schwangerschaftsabbruchs

§ 218b   Schwangerschaftsabbruch ohne ärztliche Feststellung; unrichtige ärztliche Feststellung

§ 218c   Ärztliche Pflichtverletzung bei einem Schwangerschaftsabbruch

§ 219   Beratung der Schwangeren in einer Not- und Konfliktlage

§ 219a   Werbung für den Abbruch der Schwangerschaft

§ 219b   Inverkehrbringen von Mitteln zum Abbruch der Schwangerschaft

§§ 220   und 220a (weggefallen)

§ 221   Aussetzung

§ 222   Fahrlässige Tötung

Siebzehnter Abschnitt
Straftaten gegen die körperliche Unversehrtheit

§ 223   Körperverletzung

§ 224   Gefährliche Körperverletzung

§ 225   Mißhandlung von Schutzbefohlenen

§ 226   Schwere Körperverletzung

§ 226a   Verstümmelung weiblicher Genitalien

§ 227   Körperverletzung mit Todesfolge

§ 228   Einwilligung

§ 229   Fahrlässige Körperverletzung

§ 230   Strafantrag

§ 231   Beteiligung an einer Schlägerei

Achtzehnter Abschnitt
Straftaten gegen die persönliche Freiheit

§ 232   Menschenhandel

§ 232a   Zwangsprostitution

§ 232b   Zwangsarbeit

§ 233   Ausbeutung der Arbeitskraft

§ 233a   Ausbeutung unter Ausnutzung einer Freiheitsberaubung

§ 233b   Führungsaufsicht

§ 234   Menschenraub

§ 234a   Verschleppung

§ 235   Entziehung Minderjähriger

§ 236   Kinderhandel

§ 237   Zwangsheirat

§ 238   Nachstellung

§ 239   Freiheitsberaubung

§ 239a   Erpresserischer Menschenraub

§ 239b   Geiselnahme

§ 239c   Führungsaufsicht

§ 240   Nötigung

§ 241   Bedrohung

§ 241a   Politische Verdächtigung

Neunzehnter Abschnitt
Diebstahl und Unterschlagung

§ 242   Diebstahl

§ 243   Besonders schwerer Fall des Diebstahls

§ 244   Diebstahl mit Waffen; Bandendiebstahl; Wohnungseinbruchdiebstahl

§ 244a   Schwerer Bandendiebstahl

§ 245   Führungsaufsicht

§ 246   Unterschlagung

§ 247   Haus- und Familiendiebstahl

§ 248   (weggefallen)

§ 248a   Diebstahl und Unterschlagung geringwertiger Sachen

§ 248b   Unbefugter Gebrauch eines Fahrzeugs

§ 248c   Entziehung elektrischer Energie

Zwanzigster Abschnitt
Raub und Erpressung

§ 249   Raub

§ 250   Schwerer Raub

§ 251	Raub mit Todesfolge
§ 252	Räuberischer Diebstahl
§ 253	Erpressung
§ 254	(weggefallen)
§ 255	Räuberische Erpressung
§ 256	Führungsaufsicht

Einundzwanzigster Abschnitt
Begünstigung und Hehlerei

§ 257	Begünstigung
§ 258	Strafvereitelung
§ 258a	Strafvereitelung im Amt
§ 259	Hehlerei
§ 260	Gewerbsmäßige Hehlerei; Bandenhehlerei
§ 260a	Gewerbsmäßige Bandenhehlerei
§ 261	Geldwäsche
§ 262	Führungsaufsicht

Zweiundzwanzigster Abschnitt
Betrug und Untreue

§ 263	Betrug
§ 263a	Computerbetrug
§ 264	Subventionsbetrug
§ 264a	Kapitalanlagebetrug
§ 265	Versicherungsmißbrauch
§ 265a	Erschleichen von Leistungen
§ 265b	Kreditbetrug
§ 265c	Sportwettbetrug
§ 265d	Manipulation von berufssportlichen Wettbewerben
§ 265e	Besonders schwere Fälle des Sportwettbetrugs und der Manipulation von berufssportlichen Wettbewerben
§ 266	Untreue
§ 266a	Vorenthalten und Veruntreuen von Arbeitsentgelt
§ 266b	Mißbrauch von Scheck- und Kreditkarten

Dreiundzwanzigster Abschnitt
Urkundenfälschung

| § 267 | Urkundenfälschung |

§ 268   Fälschung technischer Aufzeichnungen

§ 269   Fälschung beweiserheblicher Daten

§ 270   Täuschung im Rechtsverkehr bei Datenverarbeitung

§ 271   Mittelbare Falschbeurkundung

§ 272   (weggefallen)

§ 273   Verändern von amtlichen Ausweisen

§ 274   Urkundenunterdrückung; Veränderung einer Grenzbezeichnung

§ 275   Vorbereitung der Fälschung von amtlichen Ausweisen; Vorbereitung der Herstellung von unrichtigen Impfausweisen

§ 276   Verschaffen von falschen amtlichen Ausweisen

§ 276a   Aufenthaltsrechtliche Papiere; Fahrzeugpapiere

§ 277   Unbefugtes Ausstellen von Gesundheitszeugnissen

§ 278   Ausstellen unrichtiger Gesundheitszeugnisse

§ 279   Gebrauch unrichtiger Gesundheitszeugnisse

§ 280   (weggefallen)

§ 281   Mißbrauch von Ausweispapieren

§ 282   Einziehung

Vierundzwanzigster Abschnitt
Insolvenzstraftaten

§ 283   Bankrott

§ 283a   Besonders schwerer Fall des Bankrotts

§ 283b   Verletzung der Buchführungspflicht

§ 283c   Gläubigerbegünstigung

§ 283d   Schuldnerbegünstigung

Fünfundzwanzigster Abschnitt
Strafbarer Eigennutz

§ 284   Unerlaubte Veranstaltung eines Glücksspiels

§ 285   Beteiligung am unerlaubten Glücksspiel

§ 286   Einziehung

§ 287   Unerlaubte Veranstaltung einer Lotterie oder einer Ausspielung

§ 288   Vereiteln der Zwangsvollstreckung

§ 289   Pfandkehr

§ 290   Unbefugter Gebrauch von Pfandsachen

§ 291   Wucher

§ 292   Jagdwilderei

§ 293   Fischwilderei

§ 294   Strafantrag

§ 295   Einziehung

§ 296   (weggefallen)

§ 297   Gefährdung von Schiffen, Kraft- und Luftfahrzeugen durch Bannware

Sechsundzwanzigster Abschnitt
Straftaten gegen den Wettbewerb

§ 298   Wettbewerbsbeschränkende Absprachen bei Ausschreibungen

§ 299   Bestechlichkeit und Bestechung im geschäftlichen Verkehr

§ 299a   Bestechlichkeit im Gesundheitswesen

§ 299b   Bestechung im Gesundheitswesen

§ 300   Besonders schwere Fälle der Bestechlichkeit und Bestechung im geschäftlichen Verkehr und im Gesundheitswesen

§ 301   Strafantrag

§ 302   (weggefallen)

Siebenundzwanzigster Abschnitt
Sachbeschädigung

§ 303   Sachbeschädigung

§ 303a   Datenveränderung

§ 303b   Computersabotage

§ 303c   Strafantrag

§ 304   Gemeinschädliche Sachbeschädigung

§ 305   Zerstörung von Bauwerken

§ 305a   Zerstörung wichtiger Arbeitsmittel

Achtundzwanzigster Abschnitt
Gemeingefährliche Straftaten

§ 306   Brandstiftung

§ 306a   Schwere Brandstiftung

§ 306b   Besonders schwere Brandstiftung

§ 306c   Brandstiftung mit Todesfolge

§ 306d   Fahrlässige Brandstiftung

§ 306e   Tätige Reue

§ 306f   Herbeiführen einer Brandgefahr

§ 307   Herbeiführen einer Explosion durch Kernenergie

§ 308   Herbeiführen einer Sprengstoffexplosion

§ 309   Mißbrauch ionisierender Strahlen

§ 310   Vorbereitung eines Explosions- oder Strahlungsverbrechens

§ 311   Freisetzen ionisierender Strahlen

§ 312   Fehlerhafte Herstellung einer kerntechnischen Anlage

§ 313   Herbeiführen einer Überschwemmung

§ 314   Gemeingefährliche Vergiftung

§ 314a   Tätige Reue

§ 315   Gefährliche Eingriffe in den Bahn-, Schiffs- und Luftverkehr

§ 315a   Gefährdung des Bahn-, Schiffs- und Luftverkehrs

§ 315b   Gefährliche Eingriffe in den Straßenverkehr

§ 315c   Gefährdung des Straßenverkehrs

§ 315d   Verbotene Kraftfahrzeugrennen

§ 315e   Schienenbahnen im Straßenverkehr

§ 315f   Einziehung

§ 316   Trunkenheit im Verkehr

§ 316a   Räuberischer Angriff auf Kraftfahrer

§ 316b   Störung öffentlicher Betriebe

§ 316c   Angriffe auf den Luft- und Seeverkehr

§ 317   Störung von Telekommunikationsanlagen

§ 318   Beschädigung wichtiger Anlagen

§ 319   Baugefährdung

§ 320   Tätige Reue

§ 321   Führungsaufsicht

§ 322   Einziehung

§ 323   (weggefallen)

§ 323a   Vollrausch

§ 323b   Gefährdung einer Entziehungskur

§ 323c   Unterlassene Hilfeleistung; Behinderung von hilfeleistenden Personen

Neunundzwanzigster Abschnitt
Straftaten gegen die Umwelt

§ 324   Gewässerverunreinigung

§ 324a   Bodenverunreinigung

§ 325   Luftverunreinigung

§ 325a   Verursachen von Lärm, Erschütterungen und nichtionisierenden Strahlen

§ 326   Unerlaubter Umgang mit Abfällen

§ 327   Unerlaubtes Betreiben von Anlagen

§ 328   Unerlaubter Umgang mit radioaktiven Stoffen und anderen gefährlichen Stoffen und Gütern

§ 329   Gefährdung schutzbedürftiger Gebiete

§ 330   Besonders schwerer Fall einer Umweltstraftat

§ 330a   Schwere Gefährdung durch Freisetzen von Giften

§ 330b   Tätige Reue

§ 330c   Einziehung

§ 330d   Begriffsbestimmungen

Dreißigster Abschnitt

Straftaten im Amt

§ 331   Vorteilsannahme

§ 332   Bestechlichkeit

§ 333   Vorteilsgewährung

§ 334   Bestechung

§ 335   Besonders schwere Fälle der Bestechlichkeit und Bestechung

§ 335a   Ausländische und internationale Bedienstete

§ 336   Unterlassen der Diensthandlung

§ 337   Schiedsrichtervergütung

§ 338   (weggefallen)

§ 339   Rechtsbeugung

§ 340   Körperverletzung im Amt

§§ 341   und 342 (weggefallen)

§ 343   Aussageerpressung

§ 344   Verfolgung Unschuldiger

§ 345   Vollstreckung gegen Unschuldige

§§ 346   und 347 (weggefallen)

§ 348   Falschbeurkundung im Amt

§§ 349   bis 351 (weggefallen)

§ 352   Gebührenüberhebung

§ 353   Abgabenüberhebung; Leistungskürzung

§ 353a   Vertrauensbruch im auswärtigen Dienst

§ 353b   Verletzung des Dienstgeheimnisses und einer besonderen Geheimhaltungspflicht

§ 353c   (weggefallen)

§ 353d   Verbotene Mitteilungen über Gerichtsverhandlungen

§ 354   (weggefallen)

§ 355   Verletzung des Steuergeheimnisses

§ 356   Parteiverrat

§ 357   Verleitung eines Untergebenen zu einer Straftat

§ 358   Nebenfolgen

Allgemeiner Teil

Erster Abschnitt
Das Strafgesetz

Erster Titel

Geltungsbereich

§ 1 Keine Strafe ohne Gesetz

Eine Tat kann nur bestraft werden, wenn die Strafbarkeit gesetzlich bestimmt war, bevor die Tat begangen wurde.

§ 2 Zeitliche Geltung

(1)Die Strafe und ihre Nebenfolgen bestimmen sich nach dem Gesetz, das zur Zeit der Tat gilt.

(2)Wird die Strafdrohung während der Begehung der Tat geändert, so ist das Gesetz anzuwenden, das bei Beendigung der Tat gilt.

(3)Wird das Gesetz, das bei Beendigung der Tat gilt, vor der Entscheidung geändert, so ist das mildeste Gesetz anzuwenden.

(4)Ein Gesetz, das nur für eine bestimmte Zeit gelten soll, ist auf Taten, die während seiner Geltung begangen sind, auch dann anzuwenden, wenn es außer Kraft getreten ist. Dies gilt nicht, soweit ein Gesetz etwas anderes bestimmt.

(5)Für Einziehung und Unbrauchbarmachung gelten die Absätze 1 bis 4 entsprechend.

(6)Über Maßregeln der Besserung und Sicherung ist, wenn gesetzlich nichts anderes bestimmt ist, nach dem Gesetz zu entscheiden, das zur Zeit der Entscheidung gilt.

§ 3 Geltung für Inlandstaten

Das deutsche Strafrecht gilt für Taten, die im Inland begangen werden.

§ 4 Geltung für Taten auf deutschen Schiffen und Luftfahrzeugen

Das deutsche Strafrecht gilt, unabhängig vom Recht des Tatorts, für Taten, die auf einem Schiff oder in einem Luftfahrzeug begangen werden, das berechtigt ist, die Bundesflagge oder das Staatszugehörigkeitszeichen der Bundesrepublik Deutschland zu führen.

§ 5 Auslandstaten mit besonderem Inlandsbezug

Das deutsche Strafrecht gilt, unabhängig vom Recht des Tatorts, für folgende Taten, die im Ausland begangen werden:

1. weggefallen
2. Hochverrat (§§ 81 bis 83);
3. Gefährdung des demokratischen Rechtsstaates
   a) in den Fällen des § 86 Absatz 1 und 2, wenn Propagandamittel im Inland wahrnehmbar verbreitet oder der inländischen Öffentlichkeit zugänglich gemacht werden und der Täter Deutscher ist oder seine Lebensgrundlage im Inland hat,
   b) in den Fällen des § 86a Absatz 1 Nummer 1, wenn ein Kennzeichen im Inland wahrnehmbar verbreitet oder in einer der inländischen Öffentlichkeit zugänglichen Weise oder in einem im Inland wahrnehmbar verbreiteten Inhalt (§ 11 Absatz 3) verwendet wird und der Täter Deutscher ist oder seine Lebensgrundlage im Inland hat,
   c) in den Fällen der §§ 89, 90a Abs. 1 und des § 90b, wenn der Täter Deutscher ist und seine Lebensgrundlage im räumlichen Geltungsbereich dieses Gesetzes hat, und
   d) in den Fällen der §§ 90 und 90a Abs. 2;
4. Landesverrat und Gefährdung der äußeren Sicherheit (§§ 94 bis 100a);
5. Straftaten gegen die Landesverteidigung
   a) in den Fällen der §§ 109 und 109e bis 109g und

b) in den Fällen der §§ 109a, 109d und 109h, wenn der Täter Deutscher ist
und seine Lebensgrundlage im räumlichen Geltungsbereich dieses
Gesetzes hat;

5a. Widerstand gegen die Staatsgewalt und Straftaten gegen die öffentliche Ordnung

a) in den Fällen des § 111, wenn die Aufforderung im Inland wahrnehmbar ist und
der Täter Deutscher ist oder seine Lebensgrundlage im Inland hat,

b) in den Fällen des § 127, wenn der Zweck der Handelsplattform darauf
ausgerichtet ist, die Begehung von rechtswidrigen Taten im Inland zu ermöglichen
oder zu fördern und der Täter Deutscher ist oder seine Lebensgrundlage im Inland
hat, und

c) in den Fällen des § 130 Absatz 2 Nummer 1, auch in Verbindung mit Absatz 5, wenn
ein in Absatz 2 Nummer 1 oder Absatz 3 bezeichneter Inhalt (§ 11 Absatz 3) in einer
Weise, die geeignet ist, den öffentlichen Frieden zu stören, im Inland wahrnehmbar
verbreitet oder der inländischen
Öffentlichkeit zugänglich gemacht wird und der Täter Deutscher ist oder seine
Lebensgrundlage im Inland hat;

6. Straftaten gegen die persönliche Freiheit

a) in den Fällen der §§ 234a und 241a, wenn die Tat sich gegen eine Person richtet, die
zur Zeit der Tat Deutsche ist und ihren Wohnsitz oder gewöhnlichen Aufenthalt im
Inland hat,

b) in den Fällen des § 235 Absatz 2 Nummer 2, wenn die Tat sich gegen eine Person
richtet, die zur Zeit der Tat ihren Wohnsitz oder gewöhnlichen Aufenthalt im Inland
hat, und

c) in den Fällen des § 237, wenn der Täter zur Zeit der Tat Deutscher ist oder wenn die
Tat sich gegen eine Person richtet, die zur Zeit der Tat ihren Wohnsitz oder
gewöhnlichen Aufenthalt im Inland hat;

7. Verletzung von Betriebs- oder Geschäftsgeheimnissen eines im räumlichen Geltungsbereich
dieses Gesetzes liegenden Betriebs, eines Unternehmens, das dort seinen Sitz hat, oder
eines Unternehmens mit Sitz im Ausland, das von einem Unternehmen mit Sitz im
räumlichen Geltungsbereich dieses Gesetzes abhängig ist und mit diesem einen Konzern
bildet;

8. Straftaten gegen die sexuelle Selbstbestimmung in den Fällen des § 174 Absatz 1, 2 und 4,
der §§ 176 bis 178 und des § 182, wenn der Täter zur Zeit der Tat Deutscher ist;

9. Straftaten gegen das Leben

a) in den Fällen des § 218 Absatz 2 Satz 2 Nummer 1 und Absatz 4 Satz 1, wenn der
Täter zur Zeit der Tat Deutscher ist, und

b) in den übrigen Fällen des § 218, wenn der Täter zur Zeit der Tat Deutscher ist
und seine Lebensgrundlage im Inland hat;

9a. Straftaten gegen die körperliche Unversehrtheit

a) in den Fällen des § 226 Absatz 1 Nummer 1 in Verbindung mit Absatz 2 bei
Verlust der Fortpflanzungsfähigkeit, wenn der Täter zur Zeit der Tat
Deutscher ist, und

b) in den Fällen des § 226a, wenn der Täter zur Zeit der Tat Deutscher ist oder wenn
die Tat sich gegen eine Person richtet, die zur Zeit der Tat ihren Wohnsitz oder
gewöhnlichen Aufenthalt im Inland hat;

10. falsche uneidliche Aussage, Meineid und falsche Versicherung an Eides Statt (§§ 153 bis
156) in einem Verfahren, das im räumlichen Geltungsbereich dieses Gesetzes bei einem
Gericht oder einer anderen deutschen Stelle anhängig ist, die zur Abnahme von Eiden oder
eidesstattlichen Versicherungen zuständig ist;

10a. Sportwettbetrug und Manipulation von berufssportlichen Wettbewerben (§§ 265c und
265d), wenn sich die Tat auf einen Wettbewerb bezieht, der im Inland stattfindet;

11.   Straftaten gegen die Umwelt in den Fällen der §§ 324, 326, 330 und 330a, die im Bereich der deutschen ausschließlichen Wirtschaftszone begangen werden, soweit völkerrechtliche Übereinkommen zum Schutze des Meeres ihre Verfolgung als Straftaten gestatten;

11a.   Straftaten nach § 328 Abs. 2 Nr. 3 und 4, Abs. 4 und 5, auch in Verbindung mit § 330, wenn der Täter zur Zeit der Tat Deutscher ist;

12.   Taten, die ein deutscher Amtsträger oder für den öffentlichen Dienst besonders Verpflichteter während eines dienstlichen Aufenthalts oder in Beziehung auf den Dienst begeht;

13.   Taten, die ein Ausländer als Amtsträger oder für den öffentlichen Dienst besonders Verpflichteter begeht;

14.   Taten, die jemand gegen einen Amtsträger, einen für den öffentlichen Dienst besonders Verpflichteten oder einen Soldaten der Bundeswehr während der Ausübung ihres Dienstes oder in Beziehung auf ihren Dienst begeht;

15.   Straftaten im Amt nach den §§ 331 bis 337, wenn

   a)   der Täter zur Zeit der Tat Deutscher ist,

   b)   der Täter zur Zeit der Tat Europäischer Amtsträger ist und seine Dienststelle ihren Sitz im Inland hat,

   c)   die Tat gegenüber einem Amtsträger, einem für den öffentlichen Dienst besonders Verpflichteten oder einem Soldaten der Bundeswehr begangen wird oder

   d)   die Tat gegenüber einem Europäischen Amtsträger oder Schiedsrichter, der zur Zeit der Tat Deutscher ist, oder einer nach § 335a gleichgestellten Person begangen wird, die zur Zeit der Tat Deutsche ist;

16.   Bestechlichkeit und Bestechung von Mandatsträgern (§ 108e), wenn

   a)   der Täter zur Zeit der Tat Mitglied einer deutschen Volksvertretung oder Deutscher ist oder

   b)   die Tat gegenüber einem Mitglied einer deutschen Volksvertretung oder einer Person, die zur Zeit der Tat Deutsche ist, begangen wird;

17.   Organ- und Gewebehandel (§ 18 des Transplantationsgesetzes), wenn der Täter zur Zeit der Tat Deutscher ist.

§ 6 Auslandstaten gegen international geschützte Rechtsgüter

Das deutsche Strafrecht gilt weiter, unabhängig vom Recht des Tatorts, für folgende Taten, die im Ausland begangen werden:

1. (weggefallen)

2. Kernenergie-, Sprengstoff- und Strahlungsverbrechen in den Fällen der §§ 307 und 308 Abs. 1 bis 4, des § 309 Abs. 2 und des § 310;

3. Angriffe auf den Luft- und Seeverkehr (§ 316c);

4. Menschenhandel (§ 232);

5. unbefugter Vertrieb von Betäubungsmitteln;

6. Verbreitung pornographischer Inhalte in den Fällen der §§ 184a, 184b Absatz 1 und 2 und § 184c Absatz 1 und 2;

7. Geld- und Wertpapierfälschung (§§ 146, 151 und 152), Fälschung von Zahlungskarten mit Garantiefunktion (§ 152b Abs. 1 bis 4) sowie deren Vorbereitung (§§ 149, 151, 152 und 152b Abs. 5);

8. Subventionsbetrug (§ 264);

9. Taten, die auf Grund eines für die Bundesrepublik Deutschland verbindlichen zwischenstaatlichen Abkommens auch dann zu verfolgen sind, wenn sie im Ausland begangen werden.

§ 7 Geltung für Auslandstaten in anderen Fällen

(1)Das deutsche Strafrecht gilt für Taten, die im Ausland gegen einen Deutschen begangen werden, wenn die Tat am Tatort mit Strafe bedroht ist oder der Tatort keiner Strafgewalt unterliegt.

(2)Für andere Taten, die im Ausland begangen werden, gilt das deutsche Strafrecht, wenn die Tat am Tatort mit Strafe bedroht ist oder der Tatort keiner Strafgewalt unterliegt und wenn der Täter

1. zur Zeit der Tat Deutscher war oder es nach der Tat geworden ist oder

2. zur Zeit der Tat Ausländer war, im Inland betroffen und, obwohl das Auslieferungsgesetz seine Auslieferung nach der Art der Tat zuließe, nicht ausgeliefert wird, weil ein Auslieferungsersuchen innerhalb angemessener Frist nicht gestellt oder abgelehnt wird oder die Auslieferung nicht ausführbar ist.

§ 8 Zeit der Tat

Eine Tat ist zu der Zeit begangen, zu welcher der Täter oder der Teilnehmer gehandelt hat oder im Falle des Unterlassens hätte handeln müssen. Wann der Erfolg eintritt, ist nicht maßgebend.

§ 9 Ort der Tat

(1)Eine Tat ist an jedem Ort begangen, an dem der Täter gehandelt hat oder im Falle des Unterlassens hätte handeln müssen oder an dem der zum Tatbestand gehörende Erfolg eingetreten ist oder nach der Vorstellung des Täters eintreten sollte.

(2)Die Teilnahme ist sowohl an dem Ort begangen, an dem die Tat begangen ist, als auch an jedem Ort, an dem der Teilnehmer gehandelt hat oder im Falle des Unterlassens hätte handeln müssen oder an dem nach seiner Vorstellung die Tat begangen werden sollte. Hat der Teilnehmer an einer Auslandstat im Inland gehandelt, so gilt für die Teilnahme das deutsche Strafrecht, auch wenn die Tat nach dem Recht des Tatorts nicht mit Strafe bedroht ist.

§ 10 Sondervorschriften für Jugendliche und Heranwachsende

Für Taten von Jugendlichen und Heranwachsenden gilt dieses Gesetz nur, soweit im Jugendgerichtsgesetz nichts anderes bestimmt ist.

Zweiter Titel
Sprachgebrauch

§ 11 Personen- und Sachbegriffe

(1)Im Sinne dieses Gesetzes ist

1. Angehöriger:
   wer zu den folgenden Personen gehört:

   a) Verwandte und Verschwägerte gerader Linie, der Ehegatte, der Lebenspartner, der Verlobte, Geschwister, Ehegatten oder Lebenspartner der Geschwister, Geschwister der Ehegatten oder Lebenspartner, und zwar auch dann, wenn die Ehe oder die Lebenspartnerschaft, welche die Beziehung begründet hat, nicht mehr besteht oder wenn die Verwandtschaft oder Schwägerschaft erloschen ist,

   b) Pflegeeltern und Pflegekinder;

2. Amtsträger:
   wer nach deutschem Recht

   a) Beamter oder Richter ist,

   b) in einem sonstigen öffentlich-rechtlichen Amtsverhältnis steht oder

   c) sonst dazu bestellt ist, bei einer Behörde oder bei einer sonstigen Stelle oder in deren Auftrag Aufgaben der öffentlichen Verwaltung unbeschadet der zur Aufgabenerfüllung gewählten Organisationsform wahrzunehmen;

2a. Europäischer Amtsträger: wer

a)   Mitglied der Europäischen Kommission, der Europäischen Zentralbank, des Rechnungshofs oder eines Gerichts der Europäischen Union ist,

b)   Beamter oder sonstiger Bediensteter der Europäischen Union oder einer auf der Grundlage des Rechts der Europäischen Union geschaffenen Einrichtung ist oder

c)   mit der Wahrnehmung von Aufgaben der Europäischen Union oder von Aufgaben einer auf der Grundlage des Rechts der Europäischen Union geschaffenen Einrichtung beauftragt ist;

3.   Richter:
wer nach deutschem Recht Berufsrichter oder ehrenamtlicher Richter ist;

4.   für den öffentlichen Dienst besonders
Verpflichteter: wer, ohne Amtsträger zu sein,

a)   bei einer Behörde oder bei einer sonstigen Stelle, die Aufgaben der öffentlichen Verwaltung wahrnimmt, oder

b)   bei einem Verband oder sonstigen Zusammenschluß, Betrieb oder Unternehmen, die für eine Behörde oder für eine sonstige Stelle Aufgaben der öffentlichen Verwaltung ausführen,

beschäftigt oder für sie tätig und auf die gewissenhafte Erfüllung seiner Obliegenheiten auf Grund eines Gesetzes förmlich verpflichtet ist;

5.   rechtswidrige Tat:
nur eine solche, die den Tatbestand eines Strafgesetzes verwirklicht;

6.   Unternehmen einer Tat:
deren Versuch und deren Vollendung;

7.   Behörde:
auch ein Gericht;

8.   Maßnahme:
jede Maßregel der Besserung und Sicherung, die Einziehung und die Unbrauchbarmachung;

9.   Entgelt:
jede in einem Vermögensvorteil bestehende Gegenleistung.

(2)Vorsätzlich im Sinne dieses Gesetzes ist eine Tat auch dann, wenn sie einen gesetzlichen Tatbestand verwirklicht, der hinsichtlich der Handlung Vorsatz voraussetzt, hinsichtlich einer dadurch verursachten besonderen Folge jedoch Fahrlässigkeit ausreichen läßt.

(3)Inhalte im Sinne der Vorschriften, die auf diesen Absatz verweisen, sind solche, die in Schriften, auf Ton- oder Bildträgern, in Datenspeichern, Abbildungen oder anderen Verkörperungen enthalten sind oder auch unabhängig von einer Speicherung mittels Informations- oder Kommunikationstechnik übertragen werden.

§ 12 Verbrechen und Vergehen

(1)Verbrechen sind rechtswidrige Taten, die im Mindestmaß mit Freiheitsstrafe von einem Jahr oder darüber bedroht sind.

(2)Vergehen sind rechtswidrige Taten, die im Mindestmaß mit einer geringeren Freiheitsstrafe oder die mit Geldstrafe bedroht sind.

(3)Schärfungen oder Milderungen, die nach den Vorschriften des Allgemeinen Teils oder für besonders schwere oder minder schwere Fälle vorgesehen sind, bleiben für die Einteilung außer Betracht.

Zweiter Abschnitt
Die Tat

Erster Titel
Grundlagen der Strafbarkeit

§ 13 Begehen durch Unterlassen

(1) Wer es unterläßt, einen Erfolg abzuwenden, der zum Tatbestand eines Strafgesetzes gehört, ist nach diesem Gesetz nur dann strafbar, wenn er rechtlich dafür einzustehen hat, daß der Erfolg nicht eintritt, und wenn das Unterlassen der Verwirklichung des gesetzlichen Tatbestandes durch ein Tun entspricht.

(2) Die Strafe kann nach § 49 Abs. 1 gemildert werden.

§ 14 Handeln für einen anderen

(1) Handelt jemand

1.   als vertretungsberechtigtes Organ einer juristischen Person oder als Mitglied eines solchen Organs,

2.   als vertretungsberechtigter Gesellschafter einer rechtsfähigen Personengesellschaft oder

3.   als gesetzlicher Vertreter eines anderen,

so ist ein Gesetz, nach dem besondere persönliche Eigenschaften, Verhältnisse oder Umstände (besondere persönliche Merkmale) die Strafbarkeit begründen, auch auf den Vertreter anzuwenden, wenn diese Merkmale zwar nicht bei ihm, aber bei dem Vertretenen vorliegen.

(2) Ist jemand von dem Inhaber eines Betriebs oder einem sonst dazu Befugten

1.   beauftragt, den Betrieb ganz oder zum Teil zu leiten, oder

2.   ausdrücklich beauftragt, in eigener Verantwortung Aufgaben wahrzunehmen, die dem Inhaber des Betriebs obliegen,

und handelt er auf Grund dieses Auftrags, so ist ein Gesetz, nach dem besondere persönliche Merkmale die Strafbarkeit begründen, auch auf den Beauftragten anzuwenden, wenn diese Merkmale zwar nicht bei ihm, aber bei dem Inhaber des Betriebs vorliegen. Dem Betrieb im Sinne des Satzes 1 steht das Unternehmen gleich. Handelt jemand auf Grund eines entsprechenden Auftrags für eine Stelle, die Aufgaben der öffentlichen Verwaltung wahrnimmt, so ist Satz 1 sinngemäß anzuwenden.

(3) Die Absätze 1 und 2 sind auch dann anzuwenden, wenn die Rechtshandlung, welche die Vertretungsbefugnis oder das Auftragsverhältnis begründen sollte, unwirksam ist.

§ 15 Vorsätzliches und fahrlässiges Handeln

Strafbar ist nur vorsätzliches Handeln, wenn nicht das Gesetz fahrlässiges Handeln ausdrücklich mit Strafe bedroht.

§ 16 Irrtum über Tatumstände

(1) Wer bei Begehung der Tat einen Umstand nicht kennt, der zum gesetzlichen Tatbestand gehört, handelt nicht vorsätzlich. Die Strafbarkeit wegen fahrlässiger Begehung bleibt unberührt.

(2) Wer bei Begehung der Tat irrig Umstände annimmt, welche den Tatbestand eines milderen Gesetzes verwirklichen würden, kann wegen vorsätzlicher Begehung nur nach dem milderen Gesetz bestraft werden.

§ 17 Verbotsirrtum

Fehlt dem Täter bei Begehung der Tat die Einsicht, Unrecht zu tun, so handelt er ohne Schuld, wenn er diesen Irrtum nicht vermeiden konnte. Konnte der Täter den Irrtum vermeiden, so kann die Strafe nach § 49 Abs. 1 gemildert werden.

Fußnote

§ 17: Nach Maßgabe der Entscheidungsformel mit dem GG vereinbar, BVerfGE v. 17.12.1975, 1976 I 48 - 1 BvL 24/75 -

§ 18 Schwerere Strafe bei besonderen Tatfolgen

Knüpft das Gesetz an eine besondere Folge der Tat eine schwerere Strafe, so trifft sie den Täter oder den Teilnehmer nur, wenn ihm hinsichtlich dieser Folge wenigstens Fahrlässigkeit zur Last fällt.

§ 19 Schuldunfähigkeit des Kindes

Schuldunfähig ist, wer bei Begehung der Tat noch nicht vierzehn Jahre alt ist.

§ 20 Schuldunfähigkeit wegen seelischer Störungen

Ohne Schuld handelt, wer bei Begehung der Tat wegen einer krankhaften seelischen Störung, wegen einer tiefgreifenden Bewußtseinsstörung oder wegen einer Intelligenzminderung oder einer schweren anderen seelischen Störung unfähig ist, das Unrecht der Tat einzusehen oder nach dieser Einsicht zu handeln.

§ 21 Verminderte Schuldfähigkeit

Ist die Fähigkeit des Täters, das Unrecht der Tat einzusehen oder nach dieser Einsicht zu handeln, aus einem der in § 20 bezeichneten Gründe bei Begehung der Tat erheblich vermindert, so kann die Strafe nach § 49 Abs. 1 gemildert werden.

Zweiter Titel
Versuch

§ 22 Begriffsbestimmung

Eine Straftat versucht, wer nach seiner Vorstellung von der Tat zur Verwirklichung des Tatbestandes unmittelbar ansetzt.

§ 23 Strafbarkeit des Versuchs

(1)Der Versuch eines Verbrechens ist stets strafbar, der Versuch eines Vergehens nur dann, wenn das Gesetz es ausdrücklich bestimmt.

(2)Der Versuch kann milder bestraft werden als die vollendete Tat (§ 49 Abs. 1).

(3)Hat der Täter aus grobem Unverstand verkannt, daß der Versuch nach der Art des Gegenstandes, an dem, oder des Mittels, mit dem die Tat begangen werden sollte, überhaupt nicht zur Vollendung führen konnte, so kann das Gericht von Strafe absehen oder die Strafe nach seinem Ermessen mildern (§ 49 Abs. 2).

§ 24 Rücktritt

(1)Wegen Versuchs wird nicht bestraft, wer freiwillig die weitere Ausführung der Tat aufgibt oder deren Vollendung verhindert. Wird die Tat ohne Zutun des Zurücktretenden nicht vollendet, so wird er straflos, wenn er sich freiwillig und ernsthaft bemüht, die Vollendung zu verhindern.

(2)Sind an der Tat mehrere beteiligt, so wird wegen Versuchs nicht bestraft, wer freiwillig die Vollendung verhindert. Jedoch genügt zu seiner Straflosigkeit sein freiwilliges und ernsthaftes Bemühen, die Vollendung der Tat zu verhindern, wenn sie ohne sein Zutun nicht vollendet oder unabhängig von seinem früheren Tatbeitrag begangen wird.

Dritter Titel
Täterschaft und Teilnahme

§ 25 Täterschaft

(1)Als Täter wird bestraft, wer die Straftat selbst oder durch einen anderen begeht.

(2)Begehen mehrere die Straftat gemeinschaftlich, so wird jeder als Täter bestraft (Mittäter).

§ 26 Anstiftung

Als Anstifter wird gleich einem Täter bestraft, wer vorsätzlich einen anderen zu dessen vorsätzlich begangener rechtswidriger Tat bestimmt hat.

§ 27 Beihilfe

(1)Als Gehilfe wird bestraft, wer vorsätzlich einem anderen zu dessen vorsätzlich begangener rechtswidriger Tat Hilfe geleistet hat.

(2)Die Strafe für den Gehilfen richtet sich nach der Strafdrohung für den Täter. Sie ist nach § 49 Abs. 1 zu mildern.

§ 28 Besondere persönliche Merkmale

(1)Fehlen besondere persönliche Merkmale (§ 14 Abs. 1), welche die Strafbarkeit des Täters begründen, beim Teilnehmer (Anstifter oder Gehilfe), so ist dessen Strafe nach § 49 Abs. 1 zu mildern.

(2)Bestimmt das Gesetz, daß besondere persönliche Merkmale die Strafe schärfen, mildern oder ausschließen, so gilt das nur für den Beteiligten (Täter oder Teilnehmer), bei dem sie vorliegen.

§ 29 Selbständige Strafbarkeit des Beteiligten

Jeder Beteiligte wird ohne Rücksicht auf die Schuld des anderen nach seiner Schuld bestraft.

§ 30 Versuch der Beteiligung

(1)Wer einen anderen zu bestimmen versucht, ein Verbrechen zu begehen oder zu ihm anzustiften, wird nach den Vorschriften über den Versuch des Verbrechens bestraft. Jedoch ist die Strafe nach § 49 Abs. 1 zu mildern. § 23 Abs. 3 gilt entsprechend.

(2)Ebenso wird bestraft, wer sich bereit erklärt, wer das Erbieten eines anderen annimmt oder wer mit einem anderen verabredet, ein Verbrechen zu begehen oder zu ihm anzustiften.

§ 31 Rücktritt vom Versuch der Beteiligung

(1)Nach § 30 wird nicht bestraft, wer freiwillig

1. den Versuch aufgibt, einen anderen zu einem Verbrechen zu bestimmen, und eine etwa bestehende Gefahr, daß der andere die Tat begeht, abwendet,

2. nachdem er sich zu einem Verbrechen bereit erklärt hatte, sein Vorhaben aufgibt oder,

3. nachdem er ein Verbrechen verabredet oder das Erbieten eines anderen zu einem Verbrechen angenommen hatte, die Tat verhindert.

(2)Unterbleibt die Tat ohne Zutun des Zurücktretenden oder wird sie unabhängig von seinem früheren Verhalten begangen, so genügt zu seiner Straflosigkeit sein freiwilliges und ernsthaftes Bemühen, die Tat zu verhindern.

Vierter Titel
Notwehr und Notstand

§ 32 Notwehr

(1)Wer eine Tat begeht, die durch Notwehr geboten ist, handelt nicht rechtswidrig.

(2)Notwehr ist die Verteidigung, die erforderlich ist, um einen gegenwärtigen rechtswidrigen Angriff von sich oder einem anderen abzuwenden.

§ 33 Überschreitung der Notwehr

Überschreitet der Täter die Grenzen der Notwehr aus Verwirrung, Furcht oder Schrecken, so wird er nicht bestraft.

§ 34 Rechtfertigender Notstand

Wer in einer gegenwärtigen, nicht anders abwendbaren Gefahr für Leben, Leib, Freiheit, Ehre, Eigentum oder ein anderes Rechtsgut eine Tat begeht, um die Gefahr von sich oder einem anderen abzuwenden, handelt nicht rechtswidrig, wenn bei Abwägung der widerstreitenden Interessen, namentlich der betroffenen Rechtsgüter und des Grades der ihnen drohenden Gefahren, das geschützte Interesse das beeinträchtigte wesentlich überwiegt. Dies gilt jedoch nur, soweit die Tat ein angemessenes Mittel ist, die Gefahr abzuwenden.

§ 35 Entschuldigender Notstand

(1)Wer in einer gegenwärtigen, nicht anders abwendbaren Gefahr für Leben, Leib oder Freiheit eine rechtswidrige Tat begeht, um die Gefahr von sich, einem Angehörigen oder einer anderen ihm nahestehenden Person abzuwenden, handelt ohne Schuld. Dies gilt nicht, soweit dem Täter nach den Umständen, namentlich weil er die Gefahr selbst verursacht hat oder weil er in einem besonderen Rechtsverhältnis stand, zugemutet werden konnte, die Gefahr hinzunehmen; jedoch kann die Strafe nach § 49 Abs. 1 gemildert werden, wenn der Täter nicht mit Rücksicht auf ein besonderes Rechtsverhältnis die Gefahr hinzunehmen hatte.

(2)Nimmt der Täter bei Begehung der Tat irrig Umstände an, welche ihn nach Absatz 1 entschuldigen würden, so wird er nur dann bestraft, wenn er den Irrtum vermeiden konnte. Die Strafe ist nach § 49 Abs. 1 zu mildern.

Fünfter Titel
Straflosigkeit parlamentarischer Äußerungen und Berichte

§ 36 Parlamentarische Äußerungen

Mitglieder des Bundestages, der Bundesversammlung oder eines Gesetzgebungsorgans eines Landes dürfen zu keiner Zeit wegen ihrer Abstimmung oder wegen einer Äußerung, die sie in der Körperschaft oder in einem ihrer Ausschüsse getan haben, außerhalb der Körperschaft zur Verantwortung gezogen werden. Dies gilt nicht für verleumderische Beleidigungen.

§ 37 Parlamentarische Berichte

Wahrheitsgetreue Berichte über die öffentlichen Sitzungen der in § 36 bezeichneten Körperschaften oder ihrer Ausschüsse bleiben von jeder Verantwortlichkeit frei.

Dritter Abschnitt
Rechtsfolgen der Tat

Erster Titel
Strafen

Freiheitsstrafe

§ 38 Dauer der Freiheitsstrafe

(1)Die Freiheitsstrafe ist zeitig, wenn das Gesetz nicht lebenslange Freiheitsstrafe androht.

(2)Das Höchstmaß der zeitigen Freiheitsstrafe ist fünfzehn Jahre, ihr Mindestmaß ein Monat.

§ 39 Bemessung der Freiheitsstrafe

Freiheitsstrafe unter einem Jahr wird nach vollen Wochen und Monaten, Freiheitsstrafe von längerer Dauer nach vollen Monaten und Jahren bemessen.

Geldstrafe

§ 40 Verhängung in Tagessätzen

(1)Die Geldstrafe wird in Tagessätzen verhängt. Sie beträgt mindestens fünf und, wenn das

Gesetz nichts anderes bestimmt, höchstens dreihundertsechzig volle Tagessätze.

(2)Die Höhe eines Tagessatzes bestimmt das Gericht unter Berücksichtigung der persönlichen und wirtschaftlichen Verhältnisse des Täters. Dabei geht es in der Regel von dem Nettoeinkommen aus, das der Täter durchschnittlich an einem Tag hat oder haben könnte. Ein Tagessatz wird auf mindestens einen und höchstens dreißigtausend Euro festgesetzt.

(3)Die Einkünfte des Täters, sein Vermögen und andere Grundlagen für die Bemessung eines Tagessatzes können geschätzt werden.

(4)In der Entscheidung werden Zahl und Höhe der Tagessätze angegeben.

§ 41 Geldstrafe neben Freiheitsstrafe

Hat der Täter sich durch die Tat bereichert oder zu bereichern versucht, so kann neben einer Freiheitsstrafe eine sonst nicht oder nur wahlweise angedrohte Geldstrafe verhängt werden, wenn dies auch unter Berücksichtigung der persönlichen und wirtschaftlichen Verhältnisse des Täters angebracht ist.

§ 42 Zahlungserleichterungen

Ist dem Verurteilten nach seinen persönlichen oder wirtschaftlichen Verhältnissen nicht zuzumuten, die Geldstrafe sofort zu zahlen, so bewilligt ihm das Gericht eine Zahlungsfrist oder gestattet ihm, die Strafe in bestimmten Teilbeträgen zu zahlen. Das Gericht kann dabei anordnen, daß die Vergünstigung, die Geldstrafe in bestimmten Teilbeträgen zu zahlen, entfällt, wenn der Verurteilte einen Teilbetrag nicht rechtzeitig zahlt. Das Gericht soll Zahlungserleichterungen auch gewähren, wenn ohne die Bewilligung die Wiedergutmachung des durch die Straftat verursachten Schadens durch den Verurteilten erheblich gefährdet wäre; dabei kann dem Verurteilten der Nachweis der Wiedergutmachung auferlegt werden.

§ 43 Ersatzfreiheitsstrafe

An die Stelle einer uneinbringlichen Geldstrafe tritt Freiheitsstrafe. Einem Tagessatz entspricht ein Tag Freiheitsstrafe. Das Mindestmaß der Ersatzfreiheitsstrafe ist ein Tag.

Nebenstrafe

§ 44 Fahrverbot

(1)Wird jemand wegen einer Straftat zu einer Freiheitsstrafe oder einer Geldstrafe verurteilt, so kann ihm das Gericht für die Dauer von einem Monat bis zu sechs Monaten verbieten, im Straßenverkehr Kraftfahrzeuge jeder oder einer bestimmten Art zu führen. Auch wenn die Straftat nicht bei oder im Zusammenhang mit dem Führen eines Kraftfahrzeugs oder unter Verletzung der Pflichten eines Kraftfahrzeugführers begangen wurde,
kommt die Anordnung eines Fahrverbots namentlich in Betracht, wenn sie zur Einwirkung auf den Täter oder zur Verteidigung der Rechtsordnung erforderlich erscheint oder hierdurch die Verhängung einer Freiheitsstrafe oder deren Vollstreckung vermieden werden kann. Ein Fahrverbot ist in der Regel anzuordnen, wenn in den Fällen einer Verurteilung nach § 315c Abs. 1 Nr. 1 Buchstabe a, Abs. 3 oder § 316 die Entziehung der Fahrerlaubnis nach
§ 69 unterbleibt.

(2)Das Fahrverbot wird wirksam, wenn der Führerschein nach Rechtskraft des Urteils in amtliche Verwahrung gelangt, spätestens jedoch mit Ablauf von einem Monat seit Eintritt der Rechtskraft. Für seine Dauer werden von einer deutschen Behörde ausgestellte nationale und internationale Führerscheine amtlich verwahrt. Dies gilt auch, wenn der Führerschein von einer Behörde eines Mitgliedstaates der Europäischen Union oder eines anderen Vertragsstaates des Abkommens über den Europäischen Wirtschaftsraum ausgestellt worden ist, sofern der Inhaber seinen ordentlichen Wohnsitz im Inland hat. In anderen ausländischen Führerscheinen wird das Fahrverbot vermerkt.

(3)Ist ein Führerschein amtlich zu verwahren oder das Fahrverbot in einem ausländischen Führerschein zu vermerken, so wird die Verbotsfrist erst von dem Tage an gerechnet, an dem dies geschieht. In die Verbotsfrist wird die Zeit nicht eingerechnet, in welcher der Täter auf behördliche

Anordnung in einer Anstalt verwahrt worden ist.

(4)Werden gegen den Täter mehrere Fahrverbote rechtskräftig verhängt, so sind die Verbotsfristen nacheinander zu berechnen. Die Verbotsfrist auf Grund des früher wirksam gewordenen Fahrverbots läuft zuerst. Werden Fahrverbote gleichzeitig wirksam, so läuft die Verbotsfrist auf Grund des früher angeordneten Fahrverbots zuerst, bei gleichzeitiger Anordnung ist die frühere Tat maßgebend.

Nebenfolgen

§ 45 Verlust der Amtsfähigkeit, der Wählbarkeit und des Stimmrechts

(1)Wer wegen eines Verbrechens zu Freiheitsstrafe von mindestens einem Jahr verurteilt wird, verliert für die Dauer von fünf Jahren die Fähigkeit, öffentliche Ämter zu bekleiden und Rechte aus öffentlichen Wahlen zu erlangen.

(2)Das Gericht kann dem Verurteilten für die Dauer von zwei bis zu fünf Jahren die in Absatz 1 bezeichneten Fähigkeiten aberkennen, soweit das Gesetz es besonders vorsieht.

(3)Mit dem Verlust der Fähigkeit, öffentliche Ämter zu bekleiden, verliert der Verurteilte zugleich die entsprechenden Rechtsstellungen und Rechte, die er innehat.

(4)Mit dem Verlust der Fähigkeit, Rechte aus öffentlichen Wahlen zu erlangen, verliert der Verurteilte zugleich die entsprechenden Rechtsstellungen und Rechte, die er innehat, soweit das Gesetz nichts anderes bestimmt.

(5)Das Gericht kann dem Verurteilten für die Dauer von zwei bis zu fünf Jahren das Recht, in öffentlichen Angelegenheiten zu wählen oder zu stimmen, aberkennen, soweit das Gesetz es besonders vorsieht.

§ 45a Eintritt und Berechnung des Verlustes

(1)Der Verlust der Fähigkeiten, Rechtsstellungen und Rechte wird mit der Rechtskraft des Urteils wirksam.

(2)Die Dauer des Verlustes einer Fähigkeit oder eines Rechts wird von dem Tage an gerechnet, an dem die Freiheitsstrafe verbüßt, verjährt oder erlassen ist. Ist neben der Freiheitsstrafe eine freiheitsentziehende Maßregel der Besserung und Sicherung angeordnet worden, so wird die Frist erst von dem Tage an gerechnet, an dem auch die Maßregel erledigt ist.

(3)War die Vollstreckung der Strafe, des Strafrestes oder der Maßregel zur Bewährung oder im Gnadenweg ausgesetzt, so wird in die Frist die Bewährungszeit eingerechnet, wenn nach deren Ablauf die Strafe oder der Strafrest erlassen wird oder die Maßregel erledigt ist.

§ 45b Wiederverleihung von Fähigkeiten und Rechten

(1)Das Gericht kann nach § 45 Abs. 1 und 2 verlorene Fähigkeiten und nach § 45 Abs. 5 verlorene Rechte wiederverleihen, wenn

1. der Verlust die Hälfte der Zeit, für die er dauern sollte, wirksam war und

2. zu erwarten ist, daß der Verurteilte künftig keine vorsätzlichen Straftaten mehr begehen wird.

(2)In die Fristen wird die Zeit nicht eingerechnet, in welcher der Verurteilte auf behördliche Anordnung in einer Anstalt verwahrt worden ist.

Zweiter Titel
Strafbemessung

§ 46 Grundsätze der Strafzumessung

(1)Die Schuld des Täters ist Grundlage für die Zumessung der Strafe. Die Wirkungen, die von der Strafe für das künftige Leben des Täters in der Gesellschaft zu erwarten sind, sind zu berücksichtigen.

(2)Bei der Zumessung wägt das Gericht die Umstände, die für und gegen den Täter sprechen, gegeneinander ab. Dabei kommen namentlich in Betracht:

die Beweggründe und die Ziele des Täters, besonders auch rassistische, fremdenfeindliche, antisemitische oder sonstige menschenverachtende,
die Gesinnung, die aus der Tat spricht, und der bei der Tat
aufgewendete Wille, das Maß der Pflichtwidrigkeit,
die Art der Ausführung und die verschuldeten Auswirkungen der Tat,
das Vorleben des Täters, seine persönlichen und wirtschaftlichen Verhältnisse sowie
sein Verhalten nach der Tat, besonders sein Bemühen, den Schaden wiedergutzumachen, sowie das Bemühen des Täters, einen Ausgleich mit dem Verletzten zu erreichen.

(3)Umstände, die schon Merkmale des gesetzlichen Tatbestandes sind, dürfen nicht berücksichtigt werden.

§ 46a Täter-Opfer-Ausgleich, Schadenswiedergutmachung

Hat der Täter

1. in dem Bemühen, einen Ausgleich mit dem Verletzten zu erreichen (Täter-Opfer-Ausgleich), seine Tat ganz oder zum überwiegenden Teil wiedergutgemacht oder deren Wiedergutmachung ernsthaft erstrebt oder

2. in einem Fall, in welchem die Schadenswiedergutmachung von ihm erhebliche persönliche Leistungen oder persönlichen Verzicht erfordert hat, das Opfer ganz oder zum überwiegenden Teil entschädigt,

so kann das Gericht die Strafe nach § 49 Abs. 1 mildern oder, wenn keine höhere Strafe als Freiheitsstrafe bis zu einem Jahr oder Geldstrafe bis zu dreihundertsechzig Tagessätzen verwirkt ist, von Strafe absehen.

§ 46b Hilfe zur Aufklärung oder Verhinderung von schweren Straftaten

(1)Wenn der Täter einer Straftat, die mit einer im Mindestmaß erhöhten Freiheitsstrafe oder mit lebenslanger Freiheitsstrafe bedroht ist,

1. durch freiwilliges Offenbaren seines Wissens wesentlich dazu beigetragen hat, dass eine Tat nach § 100a Abs. 2 der Strafprozessordnung, die mit seiner Tat im Zusammenhang steht, aufgedeckt werden konnte, oder

2. freiwillig sein Wissen so rechtzeitig einer Dienststelle offenbart, dass eine Tat nach § 100a Abs. 2 der Strafprozessordnung, die mit seiner Tat im Zusammenhang steht und von deren Planung er weiß, noch verhindert werden kann,

kann das Gericht die Strafe nach § 49 Abs. 1 mildern, wobei an die Stelle ausschließlich angedrohter lebenslanger Freiheitsstrafe eine Freiheitsstrafe nicht unter zehn Jahren tritt. Für die Einordnung als Straftat, die mit einer im Mindestmaß erhöhten Freiheitsstrafe bedroht ist, werden nur Schärfungen für besonders schwere Fälle und keine Milderungen berücksichtigt. War der Täter an der Tat beteiligt, muss sich sein Beitrag zur Aufklärung nach Satz 1 Nr. 1 über den eigenen Tatbeitrag hinaus erstrecken. Anstelle einer Milderung kann das Gericht von Strafe absehen, wenn die Straftat ausschließlich mit zeitiger Freiheitsstrafe bedroht ist und der Täter keine Freiheitsstrafe von mehr als drei Jahren verwirkt hat.

(2)Bei der Entscheidung nach Absatz 1 hat das Gericht insbesondere zu berücksichtigen:

1. die Art und den Umfang der offenbarten Tatsachen und deren Bedeutung für die Aufklärung oder Verhinderung der Tat, den Zeitpunkt der Offenbarung, das Ausmaß der Unterstützung der Strafverfolgungsbehörden durch den Täter und die Schwere der Tat, auf die sich seine Angaben beziehen, sowie

2. das Verhältnis der in Nummer 1 genannten Umstände zur Schwere der Straftat und Schuld des Täters.

(3)Eine Milderung sowie das Absehen von Strafe nach Absatz 1 sind ausgeschlossen, wenn der Täter sein Wissen erst offenbart, nachdem die Eröffnung des Hauptverfahrens (§ 207 der Strafprozessordnung) gegen ihn beschlossen worden ist.

§ 47 Kurze Freiheitsstrafe nur in Ausnahmefällen

(1)Eine Freiheitsstrafe unter sechs Monaten verhängt das Gericht nur, wenn besondere Umstände, die in der Tat oder der Persönlichkeit des Täters liegen, die Verhängung einer Freiheitsstrafe zur Einwirkung auf den Täter oder zur Verteidigung der Rechtsordnung unerläßlich machen.

(2)Droht das Gesetz keine Geldstrafe an und kommt eine Freiheitsstrafe von sechs Monaten oder darüber nicht in Betracht, so verhängt das Gericht eine Geldstrafe, wenn nicht die Verhängung einer Freiheitsstrafe nach Absatz 1 unerläßlich ist. Droht das Gesetz ein erhöhtes Mindestmaß der Freiheitsstrafe an, so bestimmt sich das Mindestmaß der Geldstrafe in den Fällen des Satzes 1 nach dem Mindestmaß der angedrohten Freiheitsstrafe; dabei entsprechen dreißig Tagessätze einem Monat Freiheitsstrafe.

§ 48 (weggefallen)

-

§ 49 Besondere gesetzliche Milderungsgründe

(1)Ist eine Milderung nach dieser Vorschrift vorgeschrieben oder zugelassen, so gilt für die Milderung folgendes:

1. An die Stelle von lebenslanger Freiheitsstrafe tritt Freiheitsstrafe nicht unter drei Jahren.

2. Bei zeitiger Freiheitsstrafe darf höchstens auf drei Viertel des angedrohten Höchstmaßes erkannt werden. Bei Geldstrafe gilt dasselbe für die Höchstzahl der Tagessätze.

3. Das erhöhte Mindestmaß einer Freiheitsstrafe ermäßigt sich
   im Falle eines Mindestmaßes von zehn oder fünf Jahren auf zwei
   Jahre, im Falle eines Mindestmaßes von drei oder zwei Jahren auf
   sechs Monate, im Falle eines Mindestmaßes von einem Jahr auf
   drei Monate,
   im übrigen auf das gesetzliche Mindestmaß.

(2)Darf das Gericht nach einem Gesetz, das auf diese Vorschrift verweist, die Strafe nach seinem Ermessen mildern, so kann es bis zum gesetzlichen Mindestmaß der angedrohten Strafe herabgehen oder statt auf Freiheitsstrafe auf Geldstrafe erkennen.

§ 50 Zusammentreffen von Milderungsgründen

Ein Umstand, der allein oder mit anderen Umständen die Annahme eines minder schweren Falles begründet und der zugleich ein besonderer gesetzlicher Milderungsgrund nach § 49 ist, darf nur einmal berücksichtigt werden.

§ 51 Anrechnung

(1)Hat der Verurteilte aus Anlaß einer Tat, die Gegenstand des Verfahrens ist oder gewesen ist, Untersuchungshaft oder eine andere Freiheitsentziehung erlitten, so wird sie auf zeitige Freiheitsstrafe und auf Geldstrafe angerechnet. Das Gericht kann jedoch anordnen, daß die Anrechnung ganz oder zum Teil unterbleibt, wenn sie im Hinblick auf das Verhalten des Verurteilten nach der Tat nicht gerechtfertigt ist.

(2)Wird eine rechtskräftig verhängte Strafe in einem späteren Verfahren durch eine andere Strafe ersetzt, so wird auf diese die frühere Strafe angerechnet, soweit sie vollstreckt oder durch Anrechnung erledigt ist.

(3)Ist der Verurteilte wegen derselben Tat im Ausland bestraft worden, so wird auf die neue Strafe die ausländische angerechnet, soweit sie vollstreckt ist. Für eine andere im Ausland erlittene Freiheitsentziehung gilt Absatz 1 entsprechend.

(4)Bei der Anrechnung von Geldstrafe oder auf Geldstrafe entspricht ein Tag Freiheitsentziehung einem Tagessatz. Wird eine ausländische Strafe oder Freiheitsentziehung angerechnet, so bestimmt das Gericht den Maßstab nach seinem Ermessen.

(5)Für die Anrechnung der Dauer einer vorläufigen Entziehung der Fahrerlaubnis (§ 111a der Strafprozeßordnung) auf das Fahrverbot nach § 44 gilt Absatz 1 entsprechend. In diesem Sinne steht der vorläufigen Entziehung der Fahrerlaubnis die Verwahrung, Sicherstellung oder Beschlagnahme des Führerscheins (§ 94 der Strafprozeßordnung) gleich.

Dritter Titel
Strafbemessung bei mehreren Gesetzesverletzungen

§ 52 Tateinheit

(1)Verletzt dieselbe Handlung mehrere Strafgesetze oder dasselbe Strafgesetz mehrmals, so wird nur auf eine Strafe erkannt.

(2)Sind mehrere Strafgesetze verletzt, so wird die Strafe nach dem Gesetz bestimmt, das die schwerste Strafe androht. Sie darf nicht milder sein, als die anderen anwendbaren Gesetze es zulassen.

(3)Geldstrafe kann das Gericht unter den Voraussetzungen des § 41 neben Freiheitsstrafe gesondert verhängen.

(4)Auf Nebenstrafen, Nebenfolgen und Maßnahmen (§ 11 Absatz 1 Nummer 8) muss oder kann erkannt werden, wenn eines der anwendbaren Gesetze dies vorschreibt oder zulässt.

§ 53 Tatmehrheit

(1)Hat jemand mehrere Straftaten begangen, die gleichzeitig abgeurteilt werden, und dadurch mehrere Freiheitsstrafen oder mehrere Geldstrafen verwirkt, so wird auf eine Gesamtstrafe erkannt.

(2)Trifft Freiheitsstrafe mit Geldstrafe zusammen, so wird auf eine Gesamtstrafe erkannt. Jedoch kann das Gericht auf Geldstrafe auch gesondert erkennen; soll in diesen Fällen wegen mehrerer Straftaten Geldstrafe verhängt werden, so wird insoweit auf eine Gesamtgeldstrafe erkannt.

(3)§ 52 Abs. 3 und 4 gilt sinngemäß.

§ 54 Bildung der Gesamtstrafe

(1)Ist eine der Einzelstrafen eine lebenslange Freiheitsstrafe, so wird als Gesamtstrafe auf lebenslange Freiheitsstrafe erkannt. In allen übrigen Fällen wird die Gesamtstrafe durch Erhöhung der verwirkten höchsten Strafe, bei Strafen verschiedener Art durch Erhöhung der ihrer Art nach schwersten Strafe gebildet. Dabei werden die Person des Täters und die einzelnen Straftaten zusammenfassend gewürdigt.

(2)Die Gesamtstrafe darf die Summe der Einzelstrafen nicht erreichen. Sie darf bei zeitigen Freiheitsstrafen fünfzehn Jahre und bei Geldstrafe siebenhundertzwanzig Tagessätze nicht übersteigen.

(3)Ist eine Gesamtstrafe aus Freiheits- und Geldstrafe zu bilden, so entspricht bei der Bestimmung der Summe der Einzelstrafen ein Tagessatz einem Tag Freiheitsstrafe.

§ 55 Nachträgliche Bildung der Gesamtstrafe

(1)Die §§ 53 und 54 sind auch anzuwenden, wenn ein rechtskräftig Verurteilter, bevor die gegen ihn erkannte Strafe vollstreckt, verjährt oder erlassen ist, wegen einer anderen Straftat verurteilt wird, die er vor der früheren Verurteilung begangen hat. Als frühere Verurteilung gilt das Urteil in dem früheren Verfahren, in dem die zugrundeliegenden tatsächlichen Feststellungen letztmals geprüft werden konnten.

(2)Nebenstrafen, Nebenfolgen und Maßnahmen (§ 11 Abs. 1 Nr. 8), auf die in der früheren Entscheidung erkannt war, sind aufrechtzuerhalten, soweit sie nicht durch die neue Entscheidung gegenstandslos werden.

Vierter Titel
Strafaussetzung zur Bewährung

§ 56 Strafaussetzung

(1)Bei der Verurteilung zu Freiheitsstrafe von nicht mehr als einem Jahr setzt das Gericht die Vollstreckung der Strafe zur Bewährung aus, wenn zu erwarten ist, daß der Verurteilte sich schon die Verurteilung zur Warnung dienen lassen und künftig auch ohne die Einwirkung des Strafvollzugs keine Straftaten mehr begehen wird. Dabei sind namentlich die Persönlichkeit des Verurteilten, sein Vorleben, die Umstände seiner Tat, sein Verhalten nach der Tat, seine Lebensverhältnisse und die Wirkungen zu berücksichtigen, die von der Aussetzung für ihn zu erwarten sind.

(2)Das Gericht kann unter den Voraussetzungen des Absatzes 1 auch die Vollstreckung einer höheren Freiheitsstrafe, die zwei Jahre nicht übersteigt, zur Bewährung aussetzen, wenn nach der Gesamtwürdigung von Tat und Persönlichkeit des Verurteilten besondere Umstände vorliegen. Bei der Entscheidung ist namentlich auch das Bemühen des Verurteilten, den durch die Tat verursachten Schaden wiedergutzumachen, zu berücksichtigen.

(3)Bei der Verurteilung zu Freiheitsstrafe von mindestens sechs Monaten wird die Vollstreckung nicht ausgesetzt, wenn die Verteidigung der Rechtsordnung sie gebietet.

(4)Die Strafaussetzung kann nicht auf einen Teil der Strafe beschränkt werden. Sie wird durch eine Anrechnung von Untersuchungshaft oder einer anderen Freiheitsentziehung nicht ausgeschlossen.

§ 56a Bewährungszeit

(1)Das Gericht bestimmt die Dauer der Bewährungszeit. Sie darf fünf Jahre nicht überschreiten und zwei Jahre nicht unterschreiten.

(2)Die Bewährungszeit beginnt mit der Rechtskraft der Entscheidung über die Strafaussetzung. Sie kann nachträglich bis auf das Mindestmaß verkürzt oder vor ihrem Ablauf bis auf das Höchstmaß verlängert werden.

§ 56b Auflagen

(1)Das Gericht kann dem Verurteilten Auflagen erteilen, die der Genugtuung für das begangene Unrecht dienen. Dabei dürfen an den Verurteilten keine unzumutbaren Anforderungen gestellt werden.

(2)Das Gericht kann dem Verurteilten auferlegen,
1. nach Kräften den durch die Tat verursachten Schaden wiedergutzumachen,
2. einen Geldbetrag zugunsten einer gemeinnützigen Einrichtung zu zahlen, wenn dies im Hinblick auf die Tat und die Persönlichkeit des Täters angebracht ist,
3. sonst gemeinnützige Leistungen zu erbringen oder
4. einen Geldbetrag zugunsten der Staatskasse zu zahlen.

Eine Auflage nach Satz 1 Nr. 2 bis 4 soll das Gericht nur erteilen, soweit die Erfüllung der Auflage einer Wiedergutmachung des Schadens nicht entgegensteht.

(3)Erbietet sich der Verurteilte zu angemessenen Leistungen, die der Genugtuung für das begangene Unrecht dienen, so sieht das Gericht in der Regel von Auflagen vorläufig ab, wenn die Erfüllung des Anerbietens zu erwarten ist.

§ 56c Weisungen

(1)Das Gericht erteilt dem Verurteilten für die Dauer der Bewährungszeit Weisungen, wenn er dieser Hilfe bedarf, um keine Straftaten mehr zu begehen. Dabei dürfen an die Lebensführung des Verurteilten keine unzumutbaren Anforderungen gestellt werden.

(2)Das Gericht kann den Verurteilten namentlich anweisen,

1. Anordnungen zu befolgen, die sich auf Aufenthalt, Ausbildung, Arbeit oder Freizeit oder auf die Ordnung seiner wirtschaftlichen Verhältnisse beziehen,
2. sich zu bestimmten Zeiten bei Gericht oder einer anderen Stelle zu melden,
3. zu der verletzten Person oder bestimmten Personen oder Personen einer bestimmten Gruppe, die ihm Gelegenheit oder Anreiz zu weiteren Straftaten bieten können, keinen Kontakt aufzunehmen, mit ihnen nicht zu verkehren, sie nicht zu beschäftigen, auszubilden oder zu beherbergen,
4. bestimmte Gegenstände, die ihm Gelegenheit oder Anreiz zu weiteren Straftaten bieten können, nicht zu besitzen, bei sich zu führen oder verwahren zu lassen oder
5. Unterhaltspflichten nachzukommen.

(3)Die Weisung,
1. sich einer Heilbehandlung, die mit einem körperlichen Eingriff verbunden ist, oder einer Entziehungskur zu unterziehen oder
2. in einem geeigneten Heim oder einer geeigneten Anstalt Aufenthalt zu

nehmen, darf nur mit Einwilligung des Verurteilten erteilt werden.

(4)Macht der Verurteilte entsprechende Zusagen für seine künftige Lebensführung, so sieht das Gericht in der Regel von Weisungen vorläufig ab, wenn die Einhaltung der Zusagen zu erwarten ist.

§ 56d Bewährungshilfe

(1)Das Gericht unterstellt die verurteilte Person für die Dauer oder einen Teil der Bewährungszeit der Aufsicht und Leitung einer Bewährungshelferin oder eines Bewährungshelfers, wenn dies angezeigt ist, um sie von Straftaten abzuhalten.

(2)Eine Weisung nach Absatz 1 erteilt das Gericht in der Regel, wenn es eine Freiheitsstrafe von mehr als neun Monaten aussetzt und die verurteilte Person noch nicht 27 Jahre alt ist.

(3)Die Bewährungshelferin oder der Bewährungshelfer steht der verurteilten Person helfend und betreuend zur Seite. Sie oder er überwacht im Einvernehmen mit dem Gericht die Erfüllung der Auflagen und Weisungen sowie der Anerbieten und Zusagen und berichtet über die Lebensführung der verurteilten Person in Zeitabständen, die das Gericht bestimmt. Gröbliche oder beharrliche Verstöße gegen Auflagen, Weisungen, Anerbieten oder Zusagen teilt die Bewährungshelferin oder der Bewährungshelfer dem Gericht mit.

(4)Die Bewährungshelferin oder der Bewährungshelfer wird vom Gericht bestellt. Es kann der Bewährungshelferin oder dem Bewährungshelfer für die Tätigkeit nach Absatz 3 Anweisungen erteilen.

(5)Die Tätigkeit der Bewährungshelferin oder des Bewährungshelfers wird haupt- oder ehrenamtlich ausgeübt.

§ 56e Nachträgliche Entscheidungen

Das Gericht kann Entscheidungen nach den §§ 56b bis 56d auch nachträglich treffen, ändern oder aufheben.

§ 56f Widerruf der Strafaussetzung

(1)Das Gericht widerruft die Strafaussetzung, wenn die verurteilte Person

1. in der Bewährungszeit eine Straftat begeht und dadurch zeigt, daß die Erwartung, die der Strafaussetzung zugrunde lag, sich nicht erfüllt hat,

2. gegen Weisungen gröblich oder beharrlich verstößt oder sich der Aufsicht und Leitung der Bewährungshelferin oder des Bewährungshelfers beharrlich entzieht und dadurch Anlaß zu der Besorgnis gibt, daß sie erneut Straftaten begehen wird, oder

3. gegen Auflagen gröblich oder beharrlich verstößt.

Satz 1 Nr. 1 gilt entsprechend, wenn die Tat in der Zeit zwischen der Entscheidung über die Strafaussetzung und deren Rechtskraft oder bei nachträglicher Gesamtstrafenbildung in der Zeit zwischen der Entscheidung über
die Strafaussetzung in einem einbezogenen Urteil und der Rechtskraft der Entscheidung über die Gesamtstrafe begangen worden ist.

(2)Das Gericht sieht jedoch von dem Widerruf ab, wenn es ausreicht,

1. weitere Auflagen oder Weisungen zu erteilen, insbesondere die verurteilte Person einer Bewährungshelferin oder einem Bewährungshelfer zu unterstellen, oder

2. die Bewährungs- oder Unterstellungszeit zu verlängern.

In den Fällen der Nummer 2 darf die Bewährungszeit nicht um mehr als die Hälfte der zunächst bestimmten Bewährungszeit verlängert werden.

(3)Leistungen, die die verurteilte Person zur Erfüllung von Auflagen, Anerbieten, Weisungen oder Zusagen erbracht hat, werden nicht erstattet. Das Gericht kann jedoch, wenn es die Strafaussetzung widerruft, Leistungen, die die verurteilte Person zur Erfüllung von Auflagen nach § 56b Abs. 2 Satz 1 Nr. 2 bis 4 oder entsprechenden Anerbieten nach § 56b Abs. 3 erbracht hat, auf die Strafe anrechnen.

§ 56g Straferlaß

(1)Widerruft das Gericht die Strafaussetzung nicht, so erläßt es die Strafe nach Ablauf der Bewährungszeit. § 56f Abs. 3 Satz 1 ist anzuwenden.

(2)Das Gericht kann den Straferlaß widerrufen, wenn der Verurteilte wegen einer in der Bewährungszeit begangenen vorsätzlichen Straftat zu Freiheitsstrafe von mindestens sechs Monaten verurteilt wird. Der Widerruf ist nur innerhalb von einem Jahr nach Ablauf der Bewährungszeit und von sechs Monaten nach Rechtskraft der Verurteilung zulässig. § 56f Abs. 1 Satz 2 und Abs. 3 gilt entsprechend.

§ 57 Aussetzung des Strafrestes bei zeitiger Freiheitsstrafe

(1)Das Gericht setzt die Vollstreckung des Restes einer zeitigen Freiheitsstrafe zur Bewährung aus, wenn

1. zwei Drittel der verhängten Strafe, mindestens jedoch zwei Monate, verbüßt sind,

2. dies unter Berücksichtigung des Sicherheitsinteresses der Allgemeinheit verantwortet werden kann, und

3. die verurteilte Person einwilligt.

Bei der Entscheidung sind insbesondere die Persönlichkeit der verurteilten Person, ihr Vorleben, die Umstände ihrer Tat, das Gewicht des bei einem Rückfall bedrohten Rechtsguts, das Verhalten der verurteilten Person
im Vollzug, ihre Lebensverhältnisse und die Wirkungen zu berücksichtigen, die von der Aussetzung für sie zu erwarten sind.

(2)Schon nach Verbüßung der Hälfte einer zeitigen Freiheitsstrafe, mindestens jedoch von sechs Monaten, kann das Gericht die Vollstreckung des Restes zur Bewährung aussetzen, wenn

1. die verurteilte Person erstmals eine Freiheitsstrafe verbüßt und diese zwei Jahre nicht übersteigt oder

2. die Gesamtwürdigung von Tat, Persönlichkeit der verurteilten Person und ihrer Entwicklung während des Strafvollzugs ergibt, daß besondere Umstände vorliegen,

und die übrigen Voraussetzungen des Absatzes 1 erfüllt sind.

(3)Die §§ 56a bis 56e gelten entsprechend; die Bewährungszeit darf, auch wenn sie nachträglich verkürzt wird, die Dauer des Strafrestes nicht unterschreiten. Hat die verurteilte Person mindestens ein Jahr ihrer Strafe verbüßt, bevor deren Rest zur Bewährung ausgesetzt wird, unterstellt sie das Gericht in der Regel für die Dauer oder einen Teil der Bewährungszeit der Aufsicht und Leitung einer Bewährungshelferin oder eines Bewährungshelfers.

(4)Soweit eine Freiheitsstrafe durch Anrechnung erledigt ist, gilt sie als verbüßte Strafe im Sinne der Absätze 1 bis 3.

(5)Die §§ 56f und 56g gelten entsprechend. Das Gericht widerruft die Strafaussetzung auch dann, wenn die verurteilte Person in der Zeit zwischen der Verurteilung und der Entscheidung über die Strafaussetzung eine Straftat begangen hat, die von dem Gericht bei der Entscheidung über die Strafaussetzung aus tatsächlichen Gründen nicht berücksichtigt werden konnte und die im Fall ihrer Berücksichtigung zur Versagung der Strafaussetzung geführt hätte; als Verurteilung gilt das Urteil, in dem die zugrunde liegenden tatsächlichen Feststellungen letztmals geprüft werden konnten.

(6)Das Gericht kann davon absehen, die Vollstreckung des Restes einer zeitigen Freiheitsstrafe zur Bewährung auszusetzen, wenn die verurteilte Person unzureichende oder falsche Angaben über den Verbleib von Gegenständen macht, die der Einziehung von Taterträgen unterliegen.

(7)Das Gericht kann Fristen von höchstens sechs Monaten festsetzen, vor deren Ablauf ein Antrag der verurteilten Person, den Strafrest zur Bewährung auszusetzen, unzulässig ist.

§ 57a Aussetzung des Strafrestes bei lebenslanger Freiheitsstrafe

(1)Das Gericht setzt die Vollstreckung des Restes einer lebenslangen Freiheitsstrafe zur Bewährung aus, wenn

1. fünfzehn Jahre der Strafe verbüßt sind,

2. nicht die besondere Schwere der Schuld des Verurteilten die weitere Vollstreckung gebietet und

3. die Voraussetzungen des § 57 Abs. 1 Satz 1 Nr. 2 und 3 vorliegen.

§ 57 Abs. 1 Satz 2 und Abs. 6 gilt entsprechend.

(2)Als verbüßte Strafe im Sinne des Absatzes 1 Satz 1 Nr. 1 gilt jede Freiheitsentziehung, die der Verurteilte aus Anlaß der Tat erlitten hat.

(3)Die Dauer der Bewährungszeit beträgt fünf Jahre. § 56a Abs. 2 Satz 1 und die §§ 56b bis 56g, 57 Abs. 3 Satz 2 und Abs. 5 Satz 2 gelten entsprechend.

(4)Das Gericht kann Fristen von höchstens zwei Jahren festsetzen, vor deren Ablauf ein Antrag des Verurteilten, den Strafrest zur Bewährung auszusetzen, unzulässig ist.

§ 57b Aussetzung des Strafrestes bei lebenslanger Freiheitsstrafe als Gesamtstrafe

Ist auf lebenslange Freiheitsstrafe als Gesamtstrafe erkannt, so werden bei der Feststellung der besonderen Schwere der Schuld (§ 57a Abs. 1 Satz 1 Nr. 2) die einzelnen Straftaten zusammenfassend gewürdigt.

§ 58 Gesamtstrafe und Strafaussetzung

(1)Hat jemand mehrere Straftaten begangen, so ist für die Strafaussetzung nach § 56 die Höhe der Gesamtstrafe maßgebend.

(2)Ist in den Fällen des § 55 Abs. 1 die Vollstreckung der in der früheren Entscheidung verhängten

Freiheitsstrafe ganz oder für den Strafrest zur Bewährung ausgesetzt und wird auch die Gesamtstrafe zur Bewährung ausgesetzt, so verkürzt sich das Mindestmaß der neuen Bewährungszeit um die bereits abgelaufene Bewährungszeit, jedoch nicht auf weniger als ein Jahr. Wird die Gesamtstrafe nicht zur Bewährung ausgesetzt, so gilt § 56f Abs. 3 entsprechend.

Fünfter Titel
Verwarnung mit
Strafvorbehalt Absehen von
Strafe

§ 59 Voraussetzungen der Verwarnung mit Strafvorbehalt

(1)Hat jemand Geldstrafe bis zu einhundertachtzig Tagessätzen verwirkt, so kann das Gericht ihn neben dem Schuldspruch verwarnen, die Strafe bestimmen und die Verurteilung zu dieser Strafe vorbehalten, wenn

1. zu erwarten ist, daß der Täter künftig auch ohne Verurteilung zu Strafe keine Straftaten mehr begehen wird,

2. nach der Gesamtwürdigung von Tat und Persönlichkeit des Täters besondere Umstände vorliegen, die eine Verhängung von Strafe entbehrlich machen, und

3. die Verteidigung der Rechtsordnung die Verurteilung zu Strafe nicht gebietet.

§ 56 Abs. 1 Satz 2 gilt entsprechend.

(2)Neben der Verwarnung kann auf Einziehung oder Unbrauchbarmachung erkannt werden. Neben Maßregeln der Besserung und Sicherung ist die Verwarnung mit Strafvorbehalt nicht zulässig.

§ 59a Bewährungszeit, Auflagen und Weisungen

(1)Das Gericht bestimmt die Dauer der Bewährungszeit. Sie darf zwei Jahre nicht überschreiten und ein Jahr nicht unterschreiten.

(2)Das Gericht kann den Verwarnten anweisen,

1. sich zu bemühen, einen Ausgleich mit dem Verletzten zu erreichen oder sonst den durch die Tat verursachten Schaden wiedergutzumachen,

2. seinen Unterhaltspflichten nachzukommen,

3. einen Geldbetrag zugunsten einer gemeinnützigen Einrichtung oder der Staatskasse zu zahlen,

4. sich einer ambulanten Heilbehandlung oder einer ambulanten Entziehungskur zu unterziehen,

5. an einem sozialen Trainingskurs teilzunehmen oder

6. an einem Verkehrsunterricht teilzunehmen.

Dabei dürfen an die Lebensführung des Verwarnten keine unzumutbaren Anforderungen gestellt werden; auch dürfen die Auflagen und Weisungen nach Satz 1 Nummer 3 bis 6 zur Bedeutung der vom Täter begangenen Tat nicht außer Verhältnis stehen. § 56c Abs. 3 und 4 und § 56e gelten entsprechend.

§ 59b Verurteilung zu der vorbehaltenen Strafe

(1)Für die Verurteilung zu der vorbehaltenen Strafe gilt § 56f entsprechend.

(2)Wird der Verwarnte nicht zu der vorbehaltenen Strafe verurteilt, so stellt das Gericht nach Ablauf der Bewährungszeit fest, daß es bei der Verwarnung sein Bewenden hat.

§ 59c Gesamtstrafe und Verwarnung mit Strafvorbehalt

(1)Hat jemand mehrere Straftaten begangen, so sind bei der Verwarnung mit Strafvorbehalt für die Bestimmung der Strafe die §§ 53 bis 55 entsprechend anzuwenden.

(2)Wird der Verwarnte wegen einer vor der Verwarnung begangenen Straftat nachträglich zu Strafe verurteilt, so sind die Vorschriften über die Bildung einer Gesamtstrafe (§§ 53 bis 55 und 58) mit der

Maßgabe anzuwenden, daß die vorbehaltene Strafe in den Fällen des § 55 einer erkannten Strafe gleichsteht.

§ 60 Absehen von Strafe

Das Gericht sieht von Strafe ab, wenn die Folgen der Tat, die den Täter getroffen haben, so schwer sind, daß die Verhängung einer Strafe offensichtlich verfehlt wäre. Dies gilt nicht, wenn der Täter für die Tat eine Freiheitsstrafe von mehr als einem Jahr verwirkt hat.

Sechster Titel
Maßregeln der Besserung und Sicherung

§ 61 Übersicht

Maßregeln der Besserung und Sicherung sind

1. die Unterbringung in einem psychiatrischen Krankenhaus,
2. die Unterbringung in einer Entziehungsanstalt,
3. die Unterbringung in der Sicherungsverwahrung,
4. die Führungsaufsicht,
5. die Entziehung der Fahrerlaubnis,
6. das Berufsverbot.

§ 62 Grundsatz der Verhältnismäßigkeit

Eine Maßregel der Besserung und Sicherung darf nicht angeordnet werden, wenn sie zur Bedeutung der vom Täter begangenen und zu erwartenden Taten sowie zu dem Grad der von ihm ausgehenden Gefahr außer Verhältnis steht.

Freiheitsentziehende Maßregeln

§ 63 Unterbringung in einem psychiatrischen Krankenhaus

Hat jemand eine rechtswidrige Tat im Zustand der Schuldunfähigkeit (§ 20) oder der verminderten Schuldfähigkeit (§ 21) begangen, so ordnet das Gericht die Unterbringung in einem psychiatrischen Krankenhaus an, wenn die Gesamtwürdigung des Täters und seiner Tat ergibt, daß von ihm infolge seines Zustandes erhebliche rechtswidrige Taten, durch welche die Opfer seelisch oder körperlich erheblich geschädigt oder erheblich gefährdet werden oder schwerer wirtschaftlicher Schaden angerichtet wird, zu erwarten sind und er deshalb für die Allgemeinheit gefährlich ist. Handelt es sich bei der begangenen rechtswidrigen Tat nicht um eine im Sinne von Satz 1 erhebliche Tat, so trifft das Gericht eine solche Anordnung nur, wenn besondere Umstände die Erwartung rechtfertigen, dass der Täter infolge seines Zustandes derartige erhebliche rechtswidrige Taten begehen wird.

§ 64 Unterbringung in einer Entziehungsanstalt

Hat eine Person den Hang, alkoholische Getränke oder andere berauschende Mittel im Übermaß zu sich zu nehmen, und wird sie wegen einer rechtswidrigen Tat, die sie im Rausch begangen hat oder die auf ihren Hang zurückgeht, verurteilt oder nur deshalb nicht verurteilt, weil ihre Schuldunfähigkeit erwiesen oder nicht
auszuschließen ist, so soll das Gericht die Unterbringung in einer Entziehungsanstalt anordnen, wenn die Gefahr besteht, dass sie infolge ihres Hanges erhebliche rechtswidrige Taten begehen wird. Die Anordnung ergeht nur, wenn eine hinreichend konkrete Aussicht besteht, die Person durch die Behandlung in einer Entziehungsanstalt innerhalb der Frist nach § 67d Absatz 1 Satz 1 oder 3 zu heilen oder über eine erhebliche Zeit vor dem Rückfall in den Hang zu bewahren und von der Begehung erheblicher rechtswidriger Taten abzuhalten, die auf ihren Hang zurückgehen.

§ 65 (weggefallen)

-

§ 66 Unterbringung in der Sicherungsverwahrung

(1)Das Gericht ordnet neben der Strafe die Sicherungsverwahrung an, wenn

1. jemand zu Freiheitsstrafe von mindestens zwei Jahren wegen einer vorsätzlichen Straftat verurteilt wird, die

   a) sich gegen das Leben, die körperliche Unversehrtheit, die persönliche Freiheit oder die sexuelle Selbstbestimmung richtet,

   b) unter den Ersten, Siebenten, Zwanzigsten oder Achtundzwanzigsten Abschnitt des Besonderen Teils oder unter das Völkerstrafgesetzbuch oder das Betäubungsmittelgesetz fällt und im Höchstmaß mit Freiheitsstrafe von mindestens zehn Jahren bedroht ist oder

   c) den Tatbestand des § 145a erfüllt, soweit die Führungsaufsicht auf Grund einer Straftat der in den Buchstaben a oder b genannten Art eingetreten ist, oder den Tatbestand des § 323a, soweit die im Rausch begangene rechtswidrige Tat eine solche der in den Buchstaben a oder b genannten Art ist,

2. der Täter wegen Straftaten der in Nummer 1 genannten Art, die er vor der neuen Tat begangen hat, schon zweimal jeweils zu einer Freiheitsstrafe von mindestens einem Jahr verurteilt worden ist,

3. er wegen einer oder mehrerer dieser Taten vor der neuen Tat für die Zeit von mindestens zwei Jahren Freiheitsstrafe verbüßt oder sich im Vollzug einer freiheitsentziehenden Maßregel der Besserung und Sicherung befunden hat und

4. die Gesamtwürdigung des Täters und seiner Taten ergibt, dass er infolge eines Hanges zu erheblichen Straftaten, namentlich zu solchen, durch welche die Opfer seelisch oder körperlich schwer geschädigt werden, zum Zeitpunkt der Verurteilung für die Allgemeinheit gefährlich ist.

Für die Einordnung als Straftat im Sinne von Satz 1 Nummer 1 Buchstabe b gilt § 12 Absatz 3 entsprechend, für die Beendigung der in Satz 1 Nummer 1 Buchstabe c genannten Führungsaufsicht § 68b Absatz 1 Satz 4.

(2)Hat jemand drei Straftaten der in Absatz 1 Satz 1 Nummer 1 genannten Art begangen, durch die er jeweils Freiheitsstrafe von mindestens einem Jahr verwirkt hat, und wird er wegen einer oder mehrerer dieser Taten zu Freiheitsstrafe von mindestens drei Jahren verurteilt, so kann das Gericht unter der in Absatz 1 Satz 1 Nummer 4 bezeichneten Voraussetzung neben der Strafe die Sicherungsverwahrung auch ohne frühere Verurteilung oder Freiheitsentziehung (Absatz 1 Satz 1 Nummer 2 und 3) anordnen.

(3)Wird jemand wegen eines die Voraussetzungen nach Absatz 1 Satz 1 Nummer 1 Buchstabe a oder b erfüllenden Verbrechens oder wegen einer Straftat nach § 89a Absatz 1 bis 3, § 89c Absatz 1 bis 3, § 129a Absatz 5 Satz 1 erste Alternative, auch in Verbindung mit § 129b Absatz 1, den §§ 174 bis 174c, 176a, 176b, 177 Absatz 2 Nummer 1, Absatz 3 und 6, §§ 180, 182, 224, 225 Abs. 1 oder 2 oder wegen einer vorsätzlichen Straftat nach
§ 323a, soweit die im Rausch begangene Tat eine der vorgenannten rechtswidrigen Taten ist, zu Freiheitsstrafe von mindestens zwei Jahren verurteilt, so kann das Gericht neben der Strafe die Sicherungsverwahrung anordnen, wenn der Täter wegen einer oder mehrerer solcher Straftaten, die er vor der neuen Tat begangen hat, schon einmal zu Freiheitsstrafe von mindestens drei Jahren verurteilt worden ist und die in Absatz 1
Satz 1 Nummer 3 und 4 genannten Voraussetzungen erfüllt sind. Hat jemand zwei Straftaten der in Satz 1 bezeichneten Art begangen, durch die er jeweils Freiheitsstrafe von mindestens zwei Jahren verwirkt hat und wird er wegen einer oder mehrerer dieser Taten zu Freiheitsstrafe von mindestens drei Jahren verurteilt, so kann das Gericht unter den in Absatz 1 Satz 1 Nummer 4 bezeichneten Voraussetzungen neben der Strafe die
Sicherungsverwahrung auch ohne frühere Verurteilung oder Freiheitsentziehung (Absatz 1 Satz 1 Nummer 2 und 3) anordnen. Die Absätze 1 und 2 bleiben unberührt.

(4)Im Sinne des Absatzes 1 Satz 1 Nummer 2 gilt eine Verurteilung zu Gesamtstrafe als eine einzige Verurteilung. Ist Untersuchungshaft oder eine andere Freiheitsentziehung auf Freiheitsstrafe angerechnet, so gilt sie als verbüßte Strafe im Sinne des Absatzes 1 Satz 1 Nummer 3. Eine frühere Tat bleibt außer Betracht, wenn zwischen ihr und der folgenden Tat mehr als fünf Jahre verstrichen sind; bei Straftaten gegen die sexuelle Selbstbestimmung beträgt die Frist fünfzehn Jahre. In die Frist wird die Zeit nicht eingerechnet, in welcher der Täter auf behördliche Anordnung in einer Anstalt verwahrt worden ist. Eine Tat, die außerhalb des räumlichen Geltungsbereichs dieses Gesetzes abgeurteilt worden ist, steht einer innerhalb dieses Bereichs abgeurteilten Tat gleich, wenn sie nach deutschem Strafrecht eine Straftat der in Absatz 1 Satz 1 Nummer 1, in den Fällen des Absatzes 3 der in Absatz 3 Satz 1 bezeichneten Art wäre.

Fußnote

§ 66 idF d. G v. 27.12.2003 I 3007 u. d. G v. 22.12.2010 I 2300: Nach Maßgabe der Entscheidungsformel mit GG (100-1) unvereinbar gem. BVerfGE v. 4.5.2011 I 1003 (2 BvR 2365/09 u. a.). Zur Umsetzung der Anforderungen des BVerfG vgl. G v. 5.12.2012 I 2425 mWv 1.6.2013

§ 66a Vorbehalt der Unterbringung in der Sicherungsverwahrung

(1)Das Gericht kann im Urteil die Anordnung der Sicherungsverwahrung vorbehalten, wenn

1. jemand wegen einer der in § 66 Absatz 3 Satz 1 genannten Straftaten verurteilt wird,

2. die übrigen Voraussetzungen des § 66 Absatz 3 erfüllt sind, soweit dieser nicht auf § 66 Absatz 1 Satz 1 Nummer 4 verweist, und

3. nicht mit hinreichender Sicherheit feststellbar, aber wahrscheinlich ist, dass die Voraussetzungen des § 66 Absatz 1 Satz 1 Nummer 4 vorliegen.

(2)Einen Vorbehalt im Sinne von Absatz 1 kann das Gericht auch aussprechen, wenn

1. jemand zu einer Freiheitsstrafe von mindestens fünf Jahren wegen eines oder mehrerer Verbrechen gegen das Leben, die körperliche Unversehrtheit, die persönliche Freiheit, die sexuelle Selbstbestimmung, nach dem Achtundzwanzigsten Abschnitt oder nach den §§ 250, 251, auch in Verbindung mit § 252 oder § 255, verurteilt wird,

2. die Voraussetzungen des § 66 nicht erfüllt sind und

3. mit hinreichender Sicherheit feststellbar oder zumindest wahrscheinlich ist, dass die Voraussetzungen des § 66 Absatz 1 Satz 1 Nummer 4 vorliegen.

(3)Über die nach Absatz 1 oder 2 vorbehaltene Anordnung der Sicherungsverwahrung kann das Gericht im ersten Rechtszug nur bis zur vollständigen Vollstreckung der Freiheitsstrafe entscheiden; dies gilt auch, wenn die Vollstreckung des Strafrestes zur Bewährung ausgesetzt war und der Strafrest vollstreckt wird. Das Gericht ordnet die Sicherungsverwahrung an, wenn die Gesamtwürdigung des Verurteilten, seiner Tat oder seiner Taten und ergänzend seiner Entwicklung bis zum Zeitpunkt der Entscheidung ergibt, dass von ihm erhebliche Straftaten zu erwarten sind, durch welche die Opfer seelisch oder körperlich schwer geschädigt werden.

Fußnote

§ 66a: IdF d. Art. 1 Nr. 3 G v. 22.12.2010 I 2300 mWv 1.1.2011; nach Maßgabe der Entscheidungsformel mit GG (100-1) unvereinbar gem. BVerfGE v. 4.5.2011 I 1003 (2 BvR 2365/09 u. a.). Zur Umsetzung der Anforderungen des BVerfG vgl. G v. 5.12.2012 I 2425 mWv 1.6.2013

§ 66b Nachträgliche Anordnung der Unterbringung in der Sicherungsverwahrung

Ist die Unterbringung in einem psychiatrischen Krankenhaus nach § 67d Abs. 6 für erledigt erklärt worden, weil der die Schuldfähigkeit ausschließende oder vermindernde Zustand, auf dem die Unterbringung beruhte, im Zeitpunkt der Erledigungsentscheidung nicht bestanden hat, so kann das Gericht die Unterbringung in der Sicherungsverwahrung nachträglich anordnen, wenn

1. die Unterbringung des Betroffenen nach § 63 wegen mehrerer der in § 66 Abs. 3 Satz 1 genannten Taten angeordnet wurde oder wenn der Betroffene wegen einer oder mehrerer solcher Taten, die er vor der zur Unterbringung nach § 63 führenden Tat begangen hat, schon einmal zu einer Freiheitsstrafe von mindestens drei Jahren verurteilt oder in einem psychiatrischen Krankenhaus untergebracht worden war und

2. die Gesamtwürdigung des Betroffenen, seiner Taten und ergänzend seiner Entwicklung bis zum Zeitpunkt der Entscheidung ergibt, dass er mit hoher Wahrscheinlichkeit erhebliche

Straftaten begehen wird, durch welche die Opfer seelisch oder körperlich schwer geschädigt werden.

Dies gilt auch, wenn im Anschluss an die Unterbringung nach § 63 noch eine daneben angeordnete Freiheitsstrafe ganz oder teilweise zu vollstrecken ist.

Fußnote

§ 66b: Eingef. durch Art. 1 Nr. 2 G v. 23.7.2004 I 1838 mWv 29.7.2004; früherer Abs. 1 u. 2 aufgeh., früherer Abs. 3 jetzt einziger Text gem. Art. 1 Nr. 4 Buchst. a u. Buchst. b DBuchst. aa G v. 22.12.2010 I 2300 mWv 1.1.2011; nach Maßgabe der Entscheidungsformel mit GG (100-1) unvereinbar gem. BVerfGE v. 4.5.2011 I 1003 (2 BvR 2365/09 u. a.). Zur Umsetzung der Anforderungen des BVerfG vgl. G v. 5.12.2012 I 2425 mWv 1.6.2013

§ 66c Ausgestaltung der Unterbringung in der Sicherungsverwahrung und des vorhergehenden Strafvollzugs

(1) Die Unterbringung in der Sicherungsverwahrung erfolgt in Einrichtungen, die

1. dem Untergebrachten auf der Grundlage einer umfassenden Behandlungsuntersuchung und eines regelmäßig fortzuschreibenden Vollzugsplans eine Betreuung anbieten,

    a) die individuell und intensiv sowie geeignet ist, seine Mitwirkungsbereitschaft zu wecken und zu fördern, insbesondere eine psychiatrische, psycho- oder sozialtherapeutische Behandlung, die auf den Untergebrachten zugeschnitten ist, soweit standardisierte Angebote nicht Erfolg versprechend sind, und

    b) die zum Ziel hat, seine Gefährlichkeit für die Allgemeinheit so zu mindern, dass die Vollstreckung der Maßregel möglichst bald zur Bewährung ausgesetzt oder sie für erledigt erklärt werden kann,

2. eine Unterbringung gewährleisten,

    a) die den Untergebrachten so wenig wie möglich belastet, den Erfordernissen der Betreuung im Sinne von Nummer 1 entspricht und, soweit Sicherheitsbelange nicht entgegenstehen, den allgemeinen Lebensverhältnissen angepasst ist, und

    b) die vom Strafvollzug getrennt in besonderen Gebäuden oder Abteilungen erfolgt, sofern nicht die Behandlung im Sinne von Nummer 1 ausnahmsweise etwas anderes erfordert, und

3. zur Erreichung des in Nummer 1 Buchstabe b genannten Ziels

    a) vollzugsöffnende Maßnahmen gewähren und Entlassungsvorbereitungen treffen, soweit nicht zwingende Gründe entgegenstehen, insbesondere konkrete Anhaltspunkte die Gefahr begründen, der Untergebrachte werde sich dem Vollzug der Sicherungsverwahrung entziehen oder die Maßnahmen zur Begehung erheblicher Straftaten missbrauchen, sowie

    b) in enger Zusammenarbeit mit staatlichen oder freien Trägern eine nachsorgende Betreuung in Freiheit ermöglichen.

(2) Hat das Gericht die Unterbringung in der Sicherungsverwahrung im Urteil (§ 66), nach Vorbehalt (§ 66a Absatz 3) oder nachträglich (§ 66b) angeordnet oder sich eine solche Anordnung im Urteil vorbehalten (§ 66a Absatz 1 und 2), ist dem Täter schon im Strafvollzug eine Betreuung im Sinne von Absatz 1 Nummer 1, insbesondere eine sozialtherapeutische Behandlung, anzubieten mit dem Ziel, die Vollstreckung der Unterbringung (§ 67c Absatz 1 Satz 1 Nummer 1) oder deren Anordnung (§ 66a Absatz 3) möglichst entbehrlich zu machen.

§ 67 Reihenfolge der Vollstreckung

(1) Wird die Unterbringung in einer Anstalt nach den §§ 63 und 64 neben einer Freiheitsstrafe angeordnet, so wird die Maßregel vor der Strafe vollzogen.

(2) Das Gericht bestimmt jedoch, daß die Strafe oder ein Teil der Strafe vor der Maßregel zu vollziehen ist, wenn der Zweck der Maßregel dadurch leichter erreicht wird. Bei Anordnung der Unterbringung in einer Entziehungsanstalt neben einer zeitigen Freiheitsstrafe von über drei Jahren

soll das Gericht bestimmen, dass ein Teil der Strafe vor der Maßregel zu vollziehen ist. Dieser Teil der Strafe ist so zu bemessen, dass nach seiner Vollziehung und einer anschließenden Unterbringung eine Entscheidung nach Absatz 5 Satz 1 möglich ist. Das Gericht soll ferner bestimmen, dass die Strafe vor der Maßregel zu vollziehen ist, wenn die verurteilte Person vollziehbar zur Ausreise verpflichtet und zu erwarten ist, dass ihr Aufenthalt im räumlichen Geltungsbereich dieses Gesetzes während oder unmittelbar nach Verbüßung der Strafe beendet wird.

(3)Das Gericht kann eine Anordnung nach Absatz 2 Satz 1 oder Satz 2 nachträglich treffen, ändern oder aufheben, wenn Umstände in der Person des Verurteilten es angezeigt erscheinen lassen. Eine Anordnung nach Absatz 2 Satz 4 kann das Gericht auch nachträglich treffen. Hat es eine Anordnung nach Absatz 2 Satz 4 getroffen, so hebt es diese auf, wenn eine Beendigung des Aufenthalts der verurteilten Person im räumlichen Geltungsbereich dieses Gesetzes während oder unmittelbar nach Verbüßung der Strafe nicht mehr zu erwarten ist.

(4)Wird die Maßregel ganz oder zum Teil vor der Strafe vollzogen, so wird die Zeit des Vollzugs der Maßregel auf die Strafe angerechnet, bis zwei Drittel der Strafe erledigt sind.

(5)Wird die Maßregel vor der Strafe oder vor einem Rest der Strafe vollzogen, so kann das Gericht die Vollstreckung des Strafrestes unter den Voraussetzungen des § 57 Abs. 1 Satz 1 Nr. 2 und 3 zur Bewährung aussetzen, wenn die Hälfte der Strafe erledigt ist. Wird der Strafrest nicht ausgesetzt, so wird der Vollzug der Maßregel fortgesetzt; das Gericht kann jedoch den Vollzug der Strafe anordnen, wenn Umstände in der Person des Verurteilten es angezeigt erscheinen lassen.

(6)Das Gericht bestimmt, dass eine Anrechnung nach Absatz 4 auch auf eine verfahrensfremde Strafe erfolgt, wenn deren Vollzug für die verurteilte Person eine unbillige Härte wäre. Bei dieser Entscheidung sind insbesondere das Verhältnis der Dauer des bisherigen Freiheitsentzugs zur Dauer der verhängten Strafen, der erzielte Therapieerfolg und seine konkrete Gefährdung sowie das Verhalten der verurteilten Person im Vollstreckungsverfahren zu berücksichtigen. Die Anrechnung ist in der Regel ausgeschlossen, wenn die der verfahrensfremden Strafe zugrunde liegende Tat nach der Anordnung der Maßregel begangen worden ist. Absatz 5 Satz 2 gilt entsprechend.

Fußnote

§ 67 Abs. 4: Früherer Satz 2 aufgeh. durch Art. 1 Nr. 2 Buchst. c G v. 16.7.2007 I 1327 mWv 20.7.2007; nach Maßgabe der Entscheidungsformel mit GG (100-1) unvereinbar gem. BVerfGE v. 27.3.2012 I 1021 (2 BvR 2258/09). Zur Umsetzung der Anforderungen des BVerfG vgl. G v. 8.7.2016 I 1610 mWv 1.8.2016

§ 67a Überweisung in den Vollzug einer anderen Maßregel

(1)Ist die Unterbringung in einem psychiatrischen Krankenhaus oder einer Entziehungsanstalt angeordnet worden, so kann das Gericht die untergebrachte Person nachträglich in den Vollzug der anderen Maßregel überweisen, wenn ihre Resozialisierung dadurch besser gefördert werden kann.

(2)Unter den Voraussetzungen des Absatzes 1 kann das Gericht nachträglich auch eine Person, gegen die Sicherungsverwahrung angeordnet worden ist, in den Vollzug einer der in Absatz 1 genannten Maßregeln überweisen. Die Möglichkeit einer nachträglichen Überweisung besteht, wenn die Voraussetzungen des Absatzes 1 vorliegen und die Überweisung zur Durchführung einer Heilbehandlung oder Entziehungskur angezeigt ist, auch bei einer Person, die sich noch im Strafvollzug befindet und deren Unterbringung in der Sicherungsverwahrung angeordnet oder vorbehalten worden ist.

(3)Das Gericht kann eine Entscheidung nach den Absätzen 1 und 2 ändern oder aufheben, wenn sich nachträglich ergibt, dass die Resozialisierung der untergebrachten Person dadurch besser gefördert werden kann. Eine Entscheidung nach Absatz 2 kann das Gericht ferner aufheben, wenn sich nachträglich ergibt, dass mit dem Vollzug der in Absatz 1 genannten Maßregeln kein Erfolg erzielt werden kann.

(4)Die Fristen für die Dauer der Unterbringung und die Überprüfung richten sich nach den

Vorschriften, die für die im Urteil angeordnete Unterbringung gelten. Im Falle des Absatzes 2 Satz 2 hat das Gericht bis zum Beginn der Vollstreckung der Unterbringung jeweils spätestens vor Ablauf eines Jahres zu prüfen, ob die Voraussetzungen für eine Entscheidung nach Absatz 3 Satz 2 vorliegen.

§ 67b Aussetzung zugleich mit der Anordnung

(1)Ordnet das Gericht die Unterbringung in einem psychiatrischen Krankenhaus oder einer Entziehungsanstalt an, so setzt es zugleich deren Vollstreckung zur Bewährung aus, wenn besondere Umstände die Erwartung rechtfertigen, daß der Zweck der Maßregel auch dadurch erreicht werden kann. Die Aussetzung unterbleibt, wenn der Täter noch Freiheitsstrafe zu verbüßen hat, die gleichzeitig mit der Maßregel verhängt und nicht zur Bewährung ausgesetzt wird.

(2)Mit der Aussetzung tritt Führungsaufsicht ein.

§ 67c Späterer Beginn der Unterbringung

(1)Wird eine Freiheitsstrafe vor einer wegen derselben Tat oder Taten angeordneten Unterbringung vollzogen und ergibt die vor dem Ende des Vollzugs der Strafe erforderliche Prüfung, dass

1. der Zweck der Maßregel die Unterbringung nicht mehr erfordert oder

2. die Unterbringung in der Sicherungsverwahrung unverhältnismäßig wäre, weil dem Täter bei einer Gesamtbetrachtung des Vollzugsverlaufs ausreichende Betreuung im Sinne des § 66c Absatz 2 in Verbindung mit § 66c Absatz 1 Nummer 1 nicht angeboten worden ist,

setzt das Gericht die Vollstreckung der Unterbringung zur Bewährung aus; mit der Aussetzung tritt Führungsaufsicht ein. Der Prüfung nach Satz 1 Nummer 1 bedarf es nicht, wenn die Unterbringung in der Sicherungsverwahrung im ersten Rechtszug weniger als ein Jahr vor dem Ende des Vollzugs der Strafe angeordnet worden ist.

(2)Hat der Vollzug der Unterbringung drei Jahre nach Rechtskraft ihrer Anordnung noch nicht begonnen und liegt ein Fall des Absatzes 1 oder des § 67b nicht vor, so darf die Unterbringung nur noch vollzogen werden, wenn das Gericht es anordnet. In die Frist wird die Zeit nicht eingerechnet, in welcher der Täter auf behördliche Anordnung in einer Anstalt verwahrt worden ist. Das Gericht ordnet den Vollzug an, wenn der Zweck der Maßregel die Unterbringung noch erfordert. Ist der Zweck der Maßregel nicht erreicht, rechtfertigen aber besondere Umstände die Erwartung, daß er auch durch die Aussetzung erreicht werden kann, so setzt das Gericht die Vollstreckung der Unterbringung zur Bewährung aus; mit der Aussetzung tritt Führungsaufsicht ein. Ist der Zweck der Maßregel erreicht, so erklärt das Gericht sie für erledigt.

§ 67d Dauer der Unterbringung

(1)Die Unterbringung in einer Entziehungsanstalt darf zwei Jahre nicht übersteigen. Die Frist läuft vom Beginn der Unterbringung an. Wird vor einer Freiheitsstrafe eine daneben angeordnete freiheitsentziehende Maßregel vollzogen, so verlängert sich die Höchstfrist um die Dauer der Freiheitsstrafe, soweit die Zeit des Vollzugs der Maßregel auf die Strafe angerechnet wird.

(2)Ist keine Höchstfrist vorgesehen oder ist die Frist noch nicht abgelaufen, so setzt das Gericht die weitere Vollstreckung der Unterbringung zur Bewährung aus, wenn zu erwarten ist, daß der Untergebrachte außerhalb des Maßregelvollzugs keine erheblichen rechtswidrigen Taten mehr begehen wird. Gleiches gilt, wenn das Gericht nach Beginn der Vollstreckung der Unterbringung in der Sicherungsverwahrung feststellt, dass die weitere Vollstreckung unverhältnismäßig wäre, weil dem Untergebrachten nicht spätestens bis zum Ablauf einer vom Gericht bestimmten Frist von höchstens sechs Monaten ausreichende Betreuung im Sinne des § 66c Absatz 1 Nummer 1 angeboten worden ist; eine solche Frist hat das Gericht, wenn keine ausreichende Betreuung angeboten wird, unter Angabe der anzubietenden Maßnahmen bei der Prüfung der Aussetzung der Vollstreckung festzusetzen. Mit der Aussetzung nach Satz 1 oder 2 tritt Führungsaufsicht ein.

(3)Sind zehn Jahre der Unterbringung in der Sicherungsverwahrung vollzogen worden, so erklärt das Gericht die Maßregel für erledigt, wenn nicht die Gefahr besteht, daß der Untergebrachte erhebliche Straftaten begehen wird, durch welche die Opfer seelisch oder körperlich schwer geschädigt werden. Mit der Entlassung aus dem Vollzug der Unterbringung tritt Führungsaufsicht ein.

(4)Ist die Höchstfrist abgelaufen, so wird der Untergebrachte entlassen. Die Maßregel ist damit erledigt. Mit der Entlassung aus dem Vollzug der Unterbringung tritt Führungsaufsicht ein.

(5)Das Gericht erklärt die Unterbringung in einer Entziehungsanstalt für erledigt, wenn die Voraussetzungen des
§ 64 Satz 2 nicht mehr vorliegen. Mit der Entlassung aus dem Vollzug der Unterbringung tritt Führungsaufsicht ein.

(6)Stellt das Gericht nach Beginn der Vollstreckung der Unterbringung in einem psychiatrischen Krankenhaus fest, dass die Voraussetzungen der Maßregel nicht mehr vorliegen oder die weitere Vollstreckung der Maßregel unverhältnismäßig wäre, so erklärt es sie für erledigt. Dauert die Unterbringung sechs Jahre, ist ihre Fortdauer in der Regel nicht mehr verhältnismäßig, wenn nicht die Gefahr besteht, dass der Untergebrachte infolge seines Zustandes erhebliche rechtswidrige Taten begehen wird, durch welche die Opfer seelisch oder körperlich schwer geschädigt werden oder in die Gefahr einer schweren körperlichen oder seelischen Schädigung gebracht werden. Sind zehn Jahre der Unterbringung vollzogen, gilt Absatz 3 Satz 1 entsprechend. Mit der Entlassung aus dem Vollzug der Unterbringung tritt Führungsaufsicht ein. Das Gericht ordnet den Nichteintritt der Führungsaufsicht an, wenn zu erwarten ist, dass der Betroffene auch ohne sie keine Straftaten mehr begehen wird.

Fußnote

§ 67d Abs. 3 idF d. G v. 26.1.1998 I 160: Mit GG (100-1) vereinbar gem. BVerfGE v. 5.2.2004 I 1069 (2 BvR 2029/01)

§ 67e Überprüfung

(1)Das Gericht kann jederzeit prüfen, ob die weitere Vollstreckung der Unterbringung zur Bewährung auszusetzen oder für erledigt zu erklären ist. Es muß dies vor Ablauf bestimmter Fristen prüfen.

(2)Die Fristen betragen bei der
Unterbringung in einer
Entziehungsanstalt sechs Monate,
in einem psychiatrischen Krankenhaus ein Jahr,
in der Sicherungsverwahrung ein Jahr, nach dem Vollzug von zehn Jahren der Unterbringung neun Monate.

(3)Das Gericht kann die Fristen kürzen. Es kann im Rahmen der gesetzlichen Prüfungsfristen auch Fristen festsetzen, vor deren Ablauf ein Antrag auf Prüfung unzulässig ist.

(4)Die Fristen laufen vom Beginn der Unterbringung an. Lehnt das Gericht die Aussetzung oder Erledigungserklärung ab, so beginnen die Fristen mit der Entscheidung von neuem.

§ 67f Mehrfache Anordnung der Maßregel

Ordnet das Gericht die Unterbringung in einer Entziehungsanstalt an, so ist eine frühere Anordnung der Maßregel erledigt.

§ 67g Widerruf der Aussetzung

(1)Das Gericht widerruft die Aussetzung einer Unterbringung, wenn die verurteilte Person

1. während der Dauer der Führungsaufsicht eine rechtswidrige Tat begeht,

2. gegen Weisungen nach § 68b gröblich oder beharrlich verstößt oder

3. sich der Aufsicht und Leitung der Bewährungshelferin oder des Bewährungshelfers oder der Aufsichtsstelle beharrlich entzieht

und sich daraus ergibt, dass der Zweck der Maßregel ihre Unterbringung erfordert. Satz 1 Nr. 1 gilt entsprechend, wenn der Widerrufsgrund zwischen der Entscheidung über die Aussetzung und dem Beginn der Führungsaufsicht (§ 68c Abs. 4) entstanden ist.

(2)Das Gericht widerruft die Aussetzung einer Unterbringung nach den §§ 63 und 64 auch dann, wenn sich während der Dauer der Führungsaufsicht ergibt, dass von der verurteilten Person infolge ihres Zustands rechtswidrige Taten zu erwarten sind und deshalb der Zweck der Maßregel ihre Unterbringung erfordert.

(3)Das Gericht widerruft die Aussetzung ferner, wenn Umstände, die ihm während der Dauer der Führungsaufsicht bekannt werden und zur Versagung der Aussetzung geführt hätten, zeigen, daß der Zweck der Maßregel die Unterbringung der verurteilten Person erfordert.

(4)Die Dauer der Unterbringung vor und nach dem Widerruf darf insgesamt die gesetzliche Höchstfrist der Maßregel nicht übersteigen.

(5)Widerruft das Gericht die Aussetzung der Unterbringung nicht, so ist die Maßregel mit dem Ende der Führungsaufsicht erledigt.

(6)Leistungen, die die verurteilte Person zur Erfüllung von Weisungen erbracht hat, werden nicht erstattet.

§ 67h Befristete Wiederinvollzugsetzung; Krisenintervention

(1)Während der Dauer der Führungsaufsicht kann das Gericht die ausgesetzte Unterbringung nach § 63 oder § 64 für eine Dauer von höchstens drei Monaten wieder in Vollzug setzen, wenn eine akute Verschlechterung des Zustands der aus der Unterbringung entlassenen Person oder ein Rückfall in ihr Suchtverhalten eingetreten ist und die Maßnahme erforderlich ist, um einen Widerruf nach § 67g zu vermeiden. Unter den Voraussetzungen des Satzes 1 kann es die Maßnahme erneut anordnen oder ihre Dauer verlängern; die Dauer der Maßnahme darf insgesamt sechs Monate nicht überschreiten. § 67g Abs. 4 gilt entsprechend.

(2)Das Gericht hebt die Maßnahme vor Ablauf der nach Absatz 1 gesetzten Frist auf, wenn ihr Zweck erreicht ist.

Führungsaufsicht

§ 68 Voraussetzungen der Führungsaufsicht

(1)Hat jemand wegen einer Straftat, bei der das Gesetz Führungsaufsicht besonders vorsieht, zeitige Freiheitsstrafe von mindestens sechs Monaten verwirkt, so kann das Gericht neben der Strafe Führungsaufsicht anordnen, wenn die Gefahr besteht, daß er weitere Straftaten begehen wird.

(2)Die Vorschriften über die Führungsaufsicht kraft Gesetzes (§§ 67b, 67c, 67d Abs. 2 bis 6 und § 68f) bleiben unberührt.

§ 68a Aufsichtsstelle, Bewährungshilfe, forensische Ambulanz

(1)Die verurteilte Person untersteht einer Aufsichtsstelle; das Gericht bestellt ihr für die Dauer der Führungsaufsicht eine Bewährungshelferin oder einen Bewährungshelfer.

(2)Die Bewährungshelferin oder der Bewährungshelfer und die Aufsichtsstelle stehen im Einvernehmen miteinander der verurteilten Person helfend und betreuend zur Seite.

(3)Die Aufsichtsstelle überwacht im Einvernehmen mit dem Gericht und mit Unterstützung der Bewährungshelferin oder des Bewährungshelfers das Verhalten der verurteilten Person und die Erfüllung der Weisungen.

(4)Besteht zwischen der Aufsichtsstelle und der Bewährungshelferin oder dem Bewährungshelfer in Fragen, welche die Hilfe für die verurteilte Person und ihre Betreuung berühren, kein Einvernehmen, entscheidet das Gericht.

(5)Das Gericht kann der Aufsichtsstelle und der Bewährungshelferin oder dem Bewährungshelfer für ihre Tätigkeit Anweisungen erteilen.

(6)Vor Stellung eines Antrags nach § 145a Satz 2 hört die Aufsichtsstelle die Bewährungshelferin oder den Bewährungshelfer; Absatz 4 ist nicht anzuwenden.

(7)Wird eine Weisung nach § 68b Abs. 2 Satz 2 und 3 erteilt, steht im Einvernehmen mit den in Absatz 2 Genannten auch die forensische Ambulanz der verurteilten Person helfend und betreuend zur Seite. Im Übrigen gelten die Absätze 3 und 6, soweit sie die Stellung der Bewährungshelferin oder des Bewährungshelfers betreffen, auch für die forensische Ambulanz.

(8)Die in Absatz 1 Genannten und die in § 203 Absatz 1 Nummer 1, 2 und 6 genannten Mitarbeiterinnen und Mitarbeiter der forensischen Ambulanz haben fremde Geheimnisse, die ihnen im Rahmen des durch § 203 geschützten Verhältnisses anvertraut oder sonst bekannt geworden sind, einander zu offenbaren, soweit dies notwendig ist, um der verurteilten Person zu helfen, nicht wieder straffällig zu werden. Darüber hinaus haben die in § 203 Absatz 1 Nummer 1, 2 und 6 genannten Mitarbeiterinnen und Mitarbeiter der forensischen Ambulanz solche Geheimnisse gegenüber der Aufsichtsstelle und dem Gericht zu offenbaren, soweit aus ihrer Sicht

1. dies notwendig ist, um zu überwachen, ob die verurteilte Person einer Vorstellungsweisung nach § 68b Abs. 1 Satz 1 Nr. 11 nachkommt oder im Rahmen einer Weisung nach § 68b Abs. 2 Satz 2 und 3 an einer Behandlung teilnimmt,

2. das Verhalten oder der Zustand der verurteilten Person Maßnahmen nach § 67g, § 67h oder § 68c Abs. 2 oder Abs. 3 erforderlich erscheinen lässt oder

3. dies zur Abwehr einer erheblichen gegenwärtigen Gefahr für das Leben, die körperliche Unversehrtheit, die persönliche Freiheit oder die sexuelle Selbstbestimmung Dritter erforderlich ist.

In den Fällen der Sätze 1 und 2 Nr. 2 und 3 dürfen Tatsachen im Sinne von § 203 Abs. 1, die von Mitarbeiterinnen und Mitarbeitern der forensischen Ambulanz offenbart wurden, nur zu den dort genannten Zwecken verwendet werden.

§ 68b Weisungen

(1)Das Gericht kann die verurteilte Person für die Dauer der Führungsaufsicht oder für eine kürzere Zeit anweisen,

1. den Wohn- oder Aufenthaltsort oder einen bestimmten Bereich nicht ohne Erlaubnis der Aufsichtsstelle zu verlassen,

2. sich nicht an bestimmten Orten aufzuhalten, die ihr Gelegenheit oder Anreiz zu weiteren Straftaten bieten können,

3. zu der verletzten Person oder bestimmten Personen oder Personen einer bestimmten Gruppe, die ihr Gelegenheit oder Anreiz zu weiteren Straftaten bieten können, keinen Kontakt aufzunehmen, mit ihnen nicht zu verkehren, sie nicht zu beschäftigen, auszubilden oder zu beherbergen,

4. bestimmte Tätigkeiten nicht auszuüben, die sie nach den Umständen zu Straftaten missbrauchen kann,

5. bestimmte Gegenstände, die ihr Gelegenheit oder Anreiz zu weiteren Straftaten bieten können, nicht zu besitzen, bei sich zu führen oder verwahren zu lassen,

6. Kraftfahrzeuge oder bestimmte Arten von Kraftfahrzeugen oder von anderen Fahrzeugen nicht zu halten oder zu führen, die sie nach den Umständen zu Straftaten missbrauchen kann,

7. sich zu bestimmten Zeiten bei der Aufsichtsstelle, einer bestimmten Dienststelle oder der Bewährungshelferin oder dem Bewährungshelfer zu melden,

8.	jeden Wechsel der Wohnung oder des Arbeitsplatzes unverzüglich der Aufsichtsstelle zu melden,

9.	sich im Fall der Erwerbslosigkeit bei der zuständigen Agentur für Arbeit oder einer anderen zur Arbeitsvermittlung zugelassenen Stelle zu melden,

10.	keine alkoholischen Getränke oder andere berauschende Mittel zu sich zu nehmen, wenn aufgrund bestimmter Tatsachen Gründe für die Annahme bestehen, dass der Konsum solcher Mittel zur Begehung weiterer Straftaten beitragen wird, und sich Alkohol- oder Suchtmittelkontrollen zu unterziehen, die nicht mit einem körperlichen Eingriff verbunden sind,

11.	sich zu bestimmten Zeiten oder in bestimmten Abständen bei einer Ärztin oder einem Arzt, einer Psychotherapeutin oder einem Psychotherapeuten oder einer forensischen Ambulanz vorzustellen oder

12.	die für eine elektronische Überwachung ihres Aufenthaltsortes erforderlichen technischen Mittel ständig in betriebsbereitem Zustand bei sich zu führen und deren Funktionsfähigkeit nicht zu beeinträchtigen.

Das Gericht hat in seiner Weisung das verbotene oder verlangte Verhalten genau zu bestimmen. Eine Weisung nach Satz 1 Nummer 12 ist, unbeschadet des Satzes 5, nur zulässig, wenn

1.	die Führungsaufsicht auf Grund der vollständigen Vollstreckung einer Freiheitsstrafe oder Gesamtfreiheitsstrafe von mindestens drei Jahren oder auf Grund einer erledigten Maßregel eingetreten ist,

2.	die Freiheitsstrafe oder Gesamtfreiheitsstrafe oder die Unterbringung wegen einer oder mehrerer Straftaten der in § 66 Absatz 3 Satz 1 genannten Art verhängt oder angeordnet wurde,

3.	die Gefahr besteht, dass die verurteilte Person weitere Straftaten der in § 66 Absatz 3 Satz 1 genannten Art begehen wird, und

4.	die Weisung erforderlich erscheint, um die verurteilte Person durch die Möglichkeit der Datenverwendung nach § 463a Absatz 4 Satz 2 der Strafprozessordnung, insbesondere durch die Überwachung der Erfüllung einer nach Satz 1 Nummer 1 oder 2 auferlegten Weisung, von der Begehung weiterer Straftaten der in § 66 Absatz 3 Satz 1 genannten Art abzuhalten.

Die Voraussetzungen von Satz 3 Nummer 1 in Verbindung mit Nummer 2 liegen unabhängig davon vor, ob die dort genannte Führungsaufsicht nach § 68e Absatz 1 Satz 1 beendet ist. Abweichend von Satz 3 Nummer 1 genügt eine Freiheits- oder Gesamtfreiheitsstrafe von zwei Jahren, wenn diese wegen einer oder mehrerer Straftaten verhängt worden ist, die unter den Ersten oder Siebenten Abschnitt des Besonderen Teils fallen; zu den in Satz 3 Nummer 2 bis 4 genannten Straftaten gehört auch eine Straftat nach § 129a Absatz 5 Satz 2, auch in Verbindung mit § 129b Absatz 1.

(2)Das Gericht kann der verurteilten Person für die Dauer der Führungsaufsicht oder für eine kürzere Zeit weitere Weisungen erteilen, insbesondere solche, die sich auf Ausbildung, Arbeit, Freizeit, die Ordnung der wirtschaftlichen Verhältnisse oder die Erfüllung von Unterhaltspflichten beziehen. Das Gericht kann die verurteilte Person insbesondere anweisen, sich psychiatrisch, psycho- oder sozialtherapeutisch betreuen und behandeln zu lassen (Therapieweisung). Die Betreuung und Behandlung kann durch eine forensische Ambulanz erfolgen. § 56c Abs. 3 gilt entsprechend, auch für die Weisung, sich Alkohol- oder Suchtmittelkontrollen zu unterziehen, die mit körperlichen Eingriffen verbunden sind.

(3)Bei den Weisungen dürfen an die Lebensführung der verurteilten Person keine unzumutbaren Anforderungen gestellt werden.

(4)Wenn mit Eintritt der Führungsaufsicht eine bereits bestehende Führungsaufsicht nach § 68e Abs. 1 Satz 1 Nr. 3 endet, muss das Gericht auch die Weisungen in seine Entscheidung einbeziehen, die im Rahmen der früheren Führungsaufsicht erteilt worden sind.

(5)Soweit die Betreuung der verurteilten Person in den Fällen des Absatzes 1 Nr. 11 oder ihre Behandlung in den Fällen des Absatzes 2 nicht durch eine forensische Ambulanz erfolgt, gilt § 68a Abs. 8 entsprechend.

Fußnote

§ 68b Abs. 1 Satz 1 Nr. 12: Eingef. durch Art. 1 Nr. 6 Buchst. a DBuchst. cc G v. 22.12.2010 I 2300

mWv 1.1.2011; verfassungsgemäß iVm § 463a Abs. 4 StPO nach Maßgabe der Entscheidungsformel
gem. BVerfGE v. 1.12.2020
-2 BvR 916/11 u.a.-
§ 68b Abs. 1 Satz 3: Eingef. durch Art. 1 Nr. 6 Buchst. b G v. 22.12.2010 I 2300 mWv 1.1.2011;
verfassungsgemäß iVm § 463a Abs. 4 StPO nach Maßgabe der Entscheidungsformel gem. BVerfGE v.
1.12.2020
-2 BvR 916/11 u.a.-

§ 68c Dauer der Führungsaufsicht

(1)Die Führungsaufsicht dauert mindestens zwei und höchstens fünf Jahre. Das Gericht kann die
Höchstdauer abkürzen.

(2)Das Gericht kann eine die Höchstdauer nach Absatz 1 Satz 1 überschreitende unbefristete
Führungsaufsicht anordnen, wenn die verurteilte Person

1. in eine Weisung nach § 56c Abs. 3 Nr. 1 nicht einwilligt oder

2. einer Weisung, sich einer Heilbehandlung oder einer Entziehungskur zu unterziehen,
    oder einer Therapieweisung nicht nachkommt

und eine Gefährdung der Allgemeinheit durch die Begehung weiterer erheblicher Straftaten zu
befürchten ist. Erklärt die verurteilte Person in den Fällen des Satzes 1 Nr. 1 nachträglich ihre
Einwilligung, setzt das Gericht die weitere Dauer der Führungsaufsicht fest. Im Übrigen gilt § 68e Abs.
3.

(3)Das Gericht kann die Führungsaufsicht über die Höchstdauer nach Absatz 1 Satz 1 hinaus
unbefristet verlängern, wenn

1. in Fällen der Aussetzung der Unterbringung in einem psychiatrischen Krankenhaus nach
    § 67d Abs. 2 aufgrund bestimmter Tatsachen Gründe für die Annahme bestehen, dass
    die verurteilte Person
    andernfalls alsbald in einen Zustand nach § 20 oder § 21 geraten wird, infolge dessen eine
    Gefährdung der Allgemeinheit durch die Begehung weiterer erheblicher rechtswidriger Taten zu
    befürchten ist, oder

2. sich aus dem Verstoß gegen Weisungen nach § 68b Absatz 1 oder 2 oder auf Grund anderer
    bestimmter Tatsachen konkrete Anhaltspunkte dafür ergeben, dass eine Gefährdung der
    Allgemeinheit durch die Begehung weiterer erheblicher Straftaten zu befürchten ist, und

    a) gegen die verurteilte Person wegen Straftaten der in § 181b genannten Art eine
        Freiheitsstrafe oder Gesamtfreiheitsstrafe von mehr als zwei Jahren verhängt oder die
        Unterbringung in einem psychiatrischen Krankenhaus oder in einer Entziehungsanstalt
        angeordnet wurde oder

    b) die Führungsaufsicht unter den Voraussetzungen des § 68b Absatz 1 Satz 3 Nummer 1
        eingetreten ist und die Freiheitsstrafe oder Gesamtfreiheitsstrafe oder die Unterbringung
        wegen eines oder mehrerer Verbrechen gegen das Leben, die körperliche Unversehrtheit,
        die persönliche Freiheit oder nach den
        §§ 250, 251, auch in Verbindung mit § 252 oder § 255, verhängt oder angeordnet wurde.

Für die Beendigung der Führungsaufsicht gilt § 68b Absatz 1 Satz 4 entsprechend.

(4)In den Fällen des § 68 Abs. 1 beginnt die Führungsaufsicht mit der Rechtskraft ihrer Anordnung,
in den Fällen des § 67b Abs. 2, des § 67c Absatz 1 Satz 1 und Abs. 2 Satz 4 und des § 67d Absatz 2
Satz 3 mit der Rechtskraft der Aussetzungsentscheidung oder zu einem gerichtlich angeordneten
späteren Zeitpunkt. In ihre Dauer wird die Zeit nicht eingerechnet, in welcher die verurteilte Person
flüchtig ist, sich verborgen hält oder auf behördliche Anordnung in einer Anstalt verwahrt wird.

§ 68d Nachträgliche Entscheidungen; Überprüfungsfrist

(1)Das Gericht kann Entscheidungen nach § 68a Abs. 1 und 5, den §§ 68b und 68c Abs. 1 Satz 2
und Abs. 2 und 3 auch nachträglich treffen, ändern oder aufheben.

(2)Bei einer Weisung gemäß § 68b Absatz 1 Satz 1 Nummer 12 prüft das Gericht spätestens vor
Ablauf von zwei Jahren, ob sie aufzuheben ist. § 67e Absatz 3 und 4 gilt entsprechend.

§ 68e Beendigung oder Ruhen der Führungsaufsicht

(1)Soweit sie nicht unbefristet oder nach Aussetzung einer freiheitsentziehenden Maßregel (§ 67b Absatz 2, § 67c Absatz 1 Satz 1, Absatz 2 Satz 4, § 67d Absatz 2 Satz 3) eingetreten ist, endet die Führungsaufsicht

1. mit Beginn des Vollzugs einer freiheitsentziehenden Maßregel,

2. mit Beginn des Vollzugs einer Freiheitsstrafe, neben der eine freiheitsentziehende Maßregel angeordnet ist,

3. mit Eintritt einer neuen Führungsaufsicht.

In den übrigen Fällen ruht die Führungsaufsicht während der Dauer des Vollzugs einer Freiheitsstrafe oder einer freiheitsentziehenden Maßregel. Das Gericht ordnet das Entfallen einer nach Aussetzung einer freiheitsentziehenden Maßregel eingetretenen Führungsaufsicht an, wenn es ihrer nach Eintritt eines in
Satz 1 Nummer 1 bis 3 genannten Umstandes nicht mehr bedarf. Tritt eine neue Führungsaufsicht zu einer bestehenden unbefristeten oder nach Aussetzung einer freiheitsentziehenden Maßregel eingetretenen Führungsaufsicht hinzu, ordnet das Gericht das Entfallen der neuen Maßregel an, wenn es ihrer neben der bestehenden nicht bedarf.

(2)Das Gericht hebt die Führungsaufsicht auf, wenn zu erwarten ist, dass die verurteilte Person auch ohne sie keine Straftaten mehr begehen wird. Die Aufhebung ist frühestens nach Ablauf der gesetzlichen Mindestdauer

zulässig. Das Gericht kann Fristen von höchstens sechs Monaten festsetzen, vor deren Ablauf ein Antrag auf Aufhebung der Führungsaufsicht unzulässig ist.

(3)Ist unbefristete Führungsaufsicht eingetreten, prüft das Gericht

1. in den Fällen des § 68c Abs. 2 Satz 1 spätestens mit Verstreichen der Höchstfrist nach § 68c Abs. 1 Satz 1,

2. in den Fällen des § 68c Abs. 3 vor Ablauf von zwei Jahren,

ob eine Entscheidung nach Absatz 2 Satz 1 geboten ist. Lehnt das Gericht eine Aufhebung der Führungsaufsicht ab, hat es vor Ablauf von zwei Jahren von neuem über eine Aufhebung der Führungsaufsicht zu entscheiden.

§ 68f Führungsaufsicht bei Nichtaussetzung des Strafrestes

(1)Ist eine Freiheitsstrafe oder Gesamtfreiheitsstrafe von mindestens zwei Jahren wegen vorsätzlicher Straftaten oder eine Freiheitsstrafe oder Gesamtfreiheitsstrafe von mindestens einem Jahr wegen Straftaten der in § 181b genannten Art vollständig vollstreckt worden, tritt mit der Entlassung der verurteilten Person aus dem Strafvollzug Führungsaufsicht ein. Dies gilt nicht, wenn im Anschluss an die Strafverbüßung eine freiheitsentziehende Maßregel der Besserung und Sicherung vollzogen wird.

(2)Ist zu erwarten, dass die verurteilte Person auch ohne die Führungsaufsicht keine Straftaten mehr begehen wird, ordnet das Gericht an, dass die Maßregel entfällt.

§ 68g Führungsaufsicht und Aussetzung zur Bewährung

(1)Ist die Strafaussetzung oder Aussetzung des Strafrestes angeordnet oder das Berufsverbot zur Bewährung ausgesetzt und steht der Verurteilte wegen derselben oder einer anderen Tat zugleich unter Führungsaufsicht, so gelten für die Aufsicht und die Erteilung von Weisungen nur die §§ 68a und 68b. Die Führungsaufsicht endet nicht vor Ablauf der Bewährungszeit.

(2)Sind die Aussetzung zur Bewährung und die Führungsaufsicht auf Grund derselben Tat angeordnet, so kann das Gericht jedoch bestimmen, daß die Führungsaufsicht bis zum Ablauf der Bewährungszeit ruht. Die Bewährungszeit wird dann in die Dauer der Führungsaufsicht nicht eingerechnet.

(3)Wird nach Ablauf der Bewährungszeit die Strafe oder der Strafrest erlassen oder das Berufsverbot für erledigt erklärt, so endet damit auch eine wegen derselben Tat angeordnete Führungsaufsicht. Dies gilt nicht, wenn die Führungsaufsicht unbefristet ist (§ 68c Abs. 2 Satz 1 oder Abs. 3).

Entziehung der Fahrerlaubnis

§ 69 Entziehung der Fahrerlaubnis

(1)Wird jemand wegen einer rechtswidrigen Tat, die er bei oder im Zusammenhang mit dem Führen eines Kraftfahrzeuges oder unter Verletzung der Pflichten eines Kraftfahrzeugführers begangen hat, verurteilt oder nur deshalb nicht verurteilt, weil seine Schuldunfähigkeit erwiesen oder nicht auszuschließen ist, so entzieht ihm das Gericht die Fahrerlaubnis, wenn sich aus der Tat ergibt, daß er zum Führen von Kraftfahrzeugen ungeeignet ist. Einer weiteren Prüfung nach § 62 bedarf es nicht.

(2)Ist die rechtswidrige Tat in den Fällen des Absatzes 1 ein Vergehen

1.   der Gefährdung des Straßenverkehrs (§

315c), 1a.   des verbotenen

Kraftfahrzeugrennens (§ 315d),

2.   der Trunkenheit im Verkehr (§ 316),

3.   des unerlaubten Entfernens vom Unfallort (§ 142), obwohl der Täter weiß oder wissen kann, daß bei dem Unfall ein Mensch getötet oder nicht unerheblich verletzt worden oder an fremden Sachen bedeutender Schaden entstanden ist, oder

4.   des Vollrausches (§ 323a), der sich auf eine der Taten nach den Nummern 1 bis

3 bezieht, so ist der Täter in der Regel als ungeeignet zum Führen von

Kraftfahrzeugen anzusehen.

(3)Die Fahrerlaubnis erlischt mit der Rechtskraft des Urteils. Ein von einer deutschen Behörde ausgestellter Führerschein wird im Urteil eingezogen.

§ 69a Sperre für die Erteilung einer Fahrerlaubnis

(1)Entzieht das Gericht die Fahrerlaubnis, so bestimmt es zugleich, daß für die Dauer von sechs Monaten bis zu fünf Jahren keine neue Fahrerlaubnis erteilt werden darf (Sperre). Die Sperre kann für immer angeordnet werden, wenn zu erwarten ist, daß die gesetzliche Höchstfrist zur Abwehr der von dem Täter drohenden Gefahr nicht ausreicht. Hat der Täter keine Fahrerlaubnis, so wird nur die Sperre angeordnet.

(2)Das Gericht kann von der Sperre bestimmte Arten von Kraftfahrzeugen ausnehmen, wenn besondere Umstände die Annahme rechtfertigen, daß der Zweck der Maßregel dadurch nicht gefährdet wird.

(3)Das Mindestmaß der Sperre beträgt ein Jahr, wenn gegen den Täter in den letzten drei Jahren vor der Tat bereits einmal eine Sperre angeordnet worden ist.

(4)War dem Täter die Fahrerlaubnis wegen der Tat vorläufig entzogen (§ 111a der Strafprozeßordnung), so verkürzt sich das Mindestmaß der Sperre um die Zeit, in der die vorläufige Entziehung wirksam war. Es darf jedoch drei Monate nicht unterschreiten.

(5)Die Sperre beginnt mit der Rechtskraft des Urteils. In die Frist wird die Zeit einer wegen der Tat angeordneten vorläufigen Entziehung eingerechnet, soweit sie nach Verkündung des Urteils verstrichen ist, in dem die der Maßregel zugrunde liegenden tatsächlichen Feststellungen letztmals geprüft werden konnten.

(6)Im Sinne der Absätze 4 und 5 steht der vorläufigen Entziehung der Fahrerlaubnis die Verwahrung, Sicherstellung oder Beschlagnahme des Führerscheins (§ 94 der Strafprozeßordnung) gleich.

(7)Ergibt sich Grund zu der Annahme, daß der Täter zum Führen von Kraftfahrzeugen nicht mehr ungeeignet ist, so kann das Gericht die Sperre vorzeitig aufheben. Die Aufhebung ist frühestens zulässig, wenn die Sperre drei Monate, in den Fällen des Absatzes 3 ein Jahr gedauert hat; Absatz 5

Satz 2 und Absatz 6 gelten entsprechend.

§ 69b Wirkung der Entziehung bei einer ausländischen Fahrerlaubnis

(1)Darf der Täter auf Grund einer im Ausland erteilten Fahrerlaubnis im Inland Kraftfahrzeuge führen, ohne daß ihm von einer deutschen Behörde eine Fahrerlaubnis erteilt worden ist, so hat die Entziehung der Fahrerlaubnis die Wirkung einer Aberkennung des Rechts, von der Fahrerlaubnis im Inland Gebrauch zu machen. Mit der Rechtskraft der Entscheidung erlischt das Recht zum Führen von Kraftfahrzeugen im Inland. Während der Sperre darf weder das Recht, von der ausländischen Fahrerlaubnis wieder Gebrauch zu machen, noch eine inländische Fahrerlaubnis erteilt werden.

(2)Ist der ausländische Führerschein von einer Behörde eines Mitgliedstaates der Europäischen Union oder eines anderen Vertragsstaates des Abkommens über den Europäischen Wirtschaftsraum ausgestellt worden und hat der Inhaber seinen ordentlichen Wohnsitz im Inland, so wird der Führerschein im Urteil eingezogen und an die ausstellende Behörde zurückgesandt. In anderen Fällen werden die Entziehung der Fahrerlaubnis und die Sperre in den ausländischen Führerscheinen vermerkt.

Berufsverbot

§ 70 Anordnung des Berufsverbots

(1)Wird jemand wegen einer rechtswidrigen Tat, die er unter Mißbrauch seines Berufs oder Gewerbes oder unter grober Verletzung der mit ihnen verbundenen Pflichten begangen hat, verurteilt oder nur deshalb nicht verurteilt, weil seine Schuldunfähigkeit erwiesen oder nicht auszuschließen ist, so kann ihm das Gericht die Ausübung des Berufs, Berufszweiges, Gewerbes oder Gewerbezweiges für die Dauer von einem Jahr bis zu fünf Jahren verbieten, wenn die Gesamtwürdigung des Täters und der Tat die Gefahr erkennen läßt, daß er bei weiterer Ausübung des Berufs, Berufszweiges, Gewerbes oder Gewerbezweiges erhebliche rechtswidrige Taten der bezeichneten Art begehen wird. Das Berufsverbot kann für immer angeordnet werden, wenn zu erwarten ist, daß die gesetzliche Höchstfrist zur Abwehr der von dem Täter drohenden Gefahr nicht ausreicht.

(2)War dem Täter die Ausübung des Berufs, Berufszweiges, Gewerbes oder Gewerbezweiges vorläufig verboten (§ 132a der Strafprozeßordnung), so verkürzt sich das Mindestmaß der Verbotsfrist um die Zeit, in der das vorläufige Berufsverbot wirksam war. Es darf jedoch drei Monate nicht unterschreiten.

(3)Solange das Verbot wirksam ist, darf der Täter den Beruf, den Berufszweig, das Gewerbe oder den Gewerbezweig auch nicht für einen anderen ausüben oder durch eine von seinen Weisungen abhängige Person für sich ausüben lassen.

(4)Das Berufsverbot wird mit der Rechtskraft des Urteils wirksam. In die Verbotsfrist wird die Zeit eines wegen der Tat angeordneten vorläufigen Berufsverbots eingerechnet, soweit sie nach Verkündung des Urteils verstrichen ist, in dem die der Maßregel zugrunde liegenden tatsächlichen Feststellungen letztmals geprüft
werden konnten. Die Zeit, in welcher der Täter auf behördliche Anordnung in einer Anstalt verwahrt worden ist, wird nicht eingerechnet.

§ 70a Aussetzung des Berufsverbots

(1)Ergibt sich nach Anordnung des Berufsverbots Grund zu der Annahme, daß die Gefahr, der Täter werde erhebliche rechtswidrige Taten der in § 70 Abs. 1 bezeichneten Art begehen, nicht mehr besteht, so kann das Gericht das Verbot zur Bewährung aussetzen.

(2)Die Anordnung ist frühestens zulässig, wenn das Verbot ein Jahr gedauert hat. In die Frist wird im Rahmen des § 70 Abs. 4 Satz 2 die Zeit eines vorläufigen Berufsverbots eingerechnet. Die Zeit, in welcher der Täter auf behördliche Anordnung in einer Anstalt verwahrt worden ist, wird nicht eingerechnet.

(3)Wird das Berufsverbot zur Bewährung ausgesetzt, so gelten die §§ 56a und 56c bis 56e entsprechend. Die Bewährungszeit verlängert sich jedoch um die Zeit, in der eine Freiheitsstrafe oder eine freiheitsentziehende Maßregel vollzogen wird, die gegen den Verurteilten wegen der Tat verhängt oder angeordnet worden ist.

§ 70b Widerruf der Aussetzung und Erledigung des Berufsverbots

(1)Das Gericht widerruft die Aussetzung eines Berufsverbots, wenn die verurteilte Person

1. während der Bewährungszeit unter Mißbrauch ihres Berufs oder Gewerbes oder unter grober Verletzung der mit ihnen verbundenen Pflichten eine rechtswidrige Tat begeht,

2. gegen eine Weisung gröblich oder beharrlich verstößt oder

3. sich der Aufsicht und Leitung der Bewährungshelferin oder des Bewährungshelfers

beharrlich entzieht und sich daraus ergibt, daß der Zweck des Berufsverbots dessen weitere

Anwendung erfordert.

(2)Das Gericht widerruft die Aussetzung des Berufsverbots auch dann, wenn Umstände, die ihm während der Bewährungszeit bekannt werden und zur Versagung der Aussetzung geführt hätten, zeigen, daß der Zweck der Maßregel die weitere Anwendung des Berufsverbots erfordert.

(3)Die Zeit der Aussetzung des Berufsverbots wird in die Verbotsfrist nicht eingerechnet.

(4)Leistungen, die die verurteilte Person zur Erfüllung von Weisungen oder Zusagen erbracht hat, werden nicht erstattet.

(5)Nach Ablauf der Bewährungszeit erklärt das Gericht das Berufsverbot für erledigt.

Gemeinsame Vorschriften

§ 71 Selbständige Anordnung

(1)Die Unterbringung in einem psychiatrischen Krankenhaus oder in einer Entziehungsanstalt kann das Gericht auch selbständig anordnen, wenn das Strafverfahren wegen Schuldunfähigkeit oder Verhandlungsunfähigkeit des Täters undurchführbar ist.

(2)Dasselbe gilt für die Entziehung der Fahrerlaubnis und das Berufsverbot.

§ 72 Verbindung von Maßregeln

(1)Sind die Voraussetzungen für mehrere Maßregeln erfüllt, ist aber der erstrebte Zweck durch einzelne von ihnen zu erreichen, so werden nur sie angeordnet. Dabei ist unter mehreren geeigneten Maßregeln denen der Vorzug zu geben, die den Täter am wenigsten beschweren.

(2)Im übrigen werden die Maßregeln nebeneinander angeordnet, wenn das Gesetz nichts anderes bestimmt.

(3)Werden mehrere freiheitsentziehende Maßregeln angeordnet, so bestimmt das Gericht die Reihenfolge der Vollstreckung. Vor dem Ende des Vollzugs einer Maßregel ordnet das Gericht jeweils den Vollzug der nächsten an, wenn deren Zweck die Unterbringung noch erfordert. § 67c Abs. 2 Satz 4 und 5 ist anzuwenden.

Siebenter Titel
Einziehung

§ 73 Einziehung von Taterträgen bei Tätern und Teilnehmern

(1)Hat der Täter oder Teilnehmer durch eine rechtswidrige Tat oder für sie etwas erlangt, so ordnet das Gericht dessen Einziehung an.

(2)Hat der Täter oder Teilnehmer Nutzungen aus dem Erlangten gezogen, so ordnet das Gericht auch deren Einziehung an.

(3)Das Gericht kann auch die Einziehung der Gegenstände anordnen, die der Täter oder Teilnehmer erworben hat

1. durch Veräußerung des Erlangten oder als Ersatz für dessen Zerstörung, Beschädigung oder Entziehung oder

2. auf Grund eines erlangten Rechts.

§ 73a Erweiterte Einziehung von Taterträgen bei Tätern und Teilnehmern

(1)Ist eine rechtswidrige Tat begangen worden, so ordnet das Gericht die Einziehung von Gegenständen des Täters oder Teilnehmers auch dann an, wenn diese Gegenstände durch andere rechtswidrige Taten oder für sie erlangt worden sind.

(2)Hat sich der Täter oder Teilnehmer vor der Anordnung der Einziehung nach Absatz 1 an einer anderen rechtswidrigen Tat beteiligt und ist erneut über die Einziehung seiner Gegenstände zu entscheiden, berücksichtigt das Gericht hierbei die bereits ergangene Anordnung.

§ 73b Einziehung von Taterträgen bei anderen

(1)Die Anordnung der Einziehung nach den §§ 73 und 73a richtet sich gegen einen anderen, der nicht Täter oder Teilnehmer ist, wenn

1. er durch die Tat etwas erlangt hat und der Täter oder Teilnehmer für ihn gehandelt hat,

2. ihm das Erlangte

   a) unentgeltlich oder ohne rechtlichen Grund übertragen wurde oder

   b) übertragen wurde und er erkannt hat oder hätte erkennen müssen, dass das Erlangte aus einer rechtswidrigen Tat herrührt, oder

3. das Erlangte auf ihn

   a) als Erbe übergegangen ist oder

   b) als Pflichtteilsberechtigter oder Vermächtnisnehmer übertragen worden ist.

Satz 1 Nummer 2 und 3 findet keine Anwendung, wenn das Erlangte zuvor einem Dritten, der nicht erkannt hat oder hätte erkennen müssen, dass das Erlangte aus einer rechtswidrigen Tat herrührt, entgeltlich und mit rechtlichem Grund übertragen wurde.

(2)Erlangt der andere unter den Voraussetzungen des Absatzes 1 Satz 1 Nummer 2 oder Nummer 3 einen Gegenstand, der dem Wert des Erlangten entspricht, oder gezogene Nutzungen, so ordnet das Gericht auch deren Einziehung an.

(3)Unter den Voraussetzungen des Absatzes 1 Satz 1 Nummer 2 oder Nummer 3 kann das Gericht auch die Einziehung dessen anordnen, was erworben wurde

1. durch Veräußerung des erlangten Gegenstandes oder als Ersatz für dessen Zerstörung, Beschädigung oder Entziehung oder

2. auf Grund eines erlangten Rechts.

§ 73c Einziehung des Wertes von Taterträgen

Ist die Einziehung eines Gegenstandes wegen der Beschaffenheit des Erlangten oder aus einem anderen Grund nicht möglich oder wird von der Einziehung eines Ersatzgegenstandes nach § 73 Absatz 3 oder nach § 73b Absatz 3 abgesehen, so ordnet das Gericht die Einziehung eines Geldbetrages an, der dem Wert des Erlangten entspricht. Eine solche Anordnung trifft das Gericht auch neben der Einziehung eines Gegenstandes, soweit dessen Wert hinter dem Wert des zunächst Erlangten zurückbleibt.

§ 73d Bestimmung des Wertes des Erlangten; Schätzung

(1)Bei der Bestimmung des Wertes des Erlangten sind die Aufwendungen des Täters, Teilnehmers oder des anderen abzuziehen. Außer Betracht bleibt jedoch das, was für die Begehung der Tat oder für ihre Vorbereitung aufgewendet oder eingesetzt worden ist, soweit es sich nicht um Leistungen zur Erfüllung einer Verbindlichkeit gegenüber dem Verletzten der Tat handelt.

(2)Umfang und Wert des Erlangten einschließlich der abzuziehenden Aufwendungen können geschätzt werden.

§ 73e Ausschluss der Einziehung des Tatertrages oder des Wertersatzes

(1)Die Einziehung nach den §§ 73 bis 73c ist ausgeschlossen, soweit der Anspruch, der dem Verletzten aus der Tat auf Rückgewähr des Erlangten oder auf Ersatz des Wertes des Erlangten erwachsen ist, erloschen ist. Dies gilt nicht für Ansprüche, die durch Verjährung erloschen sind.

(2)In den Fällen des § 73b, auch in Verbindung mit § 73c, ist die Einziehung darüber hinaus ausgeschlossen, soweit der Wert des Erlangten zur Zeit der Anordnung nicht mehr im Vermögen des Betroffenen vorhanden ist, es sei denn, dem Betroffenen waren die Umstände, welche die Anordnung der Einziehung gegen den Täter oder Teilnehmer ansonsten zugelassen hätten, zum Zeitpunkt des Wegfalls der Bereicherung bekannt oder infolge von Leichtfertigkeit unbekannt.

Fußnote

(+++ § 73e Abs. 1 Satz 2: Zur Anwendung vgl. Art. 316j StGBEG +++) Siebenter Titel (§§ 73 bis 76b): IdF d. Art. 1 Nr. 13 G v. 13.4.2017 I 872 mWv 1.7.2017

§ 74 Einziehung von Tatprodukten, Tatmitteln und Tatobjekten bei Tätern und Teilnehmern

(1)Gegenstände, die durch eine vorsätzliche Tat hervorgebracht (Tatprodukte) oder zu ihrer Begehung oder Vorbereitung gebraucht worden oder bestimmt gewesen sind (Tatmittel), können eingezogen werden.

(2)Gegenstände, auf die sich eine Straftat bezieht (Tatobjekte), unterliegen der Einziehung nach der Maßgabe besonderer Vorschriften.

(3)Die Einziehung ist nur zulässig, wenn die Gegenstände zur Zeit der Entscheidung dem Täter oder Teilnehmer gehören oder zustehen. Das gilt auch für die Einziehung, die durch eine besondere Vorschrift über Absatz 1 hinaus vorgeschrieben oder zugelassen ist.

§ 74a Einziehung von Tatprodukten, Tatmitteln und Tatobjekten bei anderen

Verweist ein Gesetz auf diese Vorschrift, können Gegenstände abweichend von § 74 Absatz 3 auch dann eingezogen werden, wenn derjenige, dem sie zur Zeit der Entscheidung gehören oder zustehen,

1. mindestens leichtfertig dazu beigetragen hat, dass sie als Tatmittel verwendet worden oder Tatobjekt gewesen sind, oder
2. sie in Kenntnis der Umstände, welche die Einziehung zugelassen hätten, in verwerflicher Weise erworben hat.

Fußnote

(+++ § 74a: Zur Anwendung vgl. § 95 Satz 2 MPDG +++) (+++ § 74a: Zur Anwendung vgl. §§ 184k u. 201a +++)

§ 74b Sicherungseinziehung

(1)Gefährden Gegenstände nach ihrer Art und nach den Umständen die Allgemeinheit oder besteht die Gefahr, dass sie der Begehung rechtswidriger Taten dienen werden, können sie auch dann eingezogen werden, wenn

1. der Täter oder Teilnehmer ohne Schuld gehandelt hat oder
2. die Gegenstände einem anderen als dem Täter oder Teilnehmer gehören oder zustehen.

(2)In den Fällen des Absatzes 1 Nummer 2 wird der andere aus der Staatskasse unter Berücksichtigung des Verkehrswertes des eingezogenen Gegenstandes angemessen in Geld entschädigt. Das Gleiche gilt, wenn der eingezogene Gegenstand mit dem Recht eines anderen belastet ist, das durch die Entscheidung erloschen oder beeinträchtigt ist.

(3)Eine Entschädigung wird nicht gewährt, wenn

1. der nach Absatz 2 Entschädigungsberechtigte

    a) mindestens leichtfertig dazu beigetragen hat, dass der Gegenstand als Tatmittel verwendet worden oder Tatobjekt gewesen ist, oder

    b) den Gegenstand oder das Recht an dem Gegenstand in Kenntnis der Umstände, welche die Einziehung zulassen, in verwerflicher Weise erworben hat oder

2. es nach den Umständen, welche die Einziehung begründet haben, auf Grund von Rechtsvorschriften außerhalb des Strafrechts zulässig wäre, dem Entschädigungsberechtigten den Gegenstand oder das Recht an dem Gegenstand ohne Entschädigung dauerhaft zu entziehen.

Abweichend von Satz 1 kann eine Entschädigung jedoch gewährt werden, wenn es eine unbillige Härte wäre, sie zu versagen.

§ 74c Einziehung des Wertes von Tatprodukten, Tatmitteln und Tatobjekten bei Tätern und Teilnehmern

(1)Ist die Einziehung eines bestimmten Gegenstandes nicht möglich, weil der Täter oder Teilnehmer diesen veräußert, verbraucht oder die Einziehung auf andere Weise vereitelt hat, so kann das Gericht gegen ihn die Einziehung eines Geldbetrages anordnen, der dem Wert des Gegenstandes entspricht.

(2)Eine solche Anordnung kann das Gericht auch neben oder statt der Einziehung eines Gegenstandes treffen, wenn ihn der Täter oder Teilnehmer vor der Entscheidung über die Einziehung mit dem Recht eines Dritten belastet hat, dessen Erlöschen nicht oder ohne Entschädigung nicht angeordnet werden kann (§ 74b Absatz 2 und 3 und § 75 Absatz 2). Trifft das Gericht die Anordnung neben der Einziehung, bemisst sich die Höhe des Wertersatzes nach dem Wert der Belastung des Gegenstandes.

(3)Der Wert des Gegenstandes und der Belastung kann geschätzt werden.

§ 74d Einziehung von Verkörperungen eines Inhalts und Unbrauchbarmachung

(1)Verkörperungen eines Inhalts (§ 11 Absatz 3), dessen vorsätzliche Verbreitung den Tatbestand eines Strafgesetzes verwirklichen würde, werden eingezogen, wenn der Inhalt durch eine rechtswidrige Tat verbreitet oder zur Verbreitung bestimmt worden ist. Zugleich wird angeordnet, dass die zur Herstellung der Verkörperungen gebrauchten oder bestimmten Vorrichtungen, die Vorlage für die Vervielfältigung waren oder sein sollten, unbrauchbar gemacht werden.

(2)Die Einziehung erstreckt sich nur auf die Verkörperungen, die sich im Besitz der bei der Verbreitung oder deren Vorbereitung mitwirkenden Personen befinden oder öffentlich ausgelegt oder beim Verbreiten durch Versenden noch nicht dem Empfänger ausgehändigt worden sind.

(3)Absatz 1 gilt entsprechend für Verkörperungen eines Inhalts (§ 11 Absatz 3), dessen vorsätzliche Verbreitung nur bei Hinzutreten weiterer Tatumstände den Tatbestand eines Strafgesetzes verwirklichen würde. Die Einziehung und Unbrauchbarmachung werden jedoch nur angeordnet, soweit

1. die Verkörperungen und die in Absatz 1 Satz 2 bezeichneten Vorrichtungen sich im Besitz des Täters, des Teilnehmers oder eines anderen befinden, für den der Täter oder Teilnehmer gehandelt hat, oder von diesen Personen zur Verbreitung bestimmt sind und

2. die Maßnahmen erforderlich sind, um ein gesetzwidriges Verbreiten durch die in Nummer 1 bezeichneten Personen zu verhindern.

(4)Dem Verbreiten im Sinne der Absätze 1 bis 3 steht es gleich, wenn ein Inhalt (§ 11 Absatz 3) der Öffentlichkeit zugänglich gemacht wird.

(5)Stand das Eigentum an der Sache zur Zeit der Rechtskraft der Entscheidung über die Einziehung oder Unbrauchbarmachung einem anderen als dem Täter oder Teilnehmer zu oder war der Gegenstand mit dem Recht eines Dritten belastet, das durch die Entscheidung erloschen oder beeinträchtigt ist, wird dieser aus der Staatskasse unter Berücksichtigung des Verkehrswertes angemessen in Geld entschädigt. § 74b Absatz 3 gilt entsprechend.

§ 74e Sondervorschrift für Organe und Vertreter

Hat jemand

1. als vertretungsberechtigtes Organ einer juristischen Person oder als Mitglied eines solchen Organs,

2. als Vorstand eines nicht rechtsfähigen Vereins oder als Mitglied eines solchen Vorstandes,

3. als vertretungsberechtigter Gesellschafter einer rechtsfähigen Personengesellschaft,

4. als Generalbevollmächtigter oder in leitender Stellung als Prokurist oder Handlungsbevollmächtigter einer juristischen Person oder einer in Nummer 2 oder 3 genannten Personenvereinigung oder

5. als sonstige Person, die für die Leitung des Betriebs oder Unternehmens einer juristischen Person oder einer in Nummer 2 oder 3 genannten Personenvereinigung verantwortlich handelt, wozu auch die Überwachung der Geschäftsführung oder die sonstige Ausübung von Kontrollbefugnissen in leitender Stellung gehört,

eine Handlung vorgenommen, die ihm gegenüber unter den übrigen Voraussetzungen der §§ 74 bis 74c die Einziehung eines Gegenstandes oder des Wertersatzes zulassen oder den Ausschluss der Entschädigung begründen würde, wird seine Handlung bei Anwendung dieser Vorschriften dem Vertretenen zugerechnet. § 14 Absatz 3 gilt entsprechend.

§ 74f Grundsatz der Verhältnismäßigkeit

(1)Ist die Einziehung nicht vorgeschrieben, so darf sie in den Fällen der §§ 74 und 74a nicht angeordnet werden, wenn sie zur begangenen Tat und zum Vorwurf, der den von der Einziehung Betroffenen trifft, außer Verhältnis stünde. In den Fällen der §§ 74 bis 74b und 74d ordnet das Gericht an, dass die Einziehung vorbehalten bleibt, wenn ihr Zweck auch durch eine weniger einschneidende Maßnahme erreicht werden kann. In Betracht kommt insbesondere die Anweisung,

1. die Gegenstände unbrauchbar zu machen,

2. an den Gegenständen bestimmte Einrichtungen oder Kennzeichen zu beseitigen oder die Gegenstände sonst zu ändern oder

3. über die Gegenstände in bestimmter Weise zu verfügen.

Wird die Anweisung befolgt, wird der Vorbehalt der Einziehung aufgehoben; andernfalls ordnet das Gericht die Einziehung nachträglich an. Ist die Einziehung nicht vorgeschrieben, kann sie auf einen Teil der Gegenstände beschränkt werden.

(2)In den Fällen der Unbrauchbarmachung nach § 74d Absatz 1 Satz 2 und Absatz 3 gilt Absatz 1 Satz 2 und 3 entsprechend.

§ 75 Wirkung der Einziehung

(1)Wird die Einziehung eines Gegenstandes angeordnet, so geht das Eigentum an der Sache oder das Recht mit der Rechtskraft der Entscheidung auf den Staat über, wenn der Gegenstand

1. dem von der Anordnung Betroffenen zu dieser Zeit gehört oder zusteht oder

2. einem anderen gehört oder zusteht, der ihn für die Tat oder andere Zwecke in Kenntnis der Tatumstände gewährt hat.

In anderen Fällen geht das Eigentum an der Sache oder das Recht mit Ablauf von sechs Monaten nach der Mitteilung der Rechtskraft der Einziehungsanordnung auf den Staat über, es sei denn, dass vorher derjenige, dem der Gegenstand gehört oder zusteht, sein Recht bei der Vollstreckungsbehörde anmeldet.

(2)Im Übrigen bleiben Rechte Dritter an dem Gegenstand bestehen. In den in § 74b bezeichneten Fällen ordnet das Gericht jedoch das Erlöschen dieser Rechte an. In den Fällen der §§ 74 und 74a kann es das Erlöschen des Rechts eines Dritten anordnen, wenn der Dritte

1. wenigstens leichtfertig dazu beigetragen hat, dass der Gegenstand als Tatmittel verwendet worden oder Tatobjekt gewesen ist, oder

2. das Recht an dem Gegenstand in Kenntnis der Umstände, welche die Einziehung zulassen, in verwerflicher Weise erworben hat.

(3)Bis zum Übergang des Eigentums an der Sache oder des Rechts wirkt die Anordnung der Einziehung oder die Anordnung des Vorbehalts der Einziehung als Veräußerungsverbot im Sinne des § 136 des Bürgerlichen Gesetzbuchs.

(4)In den Fällen des § 111d Absatz 1 Satz 2 der Strafprozessordnung findet § 91 der Insolvenzordnung keine Anwendung.

§ 76 Nachträgliche Anordnung der Einziehung des Wertersatzes

Ist die Anordnung der Einziehung eines Gegenstandes unzureichend oder nicht ausführbar, weil nach der Anordnung eine der in den §§ 73c oder 74c bezeichneten Voraussetzungen eingetreten oder bekanntgeworden ist, so kann das Gericht die Einziehung des Wertersatzes nachträglich anordnen.

§ 76a Selbständige Einziehung

(1)Kann wegen der Straftat keine bestimmte Person verfolgt oder verurteilt werden, so ordnet das Gericht die Einziehung oder die Unbrauchbarmachung selbständig an, wenn die Voraussetzungen, unter denen die
Maßnahme vorgeschrieben ist, im Übrigen vorliegen. Ist sie zugelassen, so kann das Gericht die Einziehung unter den Voraussetzungen des Satzes 1 selbständig anordnen. Die Einziehung wird nicht angeordnet, wenn Antrag, Ermächtigung oder Strafverlangen fehlen oder bereits rechtskräftig über si entschieden worden ist.

(2)Unter den Voraussetzungen der §§ 73, 73b und 73c ist die selbständige Anordnung der Einziehung des Tatertrages und die selbständige Einziehung des Wertes des Tatertrages auch dann zulässig, wenn die Verfolgung der Straftat verjährt ist. Unter den Voraussetzungen der §§ 74b und 74d gilt das Gleiche für die selbständige Anordnung der Sicherungseinziehung, der Einziehung von Verkörperungen eines Inhalts und der Unbrauchbarmachung.

(3)Absatz 1 ist auch anzuwenden, wenn das Gericht von Strafe absieht oder wenn das Verfahren nach einer Vorschrift eingestellt wird, die dies nach dem Ermessen der Staatsanwaltschaft oder des Gerichts oder im Einvernehmen beider zulässt.

(4)Ein wegen des Verdachts einer in Satz 3 genannten Straftat sichergestellter Gegenstand sowie daraus gezogene Nutzungen sollen auch dann selbständig eingezogen werden, wenn der Gegenstand aus einer rechtswidrigen Tat herrührt und der von der Sicherstellung Betroffene nicht wegen der ihr zugrundeliegenden Straftat verfolgt oder verurteilt werden kann. Wird die Einziehung eines Gegenstandes angeordnet, so geht das Eigentum an der Sache oder das Recht mit der Rechtskraft der Entscheidung auf den Staat über; § 75 Absatz 3 gilt entsprechend. Straftaten im Sinne des Satzes 1 sind

1. aus diesem Gesetz:

    a) Vorbereitung einer schweren staatsgefährdenden Gewalttat nach § 89a und Terrorismusfinanzierung nach § 89c Absatz 1 bis 4,

    b) Bildung krimineller Vereinigungen nach § 129 Absatz 1 und Bildung terroristischer Vereinigungen nach

§ 129a Absatz 1, 2, 4, 5, jeweils auch in Verbindung mit § 129b Absatz 1,

c) Zuhälterei nach § 181a Absatz 1, auch in Verbindung mit Absatz 3,

d) Verbreitung, Erwerb und Besitz kinderpornografischer Inhalte in den Fällen des § 184b Absatz 2,

e) gewerbs- und bandenmäßige Begehung des Menschenhandels, der Zwangsprostitution und der Zwangsarbeit nach den §§ 232 bis 232b sowie bandenmäßige Ausbeutung der Arbeitskraft und Ausbeutung unter Ausnutzung einer Freiheitsberaubung nach den §§ 233 und 233a,

f) Geldwäsche nach § 261 Absatz 1 und 2,

2. aus der Abgabenordnung:

a) Steuerhinterziehung unter den in § 370 Absatz 3 Nummer 5 genannten Voraussetzungen,

b) gewerbsmäßiger, gewaltsamer und bandenmäßiger Schmuggel nach § 373,

c) Steuerhehlerei im Fall des § 374 Absatz 2,

3. aus dem Asylgesetz:

a) Verleitung zur missbräuchlichen Asylantragstellung nach § 84 Absatz 3,

b) gewerbs- und bandenmäßige Verleitung zur missbräuchlichen Asylantragstellung nach § 84a,

4. aus dem Aufenthaltsgesetz:

a) Einschleusen von Ausländern nach § 96 Absatz 2,

b) Einschleusen mit Todesfolge sowie gewerbs- und bandenmäßiges Einschleusen nach § 97,

5. aus dem Außenwirtschaftsgesetz:
vorsätzliche Straftaten nach den §§ 17 und 18,

6. aus dem Betäubungsmittelgesetz:

a) Straftaten nach einer in § 29 Absatz 3 Satz 2 Nummer 1 in Bezug genommenen Vorschrift unter den dort genannten Voraussetzungen,

b) Straftaten nach den §§ 29a, 30 Absatz 1 Nummer 1, 2 und 4 sowie den §§ 30a und 30b,

7. aus dem Gesetz über die Kontrolle von Kriegswaffen:

a) Straftaten nach § 19 Absatz 1 bis 3 und § 20 Absatz 1 und 2 sowie § 20a Absatz 1 bis 3, jeweils auch in Verbindung mit § 21,

b) Straftaten nach § 22a Absatz 1 bis 3,

8. aus dem Waffengesetz:

a) Straftaten nach § 51 Absatz 1 bis 3,

b) Straftaten nach § 52 Absatz 1 Nummer 1 und 2 Buchstabe c und d sowie Absatz 5 und 6.

§ 76b Verjährung der Einziehung von Taterträgen und des Wertes von Taterträgen

(1)Die erweiterte und die selbständige Einziehung des Tatertrages oder des Wertes des Tatertrages nach den §§ 73a und 76a verjähren in 30 Jahren. Die Verjährung beginnt mit der Beendigung der rechtswidrigen Tat, durch oder für die der Täter oder Teilnehmer oder der andere im Sinne des § 73b etwas erlangt hat. Die §§ 78b und 78c gelten entsprechend.

(2)In den Fällen des § 78 Absatz 2 und des § 5 des Völkerstrafgesetzbuches verjähren die erweiterte und die selbständige Einziehung des Tatertrages oder des Wertes des Tatertrages nach den §§ 73a und 76a nicht.

Vierter Abschnitt
Strafantrag, Ermächtigung, Strafverlangen

§ 77 Antragsberechtigte

(1)Ist die Tat nur auf Antrag verfolgbar, so kann, soweit das Gesetz nichts anderes bestimmt, der Verletzte den Antrag stellen.

(2)Stirbt der Verletzte, so geht sein Antragsrecht in den Fällen, die das Gesetz bestimmt, auf den Ehegatten, den Lebenspartner und die Kinder über. Hat der Verletzte weder einen Ehegatten, oder einen Lebenspartner noch Kinder hinterlassen oder sind sie vor Ablauf der Antragsfrist gestorben, so geht das Antragsrecht auf die Eltern und, wenn auch sie vor Ablauf der Antragsfrist gestorben sind, auf die Geschwister und die Enkel über. Ist ein

Angehöriger an der Tat beteiligt oder ist seine Verwandtschaft erloschen, so scheidet er bei dem Übergang des Antragsrechts aus. Das Antragsrecht geht nicht über, wenn die Verfolgung dem erklärten Willen des Verletzten widerspricht.

(3)Ist der Antragsberechtigte geschäftsunfähig oder beschränkt geschäftsfähig, so können der gesetzliche Vertreter in den persönlichen Angelegenheiten und derjenige, dem die Sorge für die Person des Antragsberechtigten zusteht, den Antrag stellen.

(4)Sind mehrere antragsberechtigt, so kann jeder den Antrag selbständig stellen.

§ 77a Antrag des Dienstvorgesetzten

(1)Ist die Tat von einem Amtsträger, einem für den öffentlichen Dienst besonders Verpflichteten oder einem Soldaten der Bundeswehr oder gegen ihn begangen und auf Antrag des Dienstvorgesetzten verfolgbar, so ist derjenige Dienstvorgesetzte antragsberechtigt, dem der Betreffende zur Zeit der Tat unterstellt war.

(2)Bei Berufsrichtern ist an Stelle des Dienstvorgesetzten antragsberechtigt, wer die Dienstaufsicht über den Richter führt. Bei Soldaten ist Dienstvorgesetzter der Disziplinarvorgesetzte.

(3)Bei einem Amtsträger oder einem für den öffentlichen Dienst besonders Verpflichteten, der keinen Dienstvorgesetzten hat oder gehabt hat, kann die Dienststelle, für die er tätig war, den Antrag stellen. Leitet der Amtsträger oder der Verpflichtete selbst diese Dienststelle, so ist die staatliche Aufsichtsbehörde antragsberechtigt.

(4)Bei Mitgliedern der Bundesregierung ist die Bundesregierung, bei Mitgliedern einer Landesregierung die Landesregierung antragsberechtigt.

§ 77b Antragsfrist

(1)Eine Tat, die nur auf Antrag verfolgbar ist, wird nicht verfolgt, wenn der Antragsberechtigte es unterläßt, den Antrag bis zum Ablauf einer Frist von drei Monaten zu stellen. Fällt das Ende der Frist auf einen Sonntag, einen allgemeinen Feiertag oder einen Sonnabend, so endet die Frist mit Ablauf des nächsten Werktags.

(2)Die Frist beginnt mit Ablauf des Tages, an dem der Berechtigte von der Tat und der Person des Täters Kenntnis erlangt. Für den Antrag des gesetzlichen Vertreters und des Sorgeberechtigten kommt es auf dessen Kenntnis an.

(3)Sind mehrere antragsberechtigt oder mehrere an der Tat beteiligt, so läuft die Frist für und gegen jeden gesondert.

(4)Ist durch Tod des Verletzten das Antragsrecht auf Angehörige übergegangen, so endet die Frist frühestens drei Monate und spätestens sechs Monate nach dem Tod des Verletzten.

(5)Der Lauf der Frist ruht, wenn ein Antrag auf Durchführung eines Sühneversuchs gemäß § 380 der Strafprozeßordnung bei der Vergleichsbehörde eingeht, bis zur Ausstellung der Bescheinigung nach § 380 Abs. 1 Satz 3 der Strafprozeßordnung.

§ 77c Wechselseitig begangene Taten

Hat bei wechselseitig begangenen Taten, die miteinander zusammenhängen und nur auf Antrag verfolgbar sind, ein Berechtigter die Strafverfolgung des anderen beantragt, so erlischt das

Antragsrecht des anderen, wenn er es nicht bis zur Beendigung des letzten Wortes im ersten Rechtszug ausübt. Er kann den Antrag auch dann noch stellen, wenn für ihn die Antragsfrist schon verstrichen ist.

§ 77d Zurücknahme des Antrags

(1)Der Antrag kann zurückgenommen werden. Die Zurücknahme kann bis zum rechtskräftigen Abschluß des Strafverfahrens erklärt werden. Ein zurückgenommener Antrag kann nicht nochmals gestellt werden.

(2)Stirbt der Verletzte oder der im Falle seines Todes Berechtigte, nachdem er den Antrag gestellt hat, so können der Ehegatte, der Lebenspartner, die Kinder, die Eltern, die Geschwister und die Enkel des Verletzten in der Rangfolge des § 77 Abs. 2 den Antrag zurücknehmen. Mehrere Angehörige des gleichen Ranges können das Recht nur gemeinsam ausüben. Wer an der Tat beteiligt ist, kann den Antrag nicht zurücknehmen.

§ 77e Ermächtigung und Strafverlangen

Ist eine Tat nur mit Ermächtigung oder auf Strafverlangen verfolgbar, so gelten die §§ 77 und 77d entsprechend.

Fünfter Abschnitt
Verjährung

Erster Titel
Verfolgungsverjährung

§ 78 Verjährungsfrist

(1)Die Verjährung schließt die Ahndung der Tat und die Anordnung von Maßnahmen (§ 11 Abs. 1 Nr. 8) aus. § 76a Absatz 2 bleibt unberührt.

(2)Verbrechen nach § 211 (Mord) verjähren nicht.

(3)Soweit die Verfolgung verjährt, beträgt die Verjährungsfrist
1. dreißig Jahre bei Taten, die mit lebenslanger Freiheitsstrafe bedroht sind,
2. zwanzig Jahre bei Taten, die im Höchstmaß mit Freiheitsstrafen von mehr als zehn Jahren bedroht sind,
3. zehn Jahre bei Taten, die im Höchstmaß mit Freiheitsstrafen von mehr als fünf Jahren bis zu zehn Jahren bedroht sind,
4. fünf Jahre bei Taten, die im Höchstmaß mit Freiheitsstrafen von mehr als einem Jahr bis zu fünf Jahren bedroht sind,
5. drei Jahre bei den übrigen Taten.

(4)Die Frist richtet sich nach der Strafdrohung des Gesetzes, dessen Tatbestand die Tat verwirklicht, ohne Rücksicht auf Schärfungen oder Milderungen, die nach den Vorschriften des Allgemeinen Teils oder für besonders schwere oder minder schwere Fälle vorgesehen sind.

§ 78a Beginn

Die Verjährung beginnt, sobald die Tat beendet ist. Tritt ein zum Tatbestand gehörender Erfolg erst später ein, so beginnt die Verjährung mit diesem Zeitpunkt.

§ 78b Ruhen

(1)Die Verjährung ruht
1. bis zur Vollendung des 30. Lebensjahres des Opfers bei Straftaten nach den §§ 174 bis 174c, 176 bis 178, 182, 184b Absatz 1 Satz 1 Nummer 3, auch in Verbindung mit Absatz 2, §§ 225, 226a und 237,

2. solange nach dem Gesetz die Verfolgung nicht begonnen oder nicht fortgesetzt werden kann; dies gilt nicht, wenn die Tat nur deshalb nicht verfolgt werden kann, weil Antrag, Ermächtigung oder Strafverlangen fehlen.

(2)Steht der Verfolgung entgegen, daß der Täter Mitglied des Bundestages oder eines Gesetzgebungsorgans eines Landes ist, so beginnt die Verjährung erst mit Ablauf des Tages zu ruhen, an dem

1. die Staatsanwaltschaft oder eine Behörde oder ein Beamter des Polizeidienstes von der Tat und der Person des Täters Kenntnis erlangt oder

2. eine Strafanzeige oder ein Strafantrag gegen den Täter angebracht wird (§ 158 der Strafprozeßordnung).

(3)Ist vor Ablauf der Verjährungsfrist ein Urteil des ersten Rechtszuges ergangen, so läuft die Verjährungsfrist nicht vor dem Zeitpunkt ab, in dem das Verfahren rechtskräftig abgeschlossen ist.

(4)Droht das Gesetz strafschärfend für besonders schwere Fälle Freiheitsstrafe von mehr als fünf Jahren an und ist das Hauptverfahren vor dem Landgericht eröffnet worden, so ruht die Verjährung in den Fällen des § 78 Abs. 3 Nr. 4 ab Eröffnung des Hauptverfahrens, höchstens jedoch für einen Zeitraum von fünf Jahren; Absatz 3 bleibt unberührt.

(5)Hält sich der Täter in einem ausländischen Staat auf und stellt die zuständige Behörde ein förmliches Auslieferungsersuchen an diesen Staat, ruht die Verjährung ab dem Zeitpunkt des Zugangs des Ersuchens beim ausländischen Staat

1. bis zur Übergabe des Täters an die deutschen Behörden,

2. bis der Täter das Hoheitsgebiet des ersuchten Staates auf andere Weise verlassen hat,

3. bis zum Eingang der Ablehnung dieses Ersuchens durch den ausländischen Staat bei den deutschen Behörden oder

4. bis zur Rücknahme dieses Ersuchens.

Lässt sich das Datum des Zugangs des Ersuchens beim ausländischen Staat nicht ermitteln, gilt das Ersuchen nach Ablauf von einem Monat seit der Absendung oder Übergabe an den ausländischen Staat als zugegangen, sofern nicht die ersuchende Behörde Kenntnis davon erlangt, dass das Ersuchen dem ausländischen
Staat tatsächlich nicht oder erst zu einem späteren Zeitpunkt zugegangen ist. Satz 1 gilt nicht für ein Auslieferungsersuchen, für das im ersuchten Staat auf Grund des Rahmenbeschlusses des Rates vom 13. Juni 2002 über den Europäischen Haftbefehl und die Übergabeverfahren zwischen den Mitgliedstaaten (ABl. EG Nr. L 190 S. 1) oder auf Grund völkerrechtlicher Vereinbarung eine § 83c des Gesetzes über die internationale Rechtshilfe in Strafsachen vergleichbare Fristenregelung besteht.

(6)In den Fällen des § 78 Absatz 3 Nummer 1 bis 3 ruht die Verjährung ab der Übergabe der Person an den Internationalen Strafgerichtshof oder den Vollstreckungsstaat bis zu ihrer Rückgabe an die deutschen Behörden oder bis zu ihrer Freilassung durch den Internationalen Strafgerichtshof oder den Vollstreckungsstaat.

Fußnote

§ 78b Abs. 2 Nr. 1: Mit dem GG vereinbar, BVerfGE v. 15.11.1978 I 1967 - 2 BvL 13/77 -

§ 78c Unterbrechung

(1)Die Verjährung wird unterbrochen durch

1. die erste Vernehmung des Beschuldigten, die Bekanntgabe, daß gegen ihn das Ermittlungsverfahren eingeleitet ist, oder die Anordnung dieser Vernehmung oder Bekanntgabe,

2. jede richterliche Vernehmung des Beschuldigten oder deren Anordnung,

3. jede Beauftragung eines Sachverständigen durch den Richter oder Staatsanwalt, wenn vorher der Beschuldigte vernommen oder ihm die Einleitung des Ermittlungsverfahrens bekanntgegeben worden ist,

4. jede richterliche Beschlagnahme- oder Durchsuchungsanordnung und richterliche Entscheidungen, welche diese aufrechterhalten,

5. den Haftbefehl, den Unterbringungsbefehl, den Vorführungsbefehl und richterliche Entscheidungen, welche diese aufrechterhalten,

6. die Erhebung der öffentlichen Klage,

7. die Eröffnung des Hauptverfahrens,

8. jede Anberaumung einer Hauptverhandlung,

9. den Strafbefehl oder eine andere dem Urteil entsprechende Entscheidung,

10. die vorläufige gerichtliche Einstellung des Verfahrens wegen Abwesenheit des Angeschuldigten sowie jede Anordnung des Richters oder Staatsanwalts, die nach einer solchen Einstellung des Verfahrens oder im Verfahren gegen Abwesende zur Ermittlung des Aufenthalts des Angeschuldigten oder zur Sicherung von Beweisen ergeht,

11. die vorläufige gerichtliche Einstellung des Verfahrens wegen Verhandlungsunfähigkeit des Angeschuldigten sowie jede Anordnung des Richters oder Staatsanwalts, die nach einer solchen Einstellung des Verfahrens zur Überprüfung der Verhandlungsfähigkeit des Angeschuldigten ergeht, oder

12. jedes richterliche Ersuchen, eine Untersuchungshandlung im Ausland vorzunehmen.

Im Sicherungsverfahren und im selbständigen Verfahren wird die Verjährung durch die dem Satz 1 entsprechenden Handlungen zur Durchführung des Sicherungsverfahrens oder des selbständigen Verfahrens unterbrochen.

(2)Die Verjährung ist bei einer schriftlichen Anordnung oder Entscheidung in dem Zeitpunkt unterbrochen, in dem die Anordnung oder Entscheidung abgefasst wird. Ist das Dokument nicht alsbald nach der Abfassung in den Geschäftsgang gelangt, so ist der Zeitpunkt maßgebend, in dem es tatsächlich in den Geschäftsgang gegeben worden ist.

(3)Nach jeder Unterbrechung beginnt die Verjährung von neuem. Die Verfolgung ist jedoch spätestens verjährt, wenn seit dem in § 78a bezeichneten Zeitpunkt das Doppelte der gesetzlichen Verjährungsfrist und, wenn die Verjährungsfrist nach besonderen Gesetzen kürzer ist als drei Jahre, mindestens drei Jahre verstrichen sind. § 78b bleibt unberührt.

(4)Die Unterbrechung wirkt nur gegenüber demjenigen, auf den sich die Handlung bezieht.

(5)Wird ein Gesetz, das bei der Beendigung der Tat gilt, vor der Entscheidung geändert und verkürzt sich hierdurch die Frist der Verjährung, so bleiben Unterbrechungshandlungen, die vor dem Inkrafttreten des neuen Rechts vorgenommen worden sind, wirksam, auch wenn im Zeitpunkt der Unterbrechung die Verfolgung nach dem neuen Recht bereits verjährt gewesen wäre.

Zweiter Titel
Vollstreckungsverjährun
g

§ 79 Verjährungsfrist

(1)Eine rechtskräftig verhängte Strafe oder Maßnahme (§ 11 Abs. 1 Nr. 8) darf nach Ablauf der Verjährungsfrist nicht mehr vollstreckt werden.

(2)Die Vollstreckung von lebenslangen Freiheitsstrafen verjährt nicht.

(3)Die Verjährungsfrist beträgt

1. fünfundzwanzig Jahre bei Freiheitsstrafe von mehr als zehn Jahren,

2. zwanzig Jahre bei Freiheitsstrafe von mehr als fünf Jahren bis zu zehn Jahren,

3. zehn Jahre bei Freiheitsstrafe von mehr als einem Jahr bis zu fünf Jahren,

4. fünf Jahre bei Freiheitsstrafe bis zu einem Jahr und bei Geldstrafe von mehr als dreißig Tagessätzen,

5. drei Jahre bei Geldstrafe bis zu dreißig Tagessätzen.

(4)Die Vollstreckung der Sicherungsverwahrung und der unbefristeten Führungsaufsicht (§ 68c Abs. 2 Satz 1 oder Abs. 3) verjähren nicht. Die Verjährungsfrist beträgt

1. fünf Jahre in den sonstigen Fällen der Führungsaufsicht sowie bei der ersten Unterbringung in einer Entziehungsanstalt,

2. zehn Jahre bei den übrigen Maßnahmen.

(5)Ist auf Freiheitsstrafe und Geldstrafe zugleich oder ist neben einer Strafe auf eine freiheitsentziehende Maßregel, auf Einziehung oder Unbrauchbarmachung erkannt, so verjährt die Vollstreckung der einen Strafe oder Maßnahme nicht früher als die der anderen. Jedoch hindert eine zugleich angeordnete Sicherungsverwahrung die Verjährung der Vollstreckung von Strafen oder anderen Maßnahmen nicht.

(6)Die Verjährung beginnt mit der Rechtskraft der Entscheidung.

§ 79a Ruhen

Die Verjährung ruht,

1. solange nach dem Gesetz die Vollstreckung nicht begonnen oder nicht fortgesetzt werden kann,

2. solange dem Verurteilten

   a) Aufschub oder Unterbrechung der Vollstreckung,

   b) Aussetzung zur Bewährung durch richterliche Entscheidung oder im Gnadenweg oder

   c) Zahlungserleichterung bei Geldstrafe oder Einziehung

   bewilligt ist,

3. solange der Verurteilte im In- oder Ausland auf behördliche Anordnung in einer Anstalt verwahrt wird.

§ 79b Verlängerung

Das Gericht kann die Verjährungsfrist vor ihrem Ablauf auf Antrag der Vollstreckungsbehörde einmal um die Hälfte der gesetzlichen Verjährungsfrist verlängern, wenn der Verurteilte sich in einem Gebiet aufhält, aus dem seine Auslieferung oder Überstellung nicht erreicht werden kann.

Besonderer Teil

Erster Abschnitt
Friedensverrat, Hochverrat und Gefährdung des demokratischen Rechtsstaates

Erster Titel
Friedensverrat

§ 80 (weggefallen)

§ 80a Aufstacheln zum Verbrechen der Aggression

Wer im räumlichen Geltungsbereich dieses Gesetzes öffentlich, in einer Versammlung oder durch Verbreiten eines Inhalts (§ 11 Absatz 3) zum Verbrechen der Aggression (§ 13 des Völkerstrafgesetzbuches) aufstachelt, wird mit Freiheitsstrafe von drei Monaten bis zu fünf Jahren bestraft.

Zweiter Titel

Hochverrat

§ 81 Hochverrat gegen den Bund

(1)Wer es unternimmt, mit Gewalt oder durch Drohung mit Gewalt

1. den Bestand der Bundesrepublik Deutschland zu beeinträchtigen oder

2. die auf dem Grundgesetz der Bundesrepublik Deutschland beruhende verfassungsmäßige Ordnung zu ändern,

wird mit lebenslanger Freiheitsstrafe oder mit Freiheitsstrafe nicht unter zehn Jahren bestraft.

(2)In minder schweren Fällen ist die Strafe Freiheitsstrafe von einem Jahr bis zu zehn Jahren.

§ 82 Hochverrat gegen ein Land

(1)Wer es unternimmt, mit Gewalt oder durch Drohung mit Gewalt

1. das Gebiet eines Landes ganz oder zum Teil einem anderen Land der Bundesrepublik Deutschland einzuverleiben oder einen Teil eines Landes von diesem abzutrennen oder

2. die auf der Verfassung eines Landes beruhende verfassungsmäßige Ordnung

zu ändern, wird mit Freiheitsstrafe von einem Jahr bis zu zehn Jahren bestraft.

(2)In minder schweren Fällen ist die Strafe Freiheitsstrafe von sechs Monaten bis zu fünf Jahren.

§ 83 Vorbereitung eines hochverräterischen Unternehmens

(1)Wer ein bestimmtes hochverräterisches Unternehmen gegen den Bund vorbereitet, wird mit Freiheitsstrafe von einem Jahr bis zu zehn Jahren, in minder schweren Fällen mit Freiheitsstrafe von einem Jahr bis zu fünf Jahren bestraft.

(2)Wer ein bestimmtes hochverräterisches Unternehmen gegen ein Land vorbereitet, wird mit Freiheitsstrafe von drei Monaten bis zu fünf Jahren bestraft.

§ 83a Tätige Reue

(1)In den Fällen der §§ 81 und 82 kann das Gericht die Strafe nach seinem Ermessen mildern (§ 49 Abs. 2) oder von einer Bestrafung nach diesen Vorschriften absehen, wenn der Täter freiwillig die weitere Ausführung der Tat aufgibt und eine von ihm erkannte Gefahr, daß andere das Unternehmen weiter ausführen, abwendet oder wesentlich mindert oder wenn er freiwillig die Vollendung der Tat verhindert.

(2)In den Fällen des § 83 kann das Gericht nach Absatz 1 verfahren, wenn der Täter freiwillig sein Vorhaben aufgibt und eine von ihm verursachte und erkannte Gefahr, daß andere das Unternehmen weiter vorbereiten oder es ausführen, abwendet oder wesentlich mindert oder wenn er freiwillig die Vollendung der Tat verhindert.

(3)Wird ohne Zutun des Täters die bezeichnete Gefahr abgewendet oder wesentlich gemindert oder die Vollendung der Tat verhindert, so genügt sein freiwilliges und ernsthaftes Bemühen, dieses Ziel zu erreichen.

Dritter Titel
Gefährdung des demokratischen Rechtsstaates

§ 84 Fortführung einer für verfassungswidrig erklärten Partei

(1)Wer als Rädelsführer oder Hintermann im räumlichen Geltungsbereich dieses Gesetzes den organisatorischen Zusammenhalt

1. einer vom Bundesverfassungsgericht für verfassungswidrig erklärten Partei oder

2. einer Partei, von der das Bundesverfassungsgericht festgestellt hat, daß sie Ersatzorganisation einer verbotenen Partei ist,

aufrechterhält, wird mit Freiheitsstrafe von drei Monaten bis zu fünf Jahren bestraft. Der Versuch ist strafbar.

(2)Wer sich in einer Partei der in Absatz 1 bezeichneten Art als Mitglied betätigt oder wer ihren organisatorischen Zusammenhalt oder ihre weitere Betätigung unterstützt, wird mit Freiheitsstrafe bis zu fünf Jahren oder mit Geldstrafe bestraft.

(3)Wer einer anderen Sachentscheidung des Bundesverfassungsgerichts, die im Verfahren nach Artikel 21 Abs. 2 des Grundgesetzes oder im Verfahren nach § 33 Abs. 2 des Parteiengesetzes erlassen ist, oder einer vollziehbaren Maßnahme zuwiderhandelt, die im Vollzug einer in einem solchen Verfahren ergangenen Sachentscheidung getroffen ist, wird mit Freiheitsstrafe bis zu fünf Jahren oder mit Geldstrafe bestraft. Den in Satz 1 bezeichneten Verfahren steht ein Verfahren nach Artikel 18 des Grundgesetzes gleich.

(4)In den Fällen des Absatzes 1 Satz 2 und der Absätze 2 und 3 Satz 1 kann das Gericht bei Beteiligten, deren Schuld gering und deren Mitwirkung von untergeordneter Bedeutung ist, die Strafe nach seinem Ermessen mildern (§ 49 Abs. 2) oder von einer Bestrafung nach diesen Vorschriften absehen.

(5)In den Fällen der Absätze 1 bis 3 Satz 1 kann das Gericht die Strafe nach seinem Ermessen mildern (§ 49 Abs. 2) oder von einer Bestrafung nach diesen Vorschriften absehen, wenn der Täter sich freiwillig und ernsthaft bemüht, das Fortbestehen der Partei zu verhindern; erreicht er dieses Ziel oder wird es ohne sein Bemühen erreicht, so wird der Täter nicht bestraft.

§ 85 Verstoß gegen ein Vereinigungsverbot

(1)Wer als Rädelsführer oder Hintermann im räumlichen Geltungsbereich dieses Gesetzes den organisatorischen Zusammenhalt

1. einer Partei oder Vereinigung, von der im Verfahren nach § 33 Abs. 3 des Parteiengesetzes unanfechtbar festgestellt ist, daß sie Ersatzorganisation einer verbotenen Partei ist, oder

2. einer Vereinigung, die unanfechtbar verboten ist, weil sie sich gegen die verfassungsmäßige Ordnung oder gegen den Gedanken der Völkerverständigung richtet, oder von der unanfechtbar festgestellt ist, daß sie Ersatzorganisation einer solchen verbotenen Vereinigung ist,

aufrechterhält, wird mit Freiheitsstrafe bis zu fünf Jahren oder mit Geldstrafe bestraft. Der Versuch ist strafbar.

(2)Wer sich in einer Partei oder Vereinigung der in Absatz 1 bezeichneten Art als Mitglied betätigt oder wer ihren organisatorischen Zusammenhalt oder ihre weitere Betätigung unterstützt, wird mit Freiheitsstrafe bis zu drei Jahren oder mit Geldstrafe bestraft.

(3)§ 84 Abs. 4 und 5 gilt entsprechend.

§ 86 Verbreiten von Propagandamitteln verfassungswidriger und terroristischer Organisationen

(1)Wer Propagandamittel

1. einer vom Bundesverfassungsgericht für verfassungswidrig erklärten Partei oder einer Partei oder Vereinigung, von der unanfechtbar festgestellt ist, daß sie Ersatzorganisation einer solchen Partei ist,

2. einer Vereinigung, die unanfechtbar verboten ist, weil sie sich gegen die verfassungsmäßige Ordnung oder gegen den Gedanken der Völkerverständigung richtet, oder von der unanfechtbar festgestellt ist, daß sie Ersatzorganisation einer solchen verbotenen Vereinigung ist,

3. einer Regierung, Vereinigung oder Einrichtung außerhalb des räumlichen Geltungsbereichs dieses Gesetzes, die für die Zwecke einer der in den Nummern 1 und 2 bezeichneten Parteien oder Vereinigungen tätig ist, oder

4. die nach ihrem Inhalt dazu bestimmt sind, Bestrebungen einer ehemaligen nationalsozialistischen Organisation fortzusetzen,

im Inland verbreitet oder der Öffentlichkeit zugänglich macht oder zur Verbreitung im Inland oder Ausland herstellt, vorrätig hält, einführt oder ausführt, wird mit Freiheitsstrafe bis zu drei Jahren oder mit Geldstrafe bestraft.

(2)Ebenso wird bestraft, wer Propagandamittel einer Organisation, die im Anhang der Durchführungsverordnung (EU) 2021/138 des Rates vom 5. Februar 2021 zur Durchführung des Artikels 2 Absatz 3 der Verordnung (EG) Nr. 2580/2001 über spezifische, gegen bestimmte Personen und Organisationen gerichtete restriktive Maßnahmen zur Bekämpfung des Terrorismus und zur Aufhebung der Durchführungsverordnung (EU) 2020/1128 (ABl. L 43 vom 8.2.2021, S. 1) als juristische Person, Vereinigung oder Körperschaft aufgeführt ist, im Inland verbreitet oder der Öffentlichkeit zugänglich macht oder zur Verbreitung im Inland oder Ausland herstellt, vorrätig hält, einführt oder ausführt.

(3)Propagandamittel im Sinne des Absatzes 1 ist nur ein solcher Inhalt (§ 11 Absatz 3), der gegen die freiheitliche demokratische Grundordnung oder den Gedanken der Völkerverständigung gerichtet ist. Propagandamittel im Sinne des Absatzes 2 ist nur ein solcher Inhalt (§ 11 Absatz 3), der gegen den Bestand oder die Sicherheit eines Staates oder einer internationalen Organisation oder gegen die Verfassungsgrundsätze der Bundesrepublik Deutschland gerichtet ist.

(4)Die Absätze 1 und 2 gelten nicht, wenn die Handlung der staatsbürgerlichen Aufklärung, der Abwehr verfassungswidriger Bestrebungen, der Kunst oder der Wissenschaft, der Forschung oder der Lehre, der Berichterstattung über Vorgänge des Zeitgeschehens oder der Geschichte oder ähnlichen Zwecken dient.

(5)Ist die Schuld gering, so kann das Gericht von einer Bestrafung nach dieser Vorschrift absehen.

§ 86a Verwenden von Kennzeichen verfassungswidriger und terroristischer Organisationen

(1)Mit Freiheitsstrafe bis zu drei Jahren oder mit Geldstrafe wird bestraft, wer

1. im Inland Kennzeichen einer der in § 86 Abs. 1 Nr. 1, 2 und 4 oder Absatz 2 bezeichneten Parteien oder Vereinigungen verbreitet oder öffentlich, in einer Versammlung oder in einem von ihm verbreiteten Inhalt (§ 11 Absatz 3) verwendet oder

2. einen Inhalt (§ 11 Absatz 3), der ein derartiges Kennzeichen darstellt oder enthält, zur Verbreitung oder Verwendung im Inland oder Ausland in der in Nummer 1 bezeichneten Art und Weise herstellt, vorrätig hält, einführt oder ausführt.

(2)Kennzeichen im Sinne des Absatzes 1 sind namentlich Fahnen, Abzeichen, Uniformstücke, Parolen und Grußformen. Den in Satz 1 genannten Kennzeichen stehen solche gleich, die ihnen zum Verwechseln ähnlich sind.

(3)§ 86 Abs. 4 und 5 gilt entsprechend.

§ 87 Agententätigkeit zu Sabotagezwecken

(1)Mit Freiheitsstrafe bis zu fünf Jahren oder mit Geldstrafe wird bestraft, wer einen Auftrag einer Regierung, Vereinigung oder Einrichtung außerhalb des räumlichen Geltungsbereichs dieses Gesetzes zur Vorbereitung von Sabotagehandlungen, die in diesem Geltungsbereich begangen werden sollen, dadurch befolgt, daß er

1. sich bereit hält, auf Weisung einer der bezeichneten Stellen solche Handlungen zu begehen,

2. Sabotageobjekte auskundschaftet,

3. Sabotagemittel herstellt, sich oder einem anderen verschafft, verwahrt, einem anderen überläßt oder in diesen Bereich einführt,

4. Lager zur Aufnahme von Sabotagemitteln oder Stützpunkte für die Sabotagetätigkeit einrichtet, unterhält oder überprüft,

5. sich zur Begehung von Sabotagehandlungen schulen läßt oder andere dazu schult oder

6. die Verbindung zwischen einem Sabotageagenten (Nummern 1 bis 5) und einer der bezeichneten Stellen herstellt oder aufrechterhält,

und sich dadurch absichtlich oder wissentlich für Bestrebungen gegen den Bestand oder die Sicherheit der Bundesrepublik Deutschland oder gegen Verfassungsgrundsätze einsetzt.

(2)Sabotagehandlungen im Sinne des Absatzes 1 sind

1. Handlungen, die den Tatbestand der §§ 109e, 305, 306 bis 306c, 307 bis 309, 313, 315, 315b, 316b, 316c Abs. 1 Nr. 2, der §§ 317 oder 318 verwirklichen, und

2. andere Handlungen, durch die der Betrieb eines für die Landesverteidigung, den Schutz der Zivilbevölkerung gegen Kriegsgefahren oder für die Gesamtwirtschaft wichtigen Unternehmens dadurch verhindert oder gestört wird, daß eine dem Betrieb dienende Sache zerstört, beschädigt, beseitigt, verändert oder unbrauchbar gemacht oder daß die für den Betrieb bestimmte Energie entzogen wird.

(3)Das Gericht kann von einer Bestrafung nach diesen Vorschriften absehen, wenn der Täter freiwillig sein Verhalten aufgibt und sein Wissen so rechtzeitig einer Dienststelle offenbart, daß Sabotagehandlungen, deren Planung er kennt, noch verhindert werden können.

§ 88 Verfassungsfeindliche Sabotage

(1)Wer als Rädelsführer oder Hintermann einer Gruppe oder, ohne mit einer Gruppe oder für eine solche zu handeln, als einzelner absichtlich bewirkt, daß im räumlichen Geltungsbereich dieses Gesetzes durch Störhandlungen

1. Unternehmen oder Anlagen, die der öffentlichen Versorgung mit Postdienstleistungen oder dem öffentlichen Verkehr dienen,

2. Telekommunikationsanlagen, die öffentlichen Zwecken dienen,

3. Unternehmen oder Anlagen, die der öffentlichen Versorgung mit Wasser, Licht, Wärme oder Kraft dienen oder sonst für die Versorgung der Bevölkerung lebenswichtig sind, oder

4. Dienststellen, Anlagen, Einrichtungen oder Gegenstände, die ganz oder überwiegend der öffentlichen Sicherheit oder Ordnung dienen,

ganz oder zum Teil außer Tätigkeit gesetzt oder den bestimmungsmäßigen Zwecken entzogen werden, und sich dadurch absichtlich für Bestrebungen gegen den Bestand oder die Sicherheit der Bundesrepublik Deutschland oder gegen Verfassungsgrundsätze einsetzt, wird mit Freiheitsstrafe bis zu fünf Jahren oder mit Geldstrafe bestraft.

(2)Der Versuch ist strafbar.

§ 89 Verfassungsfeindliche Einwirkung auf Bundeswehr und öffentliche Sicherheitsorgane

(1)Wer auf Angehörige der Bundeswehr oder eines öffentlichen Sicherheitsorgans planmäßig einwirkt, um deren pflichtmäßige Bereitschaft zum Schutz der Sicherheit der Bundesrepublik Deutschland oder der verfassungsmäßigen Ordnung zu untergraben, und sich dadurch absichtlich für Bestrebungen gegen den
Bestand oder die Sicherheit der Bundesrepublik Deutschland oder gegen Verfassungsgrundsätze einsetzt, wird mit Freiheitsstrafe bis zu fünf Jahren oder mit Geldstrafe bestraft.

(2)Der Versuch ist strafbar.

(3)§ 86 Absatz 5 gilt entsprechend.

§ 89a Vorbereitung einer schweren staatsgefährdenden Gewalttat

(1)Wer eine schwere staatsgefährdende Gewalttat vorbereitet, wird mit Freiheitsstrafe von sechs Monaten bis zu zehn Jahren bestraft. Eine schwere staatsgefährdende Gewalttat ist eine Straftat gegen das Leben in den Fällen des § 211 oder des § 212 oder gegen die persönliche Freiheit in den Fällen des § 239a oder des § 239b, die nach den Umständen bestimmt und geeignet ist, den Bestand oder die Sicherheit eines Staates oder einer internationalen Organisation zu beeinträchtigen oder Verfassungsgrundsätze der Bundesrepublik Deutschland zu beseitigen, außer Geltung zu setzen oder zu untergraben.

(2)Absatz 1 ist nur anzuwenden, wenn der Täter eine schwere staatsgefährdende Gewalttat vorbereitet, indem er

1. eine andere Person unterweist oder sich unterweisen lässt in der Herstellung von oder im Umgang mit Schusswaffen, Sprengstoffen, Spreng- oder Brandvorrichtungen, Kernbrenn- oder sonstigen radioaktiven Stoffen, Stoffen, die Gift enthalten oder hervorbringen können, anderen gesundheitsschädlichen Stoffen, zur Ausführung der Tat erforderlichen besonderen Vorrichtungen oder in sonstigen Fertigkeiten, die der Begehung einer der in Absatz 1 genannten Straftaten dienen,

2. Waffen, Stoffe oder Vorrichtungen der in Nummer 1 bezeichneten Art herstellt, sich oder einem anderen verschafft, verwahrt oder einem anderen überlässt oder

3. Gegenstände oder Stoffe sich verschafft oder verwahrt, die für die Herstellung von Waffen, Stoffen oder Vorrichtungen der in Nummer 1 bezeichneten Art wesentlich sind.

(2a) Absatz 1 ist auch anzuwenden, wenn der Täter eine schwere staatsgefährdende Gewalttat vorbereitet, indem er es unternimmt, zum Zweck der Begehung einer schweren staatsgefährdenden Gewalttat oder der in Absatz 2 Nummer 1 genannten Handlungen aus der Bundesrepublik Deutschland auszureisen, um sich in einen Staat zu begeben, in dem Unterweisungen von Personen im Sinne des Absatzes 2 Nummer 1 erfolgen.

(3)Absatz 1 gilt auch, wenn die Vorbereitung im Ausland begangen wird. Wird die Vorbereitung außerhalb der Mitgliedstaaten der Europäischen Union begangen, gilt dies nur, wenn sie durch einen Deutschen oder einen Ausländer mit Lebensgrundlage im Inland begangen wird oder die vorbereitete schwere staatsgefährdende Gewalttat im Inland oder durch oder gegen einen Deutschen begangen werden soll.

(4)In den Fällen des Absatzes 3 Satz 2 bedarf die Verfolgung der Ermächtigung durch das Bundesministerium der Justiz und für Verbraucherschutz. Wird die Vorbereitung in einem anderen Mitgliedstaat der Europäischen Union begangen, bedarf die Verfolgung der Ermächtigung durch das Bundesministerium der Justiz und für Verbraucherschutz, wenn die Vorbereitung weder durch einen Deutschen erfolgt noch die vorbereitete schwere staatsgefährdende Gewalttat im Inland noch durch oder gegen einen Deutschen begangen werden soll.

(5)In minder schweren Fällen ist die Strafe Freiheitsstrafe von drei Monaten bis zu fünf Jahren.

(6)Das Gericht kann Führungsaufsicht anordnen (§ 68 Abs. 1).

(7)Das Gericht kann die Strafe nach seinem Ermessen mildern (§ 49 Abs. 2) oder von einer Bestrafung nach dieser Vorschrift absehen, wenn der Täter freiwillig die weitere Vorbereitung der schweren staatsgefährdenden Gewalttat aufgibt und eine von ihm verursachte und erkannte Gefahr, dass andere diese Tat weiter vorbereiten oder sie ausführen, abwendet oder wesentlich mindert oder wenn er freiwillig die Vollendung dieser Tat verhindert. Wird ohne Zutun des Täters die bezeichnete Gefahr abgewendet oder wesentlich gemindert oder die Vollendung der schweren staatsgefährdenden Gewalttat verhindert, genügt sein freiwilliges und ernsthaftes Bemühen, dieses Ziel zu erreichen.

§ 89b Aufnahme von Beziehungen zur Begehung einer schweren staatsgefährdenden Gewalttat

(1)Wer in der Absicht, sich in der Begehung einer schweren staatsgefährdenden Gewalttat gemäß § 89a Abs. 2 Nr. 1 unterweisen zu lassen, zu einer Vereinigung im Sinne des § 129a, auch in Verbindung mit § 129b, Beziehungen aufnimmt oder unterhält, wird mit Freiheitsstrafe bis zu drei Jahren oder mit Geldstrafe bestraft.

(2)Absatz 1 gilt nicht, wenn die Handlung ausschließlich der Erfüllung rechtmäßiger beruflicher oder dienstlicher Pflichten dient.

(3)Absatz 1 gilt auch, wenn das Aufnehmen oder Unterhalten von Beziehungen im Ausland erfolgt. Außerhalb der Mitgliedstaaten der Europäischen Union gilt dies nur, wenn das Aufnehmen oder Unterhalten von Beziehungen durch einen Deutschen oder einen Ausländer mit Lebensgrundlage im Inland begangen wird.

(4)Die Verfolgung bedarf der Ermächtigung durch das Bundesministerium der Justiz und für Verbraucherschutz

1. in den Fällen des Absatzes 3 Satz 2 oder

2. wenn das Aufnehmen oder Unterhalten von Beziehungen in einem anderen Mitgliedstaat der Europäischen Union nicht durch einen Deutschen begangen wird.

(5)Ist die Schuld gering, so kann das Gericht von einer Bestrafung nach dieser Vorschrift absehen.

§ 89c Terrorismusfinanzierung

(1)Wer Vermögenswerte sammelt, entgegennimmt oder zur Verfügung stellt mit dem Wissen oder in der Absicht, dass diese von einer anderen Person zur Begehung

1. eines Mordes (§ 211), eines Totschlags (§ 212), eines Völkermordes (§ 6 des Völkerstrafgesetzbuches), eines Verbrechens gegen die Menschlichkeit (§ 7 des Völkerstrafgesetzbuches), eines Kriegsverbrechens (§§ 8, 9, 10, 11 oder 12 des Völkerstrafgesetzbuches), einer Körperverletzung nach § 224 oder einer Körperverletzung, die einem anderen Menschen schwere körperliche oder seelische Schäden, insbesondere der in § 226 bezeichneten Art, zufügt,

2. eines erpresserischen Menschenraubes (§ 239a) oder einer Geiselnahme (§ 239b),

3. von Straftaten nach den §§ 303b, 305, 305a oder gemeingefährlicher Straftaten in den Fällen der §§ 306 bis 306c oder 307 Absatz 1 bis 3, des § 308 Absatz 1 bis 4, des § 309 Absatz 1 bis 5, der §§ 313, 314 oder 315 Absatz 1, 3 oder 4, des § 316b Absatz 1 oder 3 oder des § 316c Absatz 1 bis 3 oder des § 317 Absatz 1,

4. von Straftaten gegen die Umwelt in den Fällen des § 330a Absatz 1 bis 3,

5. von Straftaten nach § 19 Absatz 1 bis 3, § 20 Absatz 1 oder 2, § 20a Absatz 1 bis 3, § 19 Absatz 2 Nummer 2 oder Absatz 3 Nummer 2, § 20 Absatz 1 oder 2 oder § 20a Absatz 1 bis 3, jeweils auch in Verbindung mit § 21, oder nach § 22a Absatz 1 bis 3 des Gesetzes über die Kontrolle von Kriegswaffen,

6. von Straftaten nach § 51 Absatz 1 bis 3 des Waffengesetzes,

7. einer Straftat nach § 328 Absatz 1 oder 2 oder § 310 Absatz 1 oder 2,

8. einer Straftat nach § 89a Absatz 2a

verwendet werden sollen, wird mit Freiheitsstrafe von sechs Monaten bis zu zehn Jahren bestraft. Satz 1 ist in den Fällen der Nummern 1 bis 7 nur anzuwenden, wenn die dort bezeichnete Tat dazu bestimmt ist,
die Bevölkerung auf erhebliche Weise einzuschüchtern, eine Behörde oder eine internationale Organisation rechtswidrig mit Gewalt oder durch Drohung mit Gewalt zu nötigen oder die politischen, verfassungsrechtlichen, wirtschaftlichen oder sozialen Grundstrukturen eines Staates oder einer internationalen Organisation zu beseitigen oder erheblich zu beeinträchtigen, und durch die Art ihrer Begehung oder ihre Auswirkungen einen Staat oder eine internationale Organisation erheblich schädigen kann.

(2)Ebenso wird bestraft, wer unter der Voraussetzung des Absatzes 1 Satz 2 Vermögenswerte sammelt, entgegennimmt oder zur Verfügung stellt, um selbst eine der in Absatz 1 Satz 1 genannten Straftaten zu begehen.

(3)Die Absätze 1 und 2 gelten auch, wenn die Tat im Ausland begangen wird. Wird sie außerhalb der Mitgliedstaaten der Europäischen Union begangen, gilt dies nur, wenn sie durch einen Deutschen oder einen Ausländer mit Lebensgrundlage im Inland begangen wird oder die finanzierte Straftat im Inland oder durch oder gegen einen Deutschen begangen werden soll.

(4)In den Fällen des Absatzes 3 Satz 2 bedarf die Verfolgung der Ermächtigung durch das Bundesministerium der Justiz und für Verbraucherschutz. Wird die Tat in einem anderen Mitgliedstaat der Europäischen
Union begangen, bedarf die Verfolgung der Ermächtigung durch das Bundesministerium der Justiz und für Verbraucherschutz, wenn die Tat weder durch einen Deutschen begangen wird noch die finanzierte Straftat im Inland noch durch oder gegen einen Deutschen begangen werden soll.

(5)Sind die Vermögenswerte bei einer Tat nach Absatz 1 oder 2 geringwertig, so ist auf Freiheitsstrafe von drei Monaten bis zu fünf Jahren zu erkennen.

(6)Das Gericht mildert die Strafe (§ 49 Absatz 1) oder kann von Strafe absehen, wenn die Schuld des Täters gering ist.

(7)Das Gericht kann die Strafe nach seinem Ermessen mildern (§ 49 Absatz 2) oder von einer Bestrafung nach dieser Vorschrift absehen, wenn der Täter freiwillig die weitere Vorbereitung der Tat aufgibt und eine von ihm verursachte und erkannte Gefahr, dass andere diese Tat weiter vorbereiten oder sie ausführen, abwendet oder wesentlich mindert oder wenn er freiwillig die Vollendung dieser Tat verhindert. Wird ohne Zutun des Täters die bezeichnete Gefahr abgewendet oder wesentlich gemindert oder die Vollendung der Tat verhindert, genügt sein freiwilliges und ernsthaftes Bemühen, dieses Ziel zu erreichen.

§ 90 Verunglimpfung des Bundespräsidenten

(1)Wer öffentlich, in einer Versammlung oder durch Verbreiten eines Inhalts (§ 11 Absatz 3) den Bundespräsidenten verunglimpft, wird mit Freiheitsstrafe von drei Monaten bis zu fünf Jahren bestraft.

(2)In minder schweren Fällen kann das Gericht die Strafe nach seinem Ermessen mildern (§ 49 Abs. 2), wenn nicht die Voraussetzungen des § 188 erfüllt sind.

(3)Die Strafe ist Freiheitsstrafe von sechs Monaten bis zu fünf Jahren, wenn die Tat eine Verleumdung (§ 187) ist oder wenn der Täter sich durch die Tat absichtlich für Bestrebungen gegen den Bestand der Bundesrepublik Deutschland oder gegen Verfassungsgrundsätze einsetzt.

(4)Die Tat wird nur mit Ermächtigung des Bundespräsidenten verfolgt.

§ 90a Verunglimpfung des Staates und seiner Symbole

(1)Wer öffentlich, in einer Versammlung oder durch Verbreiten eines Inhalts (§ 11 Absatz 3)

1. die Bundesrepublik Deutschland oder eines ihrer Länder oder ihre verfassungsmäßige Ordnung beschimpft oder böswillig verächtlich macht oder
2. die Farben, die Flagge, das Wappen oder die Hymne der Bundesrepublik Deutschland oder eines ihrer Länder verunglimpft,

wird mit Freiheitsstrafe bis zu drei Jahren oder mit Geldstrafe bestraft.

(2)Ebenso wird bestraft, wer eine öffentlich gezeigte Flagge der Bundesrepublik Deutschland oder eines ihrer Länder oder ein von einer Behörde öffentlich angebrachtes Hoheitszeichen der Bundesrepublik Deutschland oder eines ihrer Länder entfernt, zerstört, beschädigt, unbrauchbar oder unkenntlich macht oder beschimpfenden Unfug daran verübt. Der Versuch ist strafbar.

(3)Die Strafe ist Freiheitsstrafe bis zu fünf Jahren oder Geldstrafe, wenn der Täter sich durch die Tat absichtlich für Bestrebungen gegen den Bestand der Bundesrepublik Deutschland oder gegen Verfassungsgrundsätze einsetzt.

§ 90b Verfassungsfeindliche Verunglimpfung von Verfassungsorganen

(1)Wer öffentlich, in einer Versammlung oder durch Verbreiten eines Inhalts (§ 11 Absatz 3) ein Gesetzgebungsorgan, die Regierung oder das Verfassungsgericht des Bundes oder eines Landes oder eines ihrer Mitglieder in dieser Eigenschaft in einer das Ansehen des Staates gefährdenden Weise verunglimpft und sich dadurch absichtlich für Bestrebungen gegen den Bestand der Bundesrepublik Deutschland oder gegen Verfassungsgrundsätze einsetzt, wird mit Freiheitsstrafe von drei Monaten bis zu fünf Jahren bestraft.

(2)Die Tat wird nur mit Ermächtigung des betroffenen Verfassungsorgans oder Mitglieds verfolgt.

§ 90c Verunglimpfung von Symbolen der Europäischen Union

(1)Wer öffentlich, in einer Versammlung oder durch Verbreiten eines Inhalts (§ 11 Absatz 3) die Flagge oder die Hymne der Europäischen Union verunglimpft, wird mit Freiheitsstrafe bis zu drei Jahren oder mit Geldstrafe bestraft.

(2)   Ebenso wird bestraft, wer eine öffentlich gezeigte Flagge der Europäischen Union entfernt, zerstört, beschädigt, unbrauchbar oder unkenntlich macht oder beschimpfenden Unfug daran verübt. Der Versuch ist strafbar.

§ 91 Anleitung zur Begehung einer schweren staatsgefährdenden Gewalttat

(1)Mit Freiheitsstrafe bis zu drei Jahren oder mit Geldstrafe wird bestraft, wer

1. einen Inhalt (§ 11 Absatz 3), der geeignet ist, als Anleitung zu einer schweren staatsgefährdenden Gewalttat (§ 89a Abs. 1) zu dienen, anpreist oder einer anderen Person zugänglich macht, wenn die Umstände
seiner Verbreitung geeignet sind, die Bereitschaft anderer zu fördern oder zu wecken, eine schwere staatsgefährdende Gewalttat zu begehen,

2. sich einen Inhalt der in Nummer 1 bezeichneten Art verschafft, um eine schwere staatsgefährdende Gewalttat zu begehen.

(2)Absatz 1 Nr. 1 ist nicht anzuwenden, wenn

1. die Handlung der staatsbürgerlichen Aufklärung, der Abwehr verfassungswidriger Bestrebungen, der Kunst und Wissenschaft, der Forschung oder der Lehre, der Berichterstattung über Vorgänge des Zeitgeschehens oder der Geschichte oder ähnlichen Zwecken dient oder

2. die Handlung ausschließlich der Erfüllung rechtmäßiger beruflicher oder dienstlicher Pflichten dient.

(3)Ist die Schuld gering, so kann das Gericht von einer Bestrafung nach dieser Vorschrift absehen.

§ 91a Anwendungsbereich

Die §§ 84, 85 und 87 gelten nur für Taten, die durch eine im räumlichen Geltungsbereich dieses Gesetzes ausgeübte Tätigkeit begangen werden.

Vierter Titel
Gemeinsame Vorschriften

§ 92 Begriffsbestimmungen

(1)Im Sinne dieses Gesetzes beeinträchtigt den Bestand der Bundesrepublik Deutschland, wer ihre Freiheit von fremder Botmäßigkeit aufhebt, ihre staatliche Einheit beseitigt oder ein zu ihr gehörendes Gebiet abtrennt.

(2)Im Sinne dieses Gesetzes sind Verfassungsgrundsätze

1. das Recht des Volkes, die Staatsgewalt in Wahlen und Abstimmungen und durch besondere Organe der Gesetzgebung, der vollziehenden Gewalt und der Rechtsprechung auszuüben und die Volksvertretung in allgemeiner, unmittelbarer, freier, gleicher und geheimer Wahl zu wählen,

2. die Bindung der Gesetzgebung an die verfassungsmäßige Ordnung und die Bindung der vollziehenden Gewalt und der Rechtsprechung an Gesetz und Recht,

3. das Recht auf die Bildung und Ausübung einer parlamentarischen Opposition,

4. die Ablösbarkeit der Regierung und ihre Verantwortlichkeit gegenüber der Volksvertretung,

5. die Unabhängigkeit der Gerichte und

6. der Ausschluß jeder Gewalt- und Willkürherrschaft.

(3) Im Sinne dieses Gesetzes sind

1. Bestrebungen gegen den Bestand der Bundesrepublik Deutschland solche Bestrebungen, deren Träger darauf hinarbeiten, den Bestand der Bundesrepublik Deutschland zu beeinträchtigen (Absatz 1),

2. Bestrebungen gegen die Sicherheit der Bundesrepublik Deutschland solche Bestrebungen, deren Träger darauf hinarbeiten, die äußere oder innere Sicherheit der Bundesrepublik Deutschland zu beeinträchtigen,

3. Bestrebungen gegen Verfassungsgrundsätze solche Bestrebungen, deren Träger darauf hinarbeiten, einen Verfassungsgrundsatz (Absatz 2) zu beseitigen, außer Geltung zu setzen oder zu untergraben.

§ 92a Nebenfolgen

Neben einer Freiheitsstrafe von mindestens sechs Monaten wegen einer Straftat nach diesem Abschnitt kann das Gericht die Fähigkeit, öffentliche Ämter zu bekleiden, die Fähigkeit, Rechte aus öffentlichen Wahlen zu erlangen, und das Recht, in öffentlichen Angelegenheiten zu wählen oder zu stimmen, aberkennen (§ 45 Abs. 2 und 5).

§ 92b Einziehung

Ist eine Straftat nach diesem Abschnitt begangen worden, so können

1. Gegenstände, die durch die Tat hervorgebracht oder zu ihrer Begehung oder Vorbereitung gebraucht worden oder bestimmt gewesen sind, und

2. Gegenstände, auf die sich eine Straftat nach den §§ 80a, 86, 86a, 89a bis

91 bezieht, eingezogen werden. § 74a ist anzuwenden.

Zweiter Abschnitt
Landesverrat und Gefährdung der äußeren Sicherheit

§ 93 Begriff des Staatsgeheimnisses

(1) Staatsgeheimnisse sind Tatsachen, Gegenstände oder Erkenntnisse, die nur einem begrenzten Personenkreis zugänglich sind und vor einer fremden Macht geheimgehalten werden müssen, um die Gefahr eines schweren Nachteils für die äußere Sicherheit der Bundesrepublik Deutschland abzuwenden.

(2) Tatsachen, die gegen die freiheitliche demokratische Grundordnung oder unter Geheimhaltung gegenüber den Vertragspartnern der Bundesrepublik Deutschland gegen zwischenstaatlich vereinbarte Rüstungsbeschränkungen verstoßen, sind keine Staatsgeheimnisse.

§ 94 Landesverrat

(1) Wer ein Staatsgeheimnis

1. einer fremden Macht oder einem ihrer Mittelsmänner mitteilt oder

2. sonst an einen Unbefugten gelangen läßt oder öffentlich bekanntmacht, um die Bundesrepublik Deutschland zu benachteiligen oder eine fremde Macht zu begünstigen,

und dadurch die Gefahr eines schweren Nachteils für die äußere Sicherheit der Bundesrepublik Deutschland herbeiführt, wird mit Freiheitsstrafe nicht unter einem Jahr bestraft.

(2) In besonders schweren Fällen ist die Strafe lebenslange Freiheitsstrafe oder Freiheitsstrafe nicht unter fünf Jahren. Ein besonders schwerer Fall liegt in der Regel vor, wenn der Täter

1. eine verantwortliche Stellung mißbraucht, die ihn zur Wahrung von Staatsgeheimnissen besonders verpflichtet, oder

2. durch die Tat die Gefahr eines besonders schweren Nachteils für die äußere Sicherheit der Bundesrepublik Deutschland herbeiführt.

§ 95 Offenbaren von Staatsgeheimnissen

(1)Wer ein Staatsgeheimnis, das von einer amtlichen Stelle oder auf deren Veranlassung geheimgehalten wird, an einen Unbefugten gelangen läßt oder öffentlich bekanntmacht und dadurch die Gefahr eines schweren Nachteils für die äußere Sicherheit der Bundesrepublik Deutschland herbeiführt, wird mit Freiheitsstrafe von sechs Monaten bis zu fünf Jahren bestraft, wenn die Tat nicht in § 94 mit Strafe bedroht ist.

(2)Der Versuch ist strafbar.

(3)In besonders schweren Fällen ist die Strafe Freiheitsstrafe von einem Jahr bis zu zehn Jahren. § 94 Abs. 2 Satz 2 ist anzuwenden.

§ 96 Landesverräterische Ausspähung; Auskundschaften von Staatsgeheimnissen

(1)Wer sich ein Staatsgeheimnis verschafft, um es zu verraten (§ 94), wird mit Freiheitsstrafe von einem Jahr bis zu zehn Jahren bestraft.

(2)Wer sich ein Staatsgeheimnis, das von einer amtlichen Stelle oder auf deren Veranlassung geheimgehalten wird, verschafft, um es zu offenbaren (§ 95), wird mit Freiheitsstrafe von sechs Monaten bis zu fünf Jahren bestraft. Der Versuch ist strafbar.

§ 97 Preisgabe von Staatsgeheimnissen

(1)Wer ein Staatsgeheimnis, das von einer amtlichen Stelle oder auf deren Veranlassung geheimgehalten wird, an einen Unbefugten gelangen läßt oder öffentlich bekanntmacht und dadurch fahrlässig die Gefahr eines
schweren Nachteils für die äußere Sicherheit der Bundesrepublik Deutschland verursacht, wird mit Freiheitsstrafe bis zu fünf Jahren oder mit Geldstrafe bestraft.

(2)Wer ein Staatsgeheimnis, das von einer amtlichen Stelle oder auf deren Veranlassung geheimgehalten wird und das ihm kraft seines Amtes, seiner Dienststellung oder eines von einer amtlichen Stelle erteilten Auftrags zugänglich war, leichtfertig an einen Unbefugten gelangen läßt und dadurch fahrlässig die Gefahr eines schweren Nachteils für die äußere Sicherheit der Bundesrepublik Deutschland verursacht, wird mit Freiheitsstrafe bis zu drei Jahren oder mit Geldstrafe bestraft.

(3)Die Tat wird nur mit Ermächtigung der Bundesregierung verfolgt.

§ 97a Verrat illegaler Geheimnisse

Wer ein Geheimnis, das wegen eines der in § 93 Abs. 2 bezeichneten Verstöße kein Staatsgeheimnis ist, einer fremden Macht oder einem ihrer Mittelsmänner mitteilt und dadurch die Gefahr eines schweren Nachteils für die äußere Sicherheit der Bundesrepublik Deutschland herbeiführt, wird wie ein Landesverräter (§ 94) bestraft.
§ 96 Abs. 1 in Verbindung mit § 94 Abs. 1 Nr. 1 ist auf Geheimnisse der in Satz 1 bezeichneten Art entsprechend anzuwenden.

§ 97b Verrat in irriger Annahme eines illegalen Geheimnisses

(1)Handelt der Täter in den Fällen der §§ 94 bis 97 in der irrigen Annahme, das Staatsgeheimnis sei ein Geheimnis der in § 97a bezeichneten Art, so wird er, wenn

1. dieser Irrtum ihm vorzuwerfen ist,

2. er nicht in der Absicht handelt, dem vermeintlichen Verstoß entgegenzuwirken, oder

3. die Tat nach den Umständen kein angemessenes Mittel zu diesem Zweck ist,

nach den bezeichneten Vorschriften bestraft. Die Tat ist in der Regel kein angemessenes Mittel, wenn der Täter nicht zuvor ein Mitglied des Bundestages um Abhilfe angerufen hat.

(2)War dem Täter als Amtsträger oder als Soldat der Bundeswehr das Staatsgeheimnis dienstlich

anvertraut oder zugänglich, so wird er auch dann bestraft, wenn nicht zuvor der Amtsträger einen Dienstvorgesetzten, der Soldat einen Disziplinarvorgesetzten um Abhilfe angerufen hat. Dies gilt für die für den öffentlichen Dienst
besonders Verpflichteten und für Personen, die im Sinne des § 353b Abs. 2 verpflichtet worden sind, sinngemäß.

§ 98 Landesverräterische Agententätigkeit

(1)Wer

1. für eine fremde Macht eine Tätigkeit ausübt, die auf die Erlangung oder Mitteilung von Staatsgeheimnissen gerichtet ist, oder

2. gegenüber einer fremden Macht oder einem ihrer Mittelsmänner sich zu einer solchen Tätigkeit bereit erklärt,

wird mit Freiheitsstrafe bis zu fünf Jahren oder mit Geldstrafe bestraft, wenn die Tat nicht in § 94 oder § 96 Abs. 1 mit Strafe bedroht ist. In besonders schweren Fällen ist die Strafe Freiheitsstrafe von einem Jahr bis zu zehn Jahren; § 94 Abs. 2 Satz 2 Nr. 1 gilt entsprechend.

(2)Das Gericht kann die Strafe nach seinem Ermessen mildern (§ 49 Abs. 2) oder von einer Bestrafung nach diesen Vorschriften absehen, wenn der Täter freiwillig sein Verhalten aufgibt und sein Wissen einer
Dienststelle offenbart. Ist der Täter in den Fällen des Absatzes 1 Satz 1 von der fremden Macht oder einem ihrer Mittelsmänner zu seinem Verhalten gedrängt worden, so wird er nach dieser Vorschrift nicht bestraft, wenn er freiwillig sein Verhalten aufgibt und sein Wissen unverzüglich einer Dienststelle offenbart.

§ 99 Geheimdienstliche Agententätigkeit

(1)Wer

1. für den Geheimdienst einer fremden Macht eine geheimdienstliche Tätigkeit gegen die Bundesrepublik Deutschland ausübt, die auf die Mitteilung oder Lieferung von Tatsachen, Gegenständen oder Erkenntnissen gerichtet ist, oder

2. gegenüber dem Geheimdienst einer fremden Macht oder einem seiner Mittelsmänner sich zu einer solchen Tätigkeit bereit erklärt,

wird mit Freiheitsstrafe bis zu fünf Jahren oder mit Geldstrafe bestraft, wenn die Tat nicht in § 94 oder § 96 Abs. 1, in § 97a oder in § 97b in Verbindung mit § 94 oder § 96 Abs. 1 mit Strafe bedroht ist.

(2)In besonders schweren Fällen ist die Strafe Freiheitsstrafe von einem Jahr bis zu zehn Jahren. Ein besonders schwerer Fall liegt in der Regel vor, wenn der Täter Tatsachen, Gegenstände oder Erkenntnisse, die von einer amtlichen Stelle oder auf deren Veranlassung geheimgehalten werden, mitteilt oder liefert und wenn er

1. eine verantwortliche Stellung mißbraucht, die ihn zur Wahrung solcher Geheimnisse besonders verpflichtet, oder

2. durch die Tat die Gefahr eines schweren Nachteils für die Bundesrepublik Deutschland herbeiführt.

(3)§ 98 Abs. 2 gilt entsprechend.

§ 100 Friedensgefährdende Beziehungen

(1)Wer als Deutscher, der seine Lebensgrundlage im räumlichen Geltungsbereich dieses Gesetzes hat, in der Absicht, einen Krieg oder ein bewaffnetes Unternehmen gegen die Bundesrepublik Deutschland herbeizuführen, zu einer Regierung, Vereinigung oder Einrichtung außerhalb des räumlichen Geltungsbereichs dieses Gesetzes oder zu einem ihrer Mittelsmänner Beziehungen aufnimmt oder unterhält, wird mit Freiheitsstrafe nicht unter einem Jahr bestraft.

(2)In besonders schweren Fällen ist die Strafe lebenslange Freiheitsstrafe oder Freiheitsstrafe nicht unter fünf Jahren. Ein besonders schwerer Fall liegt in der Regel vor, wenn der Täter durch die Tat eine schwere Gefahr für den Bestand der Bundesrepublik Deutschland herbeiführt.

(3)In minder schweren Fällen ist die Strafe Freiheitsstrafe von einem Jahr bis zu fünf Jahren.

§ 100a Landesverräterische Fälschung

(1)Wer wider besseres Wissen gefälschte oder verfälschte Gegenstände, Nachrichten darüber oder unwahre Behauptungen tatsächlicher Art, die im Falle ihrer Echtheit oder Wahrheit für die äußere Sicherheit oder die Beziehungen der Bundesrepublik Deutschland zu einer fremden Macht von Bedeutung wären, an einen anderen gelangen läßt oder öffentlich bekanntmacht, um einer fremden Macht vorzutäuschen, daß es sich um echte Gegenstände oder um Tatsachen handele, und dadurch die Gefahr eines schweren Nachteils für die äußere Sicherheit oder die Beziehungen der Bundesrepublik Deutschland zu einer fremden Macht herbeiführt, wird mit Freiheitsstrafe von sechs Monaten bis zu fünf Jahren bestraft.

(2)Ebenso wird bestraft, wer solche Gegenstände durch Fälschung oder Verfälschung herstellt oder sie sich verschafft, um sie in der in Absatz 1 bezeichneten Weise zur Täuschung einer fremden Macht an einen anderen gelangen zu lassen oder öffentlich bekanntzumachen und dadurch die Gefahr eines schweren Nachteils
für die äußere Sicherheit oder die Beziehungen der Bundesrepublik Deutschland zu einer fremden Macht herbeizuführen.

(3)Der Versuch ist strafbar.

(4)In besonders schweren Fällen ist die Strafe Freiheitsstrafe nicht unter einem Jahr. Ein besonders schwerer Fall liegt in der Regel vor, wenn der Täter durch die Tat einen besonders schweren Nachteil für die äußere Sicherheit oder die Beziehungen der Bundesrepublik Deutschland zu einer fremden Macht herbeiführt.

§ 101 Nebenfolgen

Neben einer Freiheitsstrafe von mindestens sechs Monaten wegen einer vorsätzlichen Straftat nach diesem Abschnitt kann das Gericht die Fähigkeit, öffentliche Ämter zu bekleiden, die Fähigkeit, Rechte aus öffentlichen Wahlen zu erlangen, und das Recht, in öffentlichen Angelegenheiten zu wählen oder zu stimmen, aberkennen (§ 45 Abs. 2 und 5).

§ 101a Einziehung

Ist eine Straftat nach diesem Abschnitt begangen worden, so können

1. Gegenstände, die durch die Tat hervorgebracht oder zu ihrer Begehung oder Vorbereitung gebraucht worden oder bestimmt gewesen sind, und

2. Gegenstände, die Staatsgeheimnisse sind, und Gegenstände der in § 100a bezeichneten Art, auf die sich die Tat bezieht,

eingezogen werden. § 74a ist anzuwenden. Gegenstände der in Satz 1 Nr. 2 bezeichneten Art werden auch ohne die Voraussetzungen des § 74 Absatz 3 Satz 1 und des § 74b eingezogen, wenn dies erforderlich ist, um die Gefahr eines schweren Nachteils für die äußere Sicherheit der Bundesrepublik Deutschland abzuwenden; dies gilt auch dann, wenn der Täter ohne Schuld gehandelt hat.

Dritter Abschnitt
Straftaten gegen ausländische Staaten

§ 102 Angriff gegen Organe und Vertreter ausländischer Staaten

(1)Wer einen Angriff auf Leib oder Leben eines ausländischen Staatsoberhaupts, eines Mitglieds einer ausländischen Regierung oder eines im Bundesgebiet beglaubigten Leiters einer ausländischen diplomatischen Vertretung begeht, während sich der Angegriffene in amtlicher Eigenschaft im Inland aufhält, wird mit Freiheitsstrafe bis zu fünf Jahren oder mit Geldstrafe, in besonders schweren Fällen mit Freiheitsstrafe nicht unter einem Jahr bestraft.

(2)Neben einer Freiheitsstrafe von mindestens sechs Monaten kann das Gericht die Fähigkeit, öffentliche Ämter zu bekleiden, die Fähigkeit, Rechte aus öffentlichen Wahlen zu erlangen, und das Recht, in öffentlichen Angelegenheiten zu wählen oder zu stimmen, aberkennen (§ 45 Abs. 2

und 5).

§ 103 (weggefallen)

§ 104 Verletzung von Flaggen und Hoheitszeichen ausländischer Staaten

(1)Wer eine auf Grund von Rechtsvorschriften oder nach anerkanntem Brauch öffentlich gezeigte Flagge eines ausländischen Staates oder wer ein Hoheitszeichen eines solchen Staates, das von einer anerkannten Vertretung dieses Staates öffentlich angebracht worden ist, entfernt, zerstört, beschädigt oder unkenntlich macht oder wer beschimpfenden Unfug daran verübt, wird mit Freiheitsstrafe bis zu zwei Jahren oder mit Geldstrafe bestraft. Ebenso wird bestraft, wer öffentlich die Flagge eines ausländischen Staates zerstört oder beschädigt und dadurch verunglimpft. Den in Satz 2 genannten Flaggen stehen solche gleich, die ihnen zum Verwechseln ähnlich sind.

(2)Der Versuch ist strafbar.

§ 104a Voraussetzungen der Strafverfolgung

Straftaten nach diesem Abschnitt werden nur verfolgt, wenn die Bundesrepublik Deutschland zu dem anderen Staat diplomatische Beziehungen unterhält und ein Strafverlangen der ausländischen Regierung vorliegt.

Vierter Abschnitt
Straftaten gegen Verfassungsorgane sowie bei Wahlen und Abstimmungen

§ 105 Nötigung von Verfassungsorganen

(1)Wer

1. ein Gesetzgebungsorgan des Bundes oder eines Landes oder einen seiner Ausschüsse,

2. die Bundesversammlung oder einen ihrer Ausschüsse oder

3. die Regierung oder das Verfassungsgericht des Bundes oder eines Landes

rechtswidrig mit Gewalt oder durch Drohung mit Gewalt nötigt, ihre Befugnisse nicht oder in einem bestimmten Sinne auszuüben, wird mit Freiheitsstrafe von einem Jahr bis zu zehn Jahren bestraft.

(2)In minder schweren Fällen ist die Strafe Freiheitsstrafe von sechs Monaten bis zu fünf Jahren.

§ 106 Nötigung des Bundespräsidenten und von Mitgliedern eines Verfassungsorgans

(1)Wer

1. den Bundespräsidenten oder

2. ein Mitglied

   a) eines Gesetzgebungsorgans des Bundes oder eines Landes,

   b) der Bundesversammlung oder

   c) der Regierung oder des Verfassungsgerichts des Bundes oder eines Landes

rechtswidrig mit Gewalt oder durch Drohung mit einem empfindlichen Übel nötigt, seine Befugnisse nicht oder in einem bestimmten Sinne auszuüben, wird mit Freiheitsstrafe von drei Monaten bis zu fünf Jahren bestraft.

(2)Der Versuch ist strafbar.

(3)In besonders schweren Fällen ist die Strafe Freiheitsstrafe von einem Jahr bis zu zehn Jahren.

§ 106a (weggefallen)

-

§ 106b Störung der Tätigkeit eines Gesetzgebungsorgans

(1)Wer gegen Anordnungen verstößt, die ein Gesetzgebungsorgan des Bundes oder eines Landes oder sein Präsident über die Sicherheit und Ordnung im Gebäude des Gesetzgebungsorgans oder auf dem dazugehörenden Grundstück allgemein oder im Einzelfall erläßt, und dadurch die Tätigkeit des Gesetzgebungsorgans hindert oder stört, wird mit Freiheitsstrafe bis zu einem Jahr oder mit Geldstrafe bestraft.

(2)Die Strafvorschrift des Absatzes 1 gilt bei Anordnungen eines Gesetzgebungsorgans des Bundes oder seines Präsidenten weder für die Mitglieder des Bundestages noch für die Mitglieder des Bundesrates und der Bundesregierung sowie ihre Beauftragten, bei Anordnungen eines Gesetzgebungsorgans eines Landes oder seines Präsidenten weder für die Mitglieder der Gesetzgebungsorgane dieses Landes noch für die Mitglieder der Landesregierung und ihre Beauftragten.

§ 107 Wahlbehinderung

(1)Wer mit Gewalt oder durch Drohung mit Gewalt eine Wahl oder die Feststellung ihres Ergebnisses verhindert oder stört, wird mit Freiheitsstrafe bis zu fünf Jahren oder mit Geldstrafe, in besonders schweren Fällen mit Freiheitsstrafe nicht unter einem Jahr bestraft.

(2)Der Versuch ist strafbar.

§ 107a Wahlfälschung

(1)Wer unbefugt wählt oder sonst ein unrichtiges Ergebnis einer Wahl herbeiführt oder das Ergebnis verfälscht, wird mit Freiheitsstrafe bis zu fünf Jahren oder mit Geldstrafe bestraft. Unbefugt wählt auch, wer im Rahmen zulässiger Assistenz entgegen der Wahlentscheidung des Wahlberechtigten oder ohne eine geäußerte Wahlentscheidung des Wahlberechtigten eine Stimme abgibt.

(2)Ebenso wird bestraft, wer das Ergebnis einer Wahl unrichtig verkündet oder verkünden läßt.

(3)Der Versuch ist strafbar.

§ 107b Fälschung von Wahlunterlagen

(1)Wer

1. seine Eintragung in die Wählerliste (Wahlkartei) durch falsche Angaben erwirkt,

2. einen anderen als Wähler einträgt, von dem er weiß, daß er keinen Anspruch auf Eintragung hat,

3. die Eintragung eines Wahlberechtigten als Wähler verhindert, obwohl er dessen Wahlberechtigung kennt,

4. sich als Bewerber für eine Wahl aufstellen läßt, obwohl er nicht wählbar ist, wird mit Freiheitsstrafe bis zu sechs Monaten oder mit Geldstrafe bis zu einhundertachtzig Tagessätzen bestraft, wenn die Tat nicht in anderen Vorschriften mit schwererer Strafe bedroht ist.

(2)Der Eintragung in die Wählerliste als Wähler entspricht die Ausstellung der Wahlunterlagen für die Urwahlen in der Sozialversicherung.

§ 107c Verletzung des Wahlgeheimnisses

Wer einer dem Schutz des Wahlgeheimnisses dienenden Vorschrift in der Absicht zuwiderhandelt, sich oder einem anderen Kenntnis davon zu verschaffen, wie jemand gewählt hat, wird mit Freiheitsstrafe bis zu zwei Jahren oder mit Geldstrafe bestraft.

§ 108 Wählernötigung

(1)Wer rechtswidrig mit Gewalt, durch Drohung mit einem empfindlichen Übel, durch Mißbrauch eines beruflichen oder wirtschaftlichen Abhängigkeitsverhältnisses oder durch sonstigen wirtschaftlichen Druck einen anderen nötigt oder hindert, zu wählen oder sein Wahlrecht in einem bestimmten Sinne auszuüben, wird mit Freiheitsstrafe bis zu fünf Jahren oder mit Geldstrafe, in besonders schweren Fällen mit Freiheitsstrafe von einem Jahr bis zu zehn Jahren bestraft.

(2)Der Versuch ist strafbar.

§ 108a Wählertäuschung

(1)Wer durch Täuschung bewirkt, daß jemand bei der Stimmabgabe über den Inhalt seiner Erklärung irrt oder gegen seinen Willen nicht oder ungültig wählt, wird mit Freiheitsstrafe bis zu zwei Jahren oder mit Geldstrafe bestraft.

(2)Der Versuch ist strafbar.

§ 108b Wählerbestechung

(1)Wer einem anderen dafür, daß er nicht oder in einem bestimmten Sinne wähle, Geschenke oder andere Vorteile anbietet, verspricht oder gewährt, wird mit Freiheitsstrafe bis zu fünf Jahren oder mit Geldstrafe bestraft.

(2)Ebenso wird bestraft, wer dafür, daß er nicht oder in einem bestimmten Sinne wähle, Geschenke oder andere Vorteile fordert, sich versprechen läßt oder annimmt.

§ 108c Nebenfolgen

Neben einer Freiheitsstrafe von mindestens sechs Monaten wegen einer Straftat nach den §§ 107, 107a, 108 und 108b kann das Gericht die Fähigkeit, Rechte aus öffentlichen Wahlen zu erlangen, und das Recht, in öffentlichen Angelegenheiten zu wählen oder zu stimmen, aberkennen (§ 45 Abs. 2 und 5).

§ 108d Geltungsbereich

Die §§ 107 bis 108c gelten für Wahlen zu den Volksvertretungen, für die Wahl der Abgeordneten des Europäischen Parlaments, für sonstige Wahlen und Abstimmungen des Volkes im Bund, in den Ländern, in kommunalen Gebietskörperschaften, für Wahlen und Abstimmungen in Teilgebieten eines Landes oder einer kommunalen Gebietskörperschaft sowie für Urwahlen in der Sozialversicherung. Einer Wahl oder Abstimmung steht das Unterschreiben eines Wahlvorschlags oder das Unterschreiben für ein Volksbegehren gleich.

§ 108e Bestechlichkeit und Bestechung von Mandatsträgern

(1)Wer als Mitglied einer Volksvertretung des Bundes oder der Länder einen ungerechtfertigten Vorteil für sich oder einen Dritten als Gegenleistung dafür fordert, sich versprechen lässt oder annimmt, dass er bei der Wahrnehmung seines Mandates eine Handlung im Auftrag oder auf Weisung vornehme oder unterlasse, wird mit Freiheitsstrafe von einem Jahr bis zu zehn Jahren, in minder schweren Fällen mit Freiheitsstrafe von sechs Monaten bis zu fünf Jahren bestraft.

(2)Ebenso wird bestraft, wer einem Mitglied einer Volksvertretung des Bundes oder der Länder einen ungerechtfertigten Vorteil für dieses Mitglied oder einen Dritten als Gegenleistung dafür anbietet, verspricht oder gewährt, dass es bei der Wahrnehmung seines Mandates eine Handlung im Auftrag oder auf Weisung vornehme oder unterlasse.

(3)Den in den Absätzen 1 und 2 genannten Mitgliedern gleich stehen Mitglieder

1. einer Volksvertretung einer kommunalen Gebietskörperschaft,

2. eines in unmittelbarer und allgemeiner Wahl gewählten Gremiums einer für ein Teilgebiet eines Landes oder einer kommunalen Gebietskörperschaft gebildeten Verwaltungseinheit,

3. der Bundesversammlung,

4. des Europäischen Parlaments,

5. einer parlamentarischen Versammlung einer internationalen Organisation und

6. eines Gesetzgebungsorgans eines ausländischen Staates.

(4)Ein ungerechtfertigter Vorteil liegt insbesondere nicht vor, wenn die Annahme des Vorteils im Einklang mit den für die Rechtsstellung des Mitglieds maßgeblichen Vorschriften steht. Keinen ungerechtfertigten Vorteil stellen dar

1. ein politisches Mandat oder eine politische Funktion sowie

2. eine nach dem Parteiengesetz oder entsprechenden Gesetzen zulässige Spende.

(5)Neben einer Freiheitsstrafe von mindestens sechs Monaten kann das Gericht die Fähigkeit, Rechte aus öffentlichen Wahlen zu erlangen, und das Recht, in öffentlichen Angelegenheiten zu wählen oder zu stimmen, aberkennen.

Fünfter Abschnitt
Straftaten gegen die Landesverteidigung

§ 109 Wehrpflichtentziehung durch Verstümmelung

(1)Wer sich oder einen anderen mit dessen Einwilligung durch Verstümmelung oder auf andere Weise zur Erfüllung der Wehrpflicht untauglich macht oder machen läßt, wird mit Freiheitsstrafe von drei Monaten bis zu fünf Jahren bestraft.

(2)Führt der Täter die Untauglichkeit nur für eine gewisse Zeit oder für eine einzelne Art der Verwendung herbei, so ist die Strafe Freiheitsstrafe bis zu fünf Jahren oder Geldstrafe.

(3)Der Versuch ist strafbar.

§ 109a Wehrpflichtentziehung durch Täuschung

(1)Wer sich oder einen anderen durch arglistige, auf Täuschung berechnete Machenschaften der Erfüllung der Wehrpflicht dauernd oder für eine gewisse Zeit, ganz oder für eine einzelne Art der Verwendung entzieht, wird mit Freiheitsstrafe bis zu fünf Jahren oder mit Geldstrafe bestraft.

(2)Der Versuch ist strafbar.

§§ 109b und 109c (weggefallen)

§ 109d Störpropaganda gegen die Bundeswehr

(1)Wer unwahre oder gröblich entstellte Behauptungen tatsächlicher Art, deren Verbreitung geeignet ist, die Tätigkeit der Bundeswehr zu stören, wider besseres Wissen zum Zwecke der Verbreitung aufstellt oder solche Behauptungen in Kenntnis ihrer Unwahrheit verbreitet, um die Bundeswehr in der Erfüllung ihrer Aufgabe der Landesverteidigung zu behindern, wird mit Freiheitsstrafe bis zu fünf Jahren oder mit Geldstrafe bestraft.

(2)Der Versuch ist strafbar.

§ 109e Sabotagehandlungen an Verteidigungsmitteln

(1)Wer ein Wehrmittel oder eine Einrichtung oder Anlage, die ganz oder vorwiegend der Landesverteidigung oder dem Schutz der Zivilbevölkerung gegen Kriegsgefahren dient, unbefugt zerstört, beschädigt, verändert, unbrauchbar macht oder beseitigt und dadurch die Sicherheit der Bundesrepublik Deutschland, die Schlagkraft der Truppe oder Menschenleben gefährdet, wird mit Freiheitsstrafe von drei Monaten bis zu fünf Jahren bestraft.

(2)Ebenso wird bestraft, wer wissentlich einen solchen Gegenstand oder den dafür bestimmten Werkstoff fehlerhaft herstellt oder liefert und dadurch wissentlich die in Absatz 1 bezeichnete Gefahr herbeiführt.

(3)Der Versuch ist strafbar.

(4)In besonders schweren Fällen ist die Strafe Freiheitsstrafe von einem Jahr bis zu zehn Jahren.

(5)Wer die Gefahr in den Fällen des Absatzes 1 fahrlässig, in den Fällen des Absatzes 2 nicht wissentlich, aber vorsätzlich oder fahrlässig herbeiführt, wird mit Freiheitsstrafe bis zu fünf Jahren oder mit Geldstrafe bestraft, wenn die Tat nicht in anderen Vorschriften mit schwererer Strafe bedroht ist.

§ 109f Sicherheitsgefährdender Nachrichtendienst

(1)Wer für eine Dienststelle, eine Partei oder eine andere Vereinigung außerhalb des räumlichen Geltungsbereichs dieses Gesetzes, für eine verbotene Vereinigung oder für einen ihrer Mittelsmänner

1. Nachrichten über Angelegenheiten der Landesverteidigung sammelt,

2. einen Nachrichtendienst betreibt, der Angelegenheiten der Landesverteidigung zum Gegenstand hat, oder

3. für eine dieser Tätigkeiten anwirbt oder sie unterstützt

und dadurch Bestrebungen dient, die gegen die Sicherheit der Bundesrepublik Deutschland oder die Schlagkraft der Truppe gerichtet sind, wird mit Freiheitsstrafe bis zu fünf Jahren oder mit Geldstrafe bestraft, wenn die Tat nicht in anderen Vorschriften mit schwererer Strafe bedroht ist. Ausgenommen ist eine zur Unterrichtung der Öffentlichkeit im Rahmen der üblichen Presse- oder Funkberichterstattung ausgeübte Tätigkeit.

(2)Der Versuch ist strafbar.

§ 109g Sicherheitsgefährdendes Abbilden

(1)Wer von einem Wehrmittel, einer militärischen Einrichtung oder Anlage oder einem militärischen Vorgang eine Abbildung oder Beschreibung anfertigt oder eine solche Abbildung oder Beschreibung an einen anderen gelangen läßt und dadurch wissentlich die Sicherheit der Bundesrepublik Deutschland oder die Schlagkraft der Truppe gefährdet, wird mit Freiheitsstrafe bis zu fünf Jahren oder mit Geldstrafe bestraft.

(2)Wer von einem Luftfahrzeug aus eine Lichtbildaufnahme von einem Gebiet oder Gegenstand im räumlichen Geltungsbereich dieses Gesetzes anfertigt oder eine solche Aufnahme oder eine danach hergestellte Abbildung an einen anderen gelangen läßt und dadurch wissentlich die Sicherheit der Bundesrepublik Deutschland oder die Schlagkraft der Truppe gefährdet, wird mit Freiheitsstrafe bis zu zwei Jahren oder mit Geldstrafe bestraft, wenn die Tat nicht in Absatz 1 mit Strafe bedroht ist.

(3)Der Versuch ist strafbar.

(4)Wer in den Fällen des Absatzes 1 die Abbildung oder Beschreibung an einen anderen gelangen läßt und dadurch die Gefahr nicht wissentlich, aber vorsätzlich oder leichtfertig herbeiführt, wird mit Freiheitsstrafe bis zu zwei Jahren oder mit Geldstrafe bestraft. Die Tat ist jedoch nicht strafbar, wenn der Täter mit Erlaubnis der zuständigen Dienststelle gehandelt hat.

§ 109h Anwerben für fremden Wehrdienst

(1)Wer zugunsten einer ausländischen Macht einen Deutschen zum Wehrdienst in einer militärischen oder militärähnlichen Einrichtung anwirbt oder ihren Werbern oder dem Wehrdienst einer solchen Einrichtung zuführt, wird mit Freiheitsstrafe von drei Monaten bis zu fünf Jahren bestraft.

(2)Der Versuch ist strafbar.

§ 109i Nebenfolgen

Neben einer Freiheitsstrafe von mindestens einem Jahr wegen einer Straftat nach den §§ 109e und 109f kann das Gericht die Fähigkeit, öffentliche Ämter zu bekleiden, die Fähigkeit, Rechte aus öffentlichen Wahlen zu erlangen, und das Recht, in öffentlichen Angelegenheiten zu wählen oder zu stimmen, aberkennen (§ 45 Abs. 2 und 5).

§ 109k Einziehung

Ist eine Straftat nach den §§ 109d bis 109g begangen worden, so können

1. Gegenstände, die durch die Tat hervorgebracht oder zu ihrer Begehung oder Vorbereitung gebraucht worden oder bestimmt gewesen sind, und

2. Abbildungen, Beschreibungen und Aufnahmen, auf die sich eine Straftat nach § 109g bezieht,

eingezogen werden. § 74a ist anzuwenden. Gegenstände der in Satz 1 Nr. 2 bezeichneten Art werden auch ohne die Voraussetzungen des § 74 Absatz 3 Satz 1 und des § 74b eingezogen, wenn das Interesse der Landesverteidigung es erfordert; dies gilt auch dann, wenn der Täter ohne Schuld gehandelt hat.

Sechster Abschnitt
Widerstand gegen die Staatsgewalt

§ 110 (weggefallen)

-

§ 111 Öffentliche Aufforderung zu Straftaten

(1)Wer öffentlich, in einer Versammlung oder durch Verbreiten eines Inhalts (§ 11 Absatz 3) zu einer rechtswidrigen Tat auffordert, wird wie ein Anstifter (§ 26) bestraft.

(2)Bleibt die Aufforderung ohne Erfolg, so ist die Strafe Freiheitsstrafe bis zu fünf Jahren oder Geldstrafe. Die Strafe darf nicht schwerer sein als die, die für den Fall angedroht ist, daß die Aufforderung Erfolg hat (Absatz 1); § 49 Abs. 1 Nr. 2 ist anzuwenden.

§ 112 (weggefallen)

-

§ 113 Widerstand gegen Vollstreckungsbeamte

(1)Wer einem Amtsträger oder Soldaten der Bundeswehr, der zur Vollstreckung von Gesetzen, Rechtsverordnungen, Urteilen, Gerichtsbeschlüssen oder Verfügungen berufen ist, bei der Vornahme einer solchen Diensthandlung mit Gewalt oder durch Drohung mit Gewalt Widerstand leistet, wird mit Freiheitsstrafe bis zu drei Jahren oder mit Geldstrafe bestraft.

(2)In besonders schweren Fällen ist die Strafe Freiheitsstrafe von sechs Monaten bis zu fünf Jahren. Ein besonders schwerer Fall liegt in der Regel vor, wenn

1. der Täter oder ein anderer Beteiligter eine Waffe oder ein anderes gefährliches Werkzeug bei sich führt,

2. der Täter durch eine Gewalttätigkeit den Angegriffenen in die Gefahr des Todes oder einer schweren Gesundheitsschädigung bringt oder

3. die Tat mit einem anderen Beteiligten gemeinschaftlich begangen wird.

(3)Die Tat ist nicht nach dieser Vorschrift strafbar, wenn die Diensthandlung nicht rechtmäßig ist. Dies gilt auch dann, wenn der Täter irrig annimmt, die Diensthandlung sei rechtmäßig.

(4)Nimmt der Täter bei Begehung der Tat irrig an, die Diensthandlung sei nicht rechtmäßig, und konnte er den Irrtum vermeiden, so kann das Gericht die Strafe nach seinem Ermessen mildern (§ 49 Abs. 2) oder bei geringer Schuld von einer Bestrafung nach dieser Vorschrift absehen. Konnte der Täter den Irrtum nicht vermeiden
und war ihm nach den ihm bekannten Umständen auch nicht zuzumuten, sich mit Rechtsbehelfen gegen die vermeintlich rechtswidrige Diensthandlung zu wehren, so ist die Tat nicht nach dieser Vorschrift strafbar; war ihm dies zuzumuten, so kann das Gericht die Strafe nach seinem Ermessen mildern (§ 49 Abs. 2) oder von einer Bestrafung nach dieser Vorschrift absehen.

§ 114 Tätlicher Angriff auf Vollstreckungsbeamte

(1)Wer einen Amtsträger oder Soldaten der Bundeswehr, der zur Vollstreckung von Gesetzen, Rechtsverordnungen, Urteilen, Gerichtsbeschlüssen oder Verfügungen berufen ist, bei einer Diensthandlung tätlich angreift, wird mit Freiheitsstrafe von drei Monaten bis zu fünf Jahren bestraft.

(2)§ 113 Absatz 2 gilt entsprechend.

(3)§ 113 Absatz 3 und 4 gilt entsprechend, wenn die Diensthandlung eine Vollstreckungshandlung im Sinne des

§ 113 Absatz 1 ist.

§ 115 Widerstand gegen oder tätlicher Angriff auf Personen, die Vollstreckungsbeamten gleichstehen

(1)Zum Schutz von Personen, die die Rechte und Pflichten eines Polizeibeamten haben oder Ermittlungspersonen der Staatsanwaltschaft sind, ohne Amtsträger zu sein, gelten die §§ 113 und 114 entsprechend.

(2)Zum Schutz von Personen, die zur Unterstützung bei der Diensthandlung hinzugezogen sind, gelten die §§ 113 und 114 entsprechend.

(3)Nach § 113 wird auch bestraft, wer bei Unglücksfällen, gemeiner Gefahr oder Not Hilfeleistende der Feuerwehr, des Katastrophenschutzes, eines Rettungsdienstes, eines ärztlichen Notdienstes oder einer Notaufnahme durch Gewalt oder durch Drohung mit Gewalt behindert. Nach § 114 wird bestraft, wer die Hilfeleistenden in diesen Situationen tätlich angreift.

§§ 116 bis 119 (weggefallen)

§ 120 Gefangenenbefreiung

(1)Wer einen Gefangenen befreit, ihn zum Entweichen verleitet oder dabei fördert, wird mit Freiheitsstrafe bis zu drei Jahren oder mit Geldstrafe bestraft.

(2)Ist der Täter als Amtsträger oder als für den öffentlichen Dienst besonders Verpflichteter gehalten, das Entweichen des Gefangenen zu verhindern, so ist die Strafe Freiheitsstrafe bis zu fünf Jahren oder Geldstrafe.

(3)Der Versuch ist strafbar.

(4)Einem Gefangenen im Sinne der Absätze 1 und 2 steht gleich, wer sonst auf behördliche Anordnung in einer Anstalt verwahrt wird.

§ 121 Gefangenenmeuterei

(1)Gefangene, die sich zusammenrotten und mit vereinten Kräften

1. einen Anstaltsbeamten, einen anderen Amtsträger oder einen mit ihrer Beaufsichtigung, Betreuung oder Untersuchung Beauftragten nötigen (§ 240) oder tätlich angreifen,
2. gewaltsam ausbrechen oder
3. gewaltsam einem von ihnen oder einem anderen Gefangenen zum Ausbruch

verhelfen, werden mit Freiheitsstrafe von drei Monaten bis zu fünf Jahren bestraft.

(2)Der Versuch ist strafbar.

(3)In besonders schweren Fällen wird die Meuterei mit Freiheitsstrafe von sechs Monaten bis zu zehn Jahren bestraft. Ein besonders schwerer Fall liegt in der Regel vor, wenn der Täter oder ein anderer Beteiligter

1. eine Schußwaffe bei sich führt,
2. eine andere Waffe oder ein anderes gefährliches Werkzeug bei sich führt, um diese oder dieses bei der Tat zu verwenden, oder
3. durch eine Gewalttätigkeit einen anderen in die Gefahr des Todes oder einer schweren Gesundheitsschädigung bringt.

(4)Gefangener im Sinne der Absätze 1 bis 3 ist auch, wer in der Sicherungsverwahrung untergebracht ist.

§ 122 (weggefallen)

-

Siebenter Abschnitt
Straftaten gegen die öffentliche Ordnung

§ 123 Hausfriedensbruch

(1)Wer in die Wohnung, in die Geschäftsräume oder in das befriedete Besitztum eines anderen oder in abgeschlossene Räume, welche zum öffentlichen Dienst oder Verkehr bestimmt sind, widerrechtlich eindringt, oder wer, wenn er ohne Befugnis darin verweilt, auf die Aufforderung des Berechtigten sich nicht entfernt, wird mit Freiheitsstrafe bis zu einem Jahr oder mit Geldstrafe bestraft.

(2)Die Tat wird nur auf Antrag verfolgt.

§ 124 Schwerer Hausfriedensbruch

Wenn sich eine Menschenmenge öffentlich zusammenrottet und in der Absicht, Gewalttätigkeiten gegen Personen oder Sachen mit vereinten Kräften zu begehen, in die Wohnung, in die Geschäftsräume oder in das befriedete Besitztum eines anderen oder in abgeschlossene Räume, welche zum öffentlichen Dienst bestimmt sind, widerrechtlich eindringt, so wird jeder, welcher an diesen Handlungen teilnimmt, mit Freiheitsstrafe bis zu zwei Jahren oder mit Geldstrafe bestraft.

§ 125 Landfriedensbruch

(1)Wer sich an

1. Gewalttätigkeiten gegen Menschen oder Sachen oder

2. Bedrohungen von Menschen mit einer Gewalttätigkeit,

die aus einer Menschenmenge in einer die öffentliche Sicherheit gefährdenden Weise mit vereinten Kräften begangen werden, als Täter oder Teilnehmer beteiligt oder wer auf die Menschenmenge einwirkt, um ihre Bereitschaft zu solchen Handlungen zu fördern, wird mit Freiheitsstrafe bis zu drei Jahren oder mit Geldstrafe bestraft.

(2)Soweit die in Absatz 1 Nr. 1, 2 bezeichneten Handlungen in § 113 mit Strafe bedroht sind, gilt § 113 Abs. 3, 4 sinngemäß. Dies gilt auch in Fällen des § 114, wenn die Diensthandlung eine Vollstreckungshandlung im Sinne des § 113 Absatz 1 ist.

§ 125a Besonders schwerer Fall des Landfriedensbruchs

In besonders schweren Fällen des § 125 Abs. 1 ist die Strafe Freiheitsstrafe von sechs Monaten bis zu zehn Jahren. Ein besonders schwerer Fall liegt in der Regel vor, wenn der Täter

1. eine Schußwaffe bei sich führt,

2. eine andere Waffe oder ein anderes gefährliches Werkzeug bei sich führt,

3. durch eine Gewalttätigkeit einen anderen in die Gefahr des Todes oder einer schweren Gesundheitsschädigung bringt oder

4. plündert oder bedeutenden Schaden an fremden Sachen anrichtet.

§ 126 Störung des öffentlichen Friedens durch Androhung von Straftaten

(1)Wer in einer Weise, die geeignet ist, den öffentlichen Frieden zu stören,

1. einen der in § 125a Satz 2 Nr. 1 bis 4 bezeichneten Fälle des Landfriedensbruchs,

2. eine Straftat gegen die sexuelle Selbstbestimmung in den Fällen des § 177 Absatz 4 bis 8 oder des § 178,

3. einen Mord (§ 211), Totschlag (§ 212) oder Völkermord (§ 6 des Völkerstrafgesetzbuches) oder ein Verbrechen gegen die Menschlichkeit (§ 7 des Völkerstrafgesetzbuches) oder ein Kriegsverbrechen (§§ 8, 9, 10, 11 oder 12 des Völkerstrafgesetzbuches),

4. eine gefährliche Körperverletzung (§ 224) oder eine schwere Körperverletzung (§ 226),

5. eine Straftat gegen die persönliche Freiheit in den Fällen des § 232 Absatz 3 Satz 2, des § 232a Absatz 3, 4 oder 5, des § 232b Absatz 3 oder 4, des § 233a Absatz 3 oder 4, jeweils

soweit es sich um Verbrechen handelt, der §§ 234, 234a, 239a oder 239b,

6. einen Raub oder eine räuberische Erpressung (§§ 249 bis 251 oder 255),

7. ein gemeingefährliches Verbrechen in den Fällen der §§ 306 bis 306c oder 307 Abs. 1 bis 3, des § 308 Abs. 1 bis 3, des § 309 Abs. 1 bis 4, der §§ 313, 314 oder 315 Abs. 3, des § 315b Abs. 3, des § 316a Abs. 1 oder 3, des § 316c Abs. 1 oder 3 oder des § 318 Abs. 3 oder 4 oder

8. ein gemeingefährliches Vergehen in den Fällen des § 309 Abs. 6, des § 311 Abs. 1, des § 316b Abs. 1, des § 317 Abs. 1 oder des § 318 Abs. 1

androht, wird mit Freiheitsstrafe bis zu drei Jahren oder mit Geldstrafe bestraft.

(2)Ebenso wird bestraft, wer in einer Weise, die geeignet ist, den öffentlichen Frieden zu stören, wider besseres Wissen vortäuscht, die Verwirklichung einer der in Absatz 1 genannten rechtswidrigen Taten stehe bevor.

§ 126a Gefährdendes Verbreiten personenbezogener Daten

(1)Wer öffentlich, in einer Versammlung oder durch Verbreiten eines Inhalts (§ 11 Absatz 3) personenbezogene Daten einer anderen Person in einer Art und Weise verbreitet, die geeignet und nach den Umständen bestimmt ist, diese Person oder eine ihr nahestehende Person der Gefahr

1. eines gegen sie gerichteten Verbrechens oder

2. einer gegen sie gerichteten sonstigen rechtswidrigen Tat gegen die sexuelle Selbstbestimmung, die körperliche Unversehrtheit, die persönliche Freiheit oder gegen eine Sache von bedeutendem Wert

auszusetzen, wird mit Freiheitsstrafe bis zu zwei Jahren oder mit Geldstrafe bestraft.

(2)Handelt es sich um nicht allgemein zugängliche Daten, so ist die Strafe Freiheitsstrafe bis zu drei Jahren oder Geldstrafe.

(3)§ 86 Absatz 4 gilt entsprechend.

§ 127 Betreiben krimineller Handelsplattformen im Internet

(1)Wer eine Handelsplattform im Internet betreibt, deren Zweck darauf ausgerichtet ist, die Begehung von rechtswidrigen Taten zu erm̈oglichen oder zu f̈ordern, wird mit Freiheitsstrafe bis zu fünf Jahren oder mit Geldstrafe bestraft, wenn die Tat nicht in anderen Vorschriften mit schwererer Strafe bedroht ist. Rechtswidrige Taten im Sinne des Satzes 1 sind

1. Verbrechen,

2. Vergehen nach

    a) den §§ 86, 86a, 91, 130, 147 und 148 Absatz 1 Nummer 3, den §§ 149, 152a und 176a Absatz 2, § 176b Absatz 2, § 180 Absatz 2, § 184b Absatz 1 Satz 2, § 184c Absatz 1, § 184l Absatz 1 und 3, den
        §§ 202a, 202b, 202c, 202d, 232 und 232a Absatz 1, 2, 5 und 6, nach § 232b Absatz 1, 2 und 4 in
        Verbindung mit § 232a Absatz 5, nach den §§ 233, 233a, 236, 259 und 260, nach § 261 Absatz 1 und
        2 unter den in § 261 Absatz 5 Satz 2 genannten Voraussetzungen sowie nach den §§ 263, 263a, 267,
        269, 275, 276, 303a und 303b,

    b) § 4 Absatz 1 bis 3 des Anti-Doping-Gesetzes,

    c) § 29 Absatz 1 Satz 1 Nummer 1, auch in Verbindung mit Absatz 6, sowie Absatz 2 und 3 des Beẗaubungsmittelgesetzes,

    d) § 19 Absatz 1 bis 3 des Grundstoff̈uberwachungsgesetzes,

    e) § 4 Absatz 1 und 2 des Neue-psychoaktive-Stoffe-Gesetzes,

    f) § 95 Absatz 1 bis 3 des Arzneimittelgesetzes,

    g) § 52 Absatz 1 Nummer 1 und 2 Buchstabe b und c, Absatz 2 und 3 Nummer 1 und 7 sowie Absatz 5 und 6 des Waffengesetzes,

h)   § 40 Absatz 1 bis 3 des Sprengstoffgesetzes,

i)   § 13 des Ausgangsstoffgesetzes,

j)   § 83 Absatz 1 Nummer 4 und 5 sowie Absatz 4 des Kulturgutschutzgesetzes,

k)   den §§ 143, 143a und 144 des Markengesetzes sowie

l)   den §§ 51 und 65 des Designgesetzes.

(2)Handelsplattform im Internet im Sinne dieser Vorschrift ist jede virtuelle Infrastruktur im frei zugänglichen wie im durch technische Vorkehrungen zugangsbeschränkten Bereich des Internets, die Gelegenheit bietet, Menschen, Waren, Dienstleistungen oder Inhalte (§ 11 Absatz 3) anzubieten oder auszutauschen.

(3)Mit Freiheitsstrafe von sechs Monaten bis zu zehn Jahren wird bestraft, wer im Fall des Absatzes 1 gewerbsmäßig oder als Mitglied einer Bande handelt, die sich zur fortgesetzten Begehung solcher Taten verbunden hat.

(4)Mit Freiheitsstrafe von einem Jahr bis zu zehn Jahren wird bestraft, wer bei der Begehung einer Tat nach Absatz 1 beabsichtigt oder weiß, dass die Handelsplattform im Internet den Zweck hat, Verbrechen zu ermöglichen oder zu fördern.

§ 128 Bildung bewaffneter Gruppen

Wer unbefugt eine Gruppe, die über Waffen oder andere gefährliche Werkzeuge verfügt, bildet oder befehligt oder wer sich einer solchen Gruppe anschließt, sie mit Waffen oder Geld versorgt oder sonst unterstützt, wird mit Freiheitsstrafe bis zu zwei Jahren oder mit Geldstrafe bestraft.

§ 129 Bildung krimineller Vereinigungen

(1)Mit Freiheitsstrafe bis zu fünf Jahren oder mit Geldstrafe wird bestraft, wer eine Vereinigung gründet oder sich an einer Vereinigung als Mitglied beteiligt, deren Zweck oder Tätigkeit auf die Begehung von Straftaten gerichtet ist, die im Höchstmaß mit Freiheitsstrafe von mindestens zwei Jahren bedroht sind. Mit Freiheitsstrafe bis zu drei Jahren oder mit Geldstrafe wird bestraft, wer eine solche Vereinigung unterstützt oder für sie um Mitglieder oder Unterstützer wirbt.

(2)Eine Vereinigung ist ein auf längere Dauer angelegter, von einer Festlegung von Rollen der Mitglieder, der Kontinuität der Mitgliedschaft und der Ausprägung der Struktur unabhängiger organisierter Zusammenschluss von mehr als zwei Personen zur Verfolgung eines übergeordneten gemeinsamen Interesses.

(3)Absatz 1 ist nicht anzuwenden,

1.   wenn die Vereinigung eine politische Partei ist, die das Bundesverfassungsgericht nicht für verfassungswidrig erklärt hat,

2.   wenn die Begehung von Straftaten nur ein Zweck oder eine Tätigkeit von untergeordneter Bedeutung ist oder

3.   soweit die Zwecke oder die Tätigkeit der Vereinigung Straftaten nach den §§ 84 bis 87 betreffen.

(4)Der Versuch, eine in Absatz 1 Satz 1 und Absatz 2 bezeichnete Vereinigung zu gründen, ist strafbar.

(5)In besonders schweren Fällen des Absatzes 1 Satz 1 ist auf Freiheitsstrafe von sechs Monaten bis zu fünf Jahren zu erkennen. Ein besonders schwerer Fall liegt in der Regel vor, wenn der Täter zu den Rädelsführern oder Hintermännern der Vereinigung gehört. In den Fällen des Absatzes 1 Satz 1 ist auf Freiheitsstrafe von sechs Monaten bis zu zehn Jahren zu erkennen, wenn der Zweck oder die Tätigkeit der Vereinigung darauf gerichtet ist, in § 100b Absatz 2 Nummer 1 Buchstabe a, b, d bis f und h bis o, Nummer 2 bis 8 und 10 der Strafprozessordnung genannte Straftaten mit Ausnahme der in § 100b Absatz 2 Nummer 1 Buchstabe h der Strafprozessordnung genannten Straftaten nach den §§ 239a und 239b des Strafgesetzbuches zu begehen.

(6)Das Gericht kann bei Beteiligten, deren Schuld gering und deren Mitwirkung von untergeordneter

Bedeutung ist, von einer Bestrafung nach den Absätzen 1 und 4 absehen.

(7)Das Gericht kann die Strafe nach seinem Ermessen mildern (§ 49 Abs. 2) oder von einer Bestrafung nach diesen Vorschriften absehen, wenn der Täter

1. sich freiwillig und ernsthaft bemüht, das Fortbestehen der Vereinigung oder die Begehung einer ihren Zielen entsprechenden Straftat zu verhindern, oder

2. freiwillig sein Wissen so rechtzeitig einer Dienststelle offenbart, daß Straftaten, deren Planung er kennt, noch verhindert werden können;

erreicht der Täter sein Ziel, das Fortbestehen der Vereinigung zu verhindern, oder wird es ohne sein Bemühen erreicht, so wird er nicht bestraft.

§ 129a Bildung terroristischer Vereinigungen

(1)Wer eine Vereinigung (§ 129 Absatz 2) gründet, deren Zwecke oder deren Tätigkeit darauf gerichtet sind,

1. Mord (§ 211) oder Totschlag (§ 212) oder Völkermord (§ 6 des Völkerstrafgesetzbuches) oder Verbrechen gegen die Menschlichkeit (§ 7 des Völkerstrafgesetzbuches) oder Kriegsverbrechen (§§ 8, 9, 10, 11 oder § 12 des Völkerstrafgesetzbuches) oder

2. Straftaten gegen die persönliche Freiheit in den Fällen des § 239a oder des § 239b

3. (weggefallen)

zu begehen, oder wer sich an einer solchen Vereinigung als Mitglied beteiligt, wird mit Freiheitsstrafe von einem Jahr bis zu zehn Jahren bestraft.

(2)Ebenso wird bestraft, wer eine Vereinigung gründet, deren Zwecke oder deren Tätigkeit darauf gerichtet sind,

1. einem anderen Menschen schwere körperliche oder seelische Schäden, insbesondere der in § 226 bezeichneten Art, zuzufügen,

2. Straftaten nach den §§ 303b, 305, 305a oder gemeingefährliche Straftaten in den Fällen der §§ 306 bis 306c oder 307 Abs. 1 bis 3, des § 308 Abs. 1 bis 4, des § 309 Abs. 1 bis 5, der §§ 313, 314 oder 315 Abs. 1, 3 oder 4, des § 316b Abs. 1 oder 3 oder des § 316c Abs. 1 bis 3 oder des § 317 Abs. 1,

3. Straftaten gegen die Umwelt in den Fällen des § 330a Abs. 1 bis 3,

4. Straftaten nach § 19 Abs. 1 bis 3, § 20 Abs. 1 oder 2, § 20a Abs. 1 bis 3, § 19 Abs. 2 Nr. 2 oder Abs. 3 Nr. 2,
    § 20 Abs. 1 oder 2 oder § 20a Abs. 1 bis 3, jeweils auch in Verbindung mit § 21, oder nach § 22a Abs. 1 bis 3 des Gesetzes über die Kontrolle von Kriegswaffen oder

5. Straftaten nach § 51 Abs. 1 bis 3 des Waffengesetzes

zu begehen, oder wer sich an einer solchen Vereinigung als Mitglied beteiligt, wenn eine der in den Nummern 1 bis 5 bezeichneten Taten bestimmt ist, die Bevölkerung auf erhebliche Weise einzuschüchtern, eine Behörde oder eine internationale Organisation rechtswidrig mit Gewalt oder durch Drohung mit Gewalt zu nötigen oder
die politischen, verfassungsrechtlichen, wirtschaftlichen oder sozialen Grundstrukturen eines Staates oder einer internationalen Organisation zu beseitigen oder erheblich zu beeinträchtigen, und durch die Art ihrer Begehung oder ihre Auswirkungen einen Staat oder eine internationale Organisation erheblich schädigen kann.

(3)Sind die Zwecke oder die Tätigkeit der Vereinigung darauf gerichtet, eine der in Absatz 1 und 2 bezeichneten Straftaten anzudrohen, ist auf Freiheitsstrafe von sechs Monaten bis zu fünf Jahren zu erkennen.

(4)Gehört der Täter zu den Rädelsführern oder Hintermännern, so ist in den Fällen der Absätze 1 und 2 auf Freiheitsstrafe nicht unter drei Jahren, in den Fällen des Absatzes 3 auf Freiheitsstrafe von einem Jahr bis zu zehn Jahren zu erkennen.

(5)Wer eine in Absatz 1, 2 oder Absatz 3 bezeichnete Vereinigung unterstützt, wird in den Fällen der Absätze 1 und 2 mit Freiheitsstrafe von sechs Monaten bis zu zehn Jahren, in den Fällen des

Absatzes 3 mit Freiheitsstrafe bis zu fünf Jahren oder mit Geldstrafe bestraft. Wer für eine in Absatz 1 oder Absatz 2 bezeichnete Vereinigung um Mitglieder oder Unterstützer wirbt, wird mit Freiheitsstrafe von sechs Monaten bis zu fünf Jahren bestraft.

(6)Das Gericht kann bei Beteiligten, deren Schuld gering und deren Mitwirkung von untergeordneter Bedeutung ist, in den Fällen der Absätze 1, 2, 3 und 5 die Strafe nach seinem Ermessen (§ 49 Abs. 2) mildern.

(7)§ 129 Absatz 7 gilt entsprechend.

(8)Neben einer Freiheitsstrafe von mindestens sechs Monaten kann das Gericht die Fähigkeit, öffentliche Ämter zu bekleiden, und die Fähigkeit, Rechte aus öffentlichen Wahlen zu erlangen, aberkennen (§ 45 Abs. 2).

(9)In den Fällen der Absätze 1, 2, 4 und 5 kann das Gericht Führungsaufsicht anordnen (§ 68 Abs. 1)

§ 129b Kriminelle und terroristische Vereinigungen im Ausland; Einziehung

(1)Die §§ 129 und 129a gelten auch für Vereinigungen im Ausland. Bezieht sich die Tat auf eine Vereinigung außerhalb der Mitgliedstaaten der Europäischen Union, so gilt dies nur, wenn sie durch eine im räumlichen Geltungsbereich dieses Gesetzes ausgeübte Tätigkeit begangen wird oder wenn der Täter oder das Opfer Deutscher ist oder sich im Inland befindet. In den Fällen des Satzes 2 wird die Tat nur mit Ermächtigung des Bundesministeriums der Justiz und für Verbraucherschutz verfolgt. Die Ermächtigung kann für den Einzelfall oder allgemein auch für die Verfolgung künftiger Taten erteilt werden, die sich auf eine bestimmte Vereinigung beziehen. Bei der Entscheidung über die Ermächtigung zieht das Ministerium in Betracht, ob die Bestrebungen der Vereinigung gegen die Grundwerte einer die Würde des Menschen achtenden staatlichen Ordnung oder gegen das friedliche Zusammenleben der Völker gerichtet sind und bei Abwägung aller Umstände als verwerflich erscheinen.

(2)In den Fällen der §§ 129 und 129a, jeweils auch in Verbindung mit Absatz 1, ist § 74a anzuwenden

§ 130 Volksverhetzung

(1)Wer in einer Weise, die geeignet ist, den öffentlichen Frieden zu stören,

1. gegen eine nationale, rassische, religiöse oder durch ihre ethnische Herkunft bestimmte Gruppe, gegen Teile der Bevölkerung oder gegen einen Einzelnen wegen seiner Zugehörigkeit zu einer vorbezeichneten Gruppe oder zu einem Teil der Bevölkerung zum Hass aufstachelt, zu Gewalt- oder Willkürmaßnahmen auffordert oder

2. die Menschenwürde anderer dadurch angreift, dass er eine vorbezeichnete Gruppe, Teile der Bevölkerung oder einen Einzelnen wegen seiner Zugehörigkeit zu einer vorbezeichneten Gruppe oder zu einem Teil der Bevölkerung beschimpft, böswillig verächtlich macht oder verleumdet,

wird mit Freiheitsstrafe von drei Monaten bis zu fünf Jahren bestraft.

(2)Mit Freiheitsstrafe bis zu drei Jahren oder mit Geldstrafe wird bestraft, wer

1. einen Inhalt (§ 11 Absatz 3) verbreitet oder der Öffentlichkeit zugänglich macht oder einer Person unter achtzehn Jahren einen Inhalt (§ 11 Absatz 3) anbietet, überlässt oder zugänglich macht, der

    a) zum Hass gegen eine in Absatz 1 Nummer 1 bezeichnete Gruppe, gegen Teile der Bevölkerung oder gegen einen Einzelnen wegen seiner Zugehörigkeit zu einer in Absatz 1 Nummer 1 bezeichneten Gruppe oder zu einem Teil der Bevölkerung aufstachelt,

    b) zu Gewalt- oder Willkürmaßnahmen gegen in Buchstabe a genannte Personen oder Personenmehrheiten auffordert oder

    c) die Menschenwürde von in Buchstabe a genannten Personen oder Personenmehrheiten dadurch angreift, dass diese beschimpft, böswillig verächtlich gemacht oder verleumdet werden oder

2. einen in Nummer 1 Buchstabe a bis c bezeichneten Inhalt (§ 11 Absatz 3) herstellt, bezieht, liefert, vorrätig hält, anbietet, bewirbt oder es unternimmt, diesen ein- oder auszuführen, um

ihn im Sinne der Nummer 1 zu verwenden oder einer anderen Person eine solche Verwendung zu ermöglichen.

(3)Mit Freiheitsstrafe bis zu fünf Jahren oder mit Geldstrafe wird bestraft, wer eine unter der Herrschaft des Nationalsozialismus begangene Handlung der in § 6 Abs. 1 des Völkerstrafgesetzbuches bezeichneten Art in einer Weise, die geeignet ist, den öffentlichen Frieden zu stören, öffentlich oder in einer Versammlung billigt, leugnet oder verharmlost.

(4)Mit Freiheitsstrafe bis zu drei Jahren oder mit Geldstrafe wird bestraft, wer öffentlich oder in einer Versammlung den öffentlichen Frieden in einer die Würde der Opfer verletzenden Weise dadurch stört, dass er die nationalsozialistische Gewalt- und Willkürherrschaft billigt, verherrlicht oder rechtfertigt.

(5)Absatz 2 gilt auch für einen in den Absätzen 3 oder 4 bezeichneten Inhalt (§ 11 Absatz 3).

(6)In den Fällen des Absatzes 2 Nummer 1, auch in Verbindung mit Absatz 5, ist der Versuch strafbar.

(7)In den Fällen des Absatzes 2, auch in Verbindung mit den Absätzen 5 und 6, sowie in den Fällen der Absätze 3 und 4 gilt § 86 Absatz 4 entsprechend.

§ 130a Anleitung zu Straftaten

(1)Wer einen Inhalt (§ 11 Absatz 3), der geeignet ist, als Anleitung zu einer in § 126 Abs. 1 genannten rechtswidrigen Tat zu dienen, und dazu bestimmt ist, die Bereitschaft anderer zu fördern oder zu wecken, eine solche Tat zu begehen, verbreitet oder der Öffentlichkeit zugänglich macht, wird mit Freiheitsstrafe bis zu drei Jahren oder mit Geldstrafe bestraft.

(2)Ebenso wird bestraft, wer

1. einen Inhalt (§ 11 Absatz 3), der geeignet ist, als Anleitung zu einer in § 126 Abs. 1 genannten rechtswidrigen Tat zu dienen, verbreitet oder der Öffentlichkeit zugänglich macht oder

2. öffentlich oder in einer Versammlung zu einer in § 126 Abs. 1 genannten rechtswidrigen Tat eine Anleitung gibt,

um die Bereitschaft anderer zu fördern oder zu wecken, eine solche Tat zu begehen.

(3)§ 86 Absatz 4 gilt entsprechend.

§ 131 Gewaltdarstellung

(1)Mit Freiheitsstrafe bis zu einem Jahr oder mit Geldstrafe wird bestraft, wer

1. einen Inhalt (§ 11 Absatz 3), der grausame oder sonst unmenschliche Gewalttätigkeiten gegen Menschen oder menschenähnliche Wesen in einer Art schildert, die eine Verherrlichung oder Verharmlosung solcher Gewalttätigkeiten ausdrückt oder die das Grausame oder Unmenschliche des Vorgangs in einer die Menschenwürde verletzenden Weise darstellt,

   a) verbreitet oder der Öffentlichkeit zugänglich macht,

   b) einer Person unter achtzehn Jahren anbietet, überlässt oder zugänglich macht oder

2. einen in Nummer 1 bezeichneten Inhalt (§ 11 Absatz 3) herstellt, bezieht, liefert, vorrätig hält, anbietet, bewirbt oder es unternimmt, diesen ein- oder auszuführen, um ihn im Sinne der Nummer 1 zu verwenden oder einer anderen Person eine solche Verwendung zu ermöglichen.

In den Fällen des Satzes 1 Nummer 1 ist der Versuch strafbar.

(2)Absatz 1 gilt nicht, wenn die Handlung der Berichterstattung über Vorgänge des Zeitgeschehens oder der Geschichte dient.

(3)Absatz 1 Satz 1 Nummer 1 Buchstabe b ist nicht anzuwenden, wenn der zur Sorge für die Person Berechtigte handelt; dies gilt nicht, wenn der Sorgeberechtigte durch das Anbieten, Überlassen oder Zugänglichmachen seine Erziehungspflicht gröblich verletzt.

§ 132 Amtsanmaßung

Wer unbefugt sich mit der Ausübung eines öffentlichen Amtes befaßt oder eine Handlung vornimmt, welche nur kraft eines öffentlichen Amtes vorgenommen werden darf, wird mit Freiheitsstrafe bis zu zwei Jahren oder mit Geldstrafe bestraft.

§ 132a Mißbrauch von Titeln, Berufsbezeichnungen und Abzeichen

(1)Wer unbefugt

1. inländische oder ausländische Amts- oder Dienstbezeichnungen, akademische Grade, Titel oder öffentliche Würden führt,

2. die Berufsbezeichnung Arzt, Zahnarzt, Psychologischer Psychotherapeut, Kinder- und Jugendlichenpsychotherapeut, Psychotherapeut, Tierarzt, Apotheker, Rechtsanwalt, Patentanwalt, Wirtschaftsprüfer, vereidigter Buchprüfer, Steuerberater oder Steuerbevollmächtigter führt,

3. die Bezeichnung öffentlich bestellter Sachverständiger führt oder

4. inländische oder ausländische Uniformen, Amtskleidungen oder

Amtsabzeichen trägt, wird mit Freiheitsstrafe bis zu einem Jahr oder mit

Geldstrafe bestraft.

(2)Den in Absatz 1 genannten Bezeichnungen, akademischen Graden, Titeln, Würden, Uniformen, Amtskleidungen oder Amtsabzeichen stehen solche gleich, die ihnen zum Verwechseln ähnlich sind.

(3)Die Absätze 1 und 2 gelten auch für Amtsbezeichnungen, Titel, Würden, Amtskleidungen und Amtsabzeichen der Kirchen und anderen Religionsgesellschaften des öffentlichen Rechts.

(4)Gegenstände, auf die sich eine Straftat nach Absatz 1 Nr. 4, allein oder in Verbindung mit Absatz 2 oder 3, bezieht, können eingezogen werden.

§ 133 Verwahrungsbruch

(1)Wer Schriftstücke oder andere bewegliche Sachen, die sich in dienstlicher Verwahrung befinden oder ihm oder einem anderen dienstlich in Verwahrung gegeben worden sind, zerstört, beschädigt, unbrauchbar macht oder der dienstlichen Verfügung entzieht, wird mit Freiheitsstrafe bis zu zwei Jahren oder mit Geldstrafe bestraft.

(2)Dasselbe gilt für Schriftstücke oder andere bewegliche Sachen, die sich in amtlicher Verwahrung einer Kirche oder anderen Religionsgesellschaft des öffentlichen Rechts befinden oder von dieser dem Täter oder einem anderen amtlich in Verwahrung gegeben worden sind.

(3)Wer die Tat an einer Sache begeht, die ihm als Amtsträger oder für den öffentlichen Dienst besonders Verpflichteten anvertraut worden oder zugänglich geworden ist, wird mit Freiheitsstrafe bis zu fünf Jahren oder mit Geldstrafe bestraft.

§ 134 Verletzung amtlicher Bekanntmachungen

Wer wissentlich ein dienstliches Schriftstück, das zur Bekanntmachung öffentlich angeschlagen oder ausgelegt ist, zerstört, beseitigt, verunstaltet, unkenntlich macht oder in seinem Sinn entstellt, wird mit Freiheitsstrafe bis zu einem Jahr oder mit Geldstrafe bestraft.

§ 135 (weggefallen)

-

§ 136 Verstrickungsbruch; Siegelbruch

(1)Wer eine Sache, die gepfändet oder sonst dienstlich in Beschlag genommen ist, zerstört, beschädigt, unbrauchbar macht oder in anderer Weise ganz oder zum Teil der Verstrickung entzieht, wird mit Freiheitsstrafe bis zu einem Jahr oder mit Geldstrafe bestraft.

(2)Ebenso wird bestraft, wer ein dienstliches Siegel beschädigt, ablöst oder unkenntlich macht, das angelegt ist, um Sachen in Beschlag zu nehmen, dienstlich zu verschließen oder zu bezeichnen, oder wer den durch ein solches Siegel bewirkten Verschluß ganz oder zum Teil unwirksam macht.

(3)Die Tat ist nicht nach den Absätzen 1 und 2 strafbar, wenn die Pfändung, die Beschlagnahme oder die Anlegung des Siegels nicht durch eine rechtmäßige Diensthandlung vorgenommen ist. Dies gilt auch dann, wenn der Täter irrig annimmt, die Diensthandlung sei rechtmäßig.

(4)§ 113 Abs. 4 gilt sinngemäß.

§ 137 (weggefallen)

-

§ 138 Nichtanzeige geplanter Straftaten

(1)Wer von dem Vorhaben oder der Ausführung

1. (weggefallen)

2. eines Hochverrats in den Fällen der §§ 81 bis 83 Abs. 1,

3. eines Landesverrats oder einer Gefährdung der äußeren Sicherheit in den Fällen der §§ 94 bis 96, 97a oder 100,

4. einer Geld- oder Wertpapierfälschung in den Fällen der §§ 146, 151, 152 oder einer Fälschung von Zahlungskarten mit Garantiefunktion in den Fällen des § 152b Abs. 1 bis 3,

5. eines Mordes (§ 211) oder Totschlags (§ 212) oder eines Völkermordes (§ 6 des Völkerstrafgesetzbuches) oder eines Verbrechens gegen die Menschlichkeit (§ 7 des Völkerstrafgesetzbuches) oder eines Kriegsverbrechens (§§ 8, 9, 10, 11 oder 12 des Völkerstrafgesetzbuches) oder eines Verbrechens der Aggression (§ 13 des Völkerstrafgesetzbuches),

6. einer Straftat gegen die persönliche Freiheit in den Fällen des § 232 Absatz 3 Satz 2, des § 232a Absatz 3, 4 oder 5, des § 232b Absatz 3 oder 4, des § 233a Absatz 3 oder 4, jeweils soweit es sich um Verbrechen handelt, der §§ 234, 234a, 239a oder 239b,

7. eines Raubes oder einer räuberischen Erpressung (§§ 249 bis 251 oder 255) oder

8. einer gemeingefährlichen Straftat in den Fällen der §§ 306 bis 306c oder 307 Abs. 1 bis 3, des § 308 Abs. 1 bis 4, des § 309 Abs. 1 bis 5, der §§ 310, 313, 314 oder 315 Abs. 3, des § 315b Abs. 3 oder der §§ 316a oder 316c

zu einer Zeit, zu der die Ausführung oder der Erfolg noch abgewendet werden kann, glaubhaft erfährt und es unterläßt, der Behörde oder dem Bedrohten rechtzeitig Anzeige zu machen, wird mit Freiheitsstrafe bis zu fünf Jahren oder mit Geldstrafe bestraft.

(2)Ebenso wird bestraft, wer

1. von der Ausführung einer Straftat nach § 89a oder

2. von dem Vorhaben oder der Ausführung einer Straftat nach § 129a, auch in Verbindung mit § 129b Abs. 1 Satz 1 und 2,

zu einer Zeit, zu der die Ausführung noch abgewendet werden kann, glaubhaft erfährt und es unterlässt, der Behörde unverzüglich Anzeige zu erstatten. § 129b Abs. 1 Satz 3 bis 5 gilt im Fall der Nummer 2 entsprechend.

(3)Wer die Anzeige leichtfertig unterlässt, obwohl er von dem Vorhaben oder der Ausführung der rechtswidrigen Tat glaubhaft erfahren hat, wird mit Freiheitsstrafe bis zu einem Jahr oder mit Geldstrafe bestraft.

§ 139 Straflosigkeit der Nichtanzeige geplanter Straftaten

(1)Ist in den Fällen des § 138 die Tat nicht versucht worden, so kann von Strafe abgesehen werden.

(2)Ein Geistlicher ist nicht verpflichtet anzuzeigen, was ihm in seiner Eigenschaft als Seelsorger anvertraut worden ist.

(3)Wer eine Anzeige unterläßt, die er gegen einen Angehörigen erstatten müßte, ist straffrei, wenn er sich ernsthaft bemüht hat, ihn von der Tat abzuhalten oder den Erfolg abzuwenden, es sei denn, daß es sich um

1.   einen Mord oder Totschlag (§§ 211 oder 212),

2.   einen Völkermord in den Fällen des § 6 Abs. 1 Nr. 1 des Völkerstrafgesetzbuches oder ein Verbrechen gegen die Menschlichkeit in den Fällen des § 7 Abs. 1 Nr. 1 des Völkerstrafgesetzbuches oder ein Kriegsverbrechen in den Fällen des § 8 Abs. 1 Nr. 1 des Völkerstrafgesetzbuches oder

3.   einen erpresserischen Menschenraub (§ 239a Abs. 1), eine Geiselnahme (§ 239b Abs. 1) oder einen Angriff auf den Luft- und Seeverkehr (§ 316c Abs. 1) durch eine terroristische Vereinigung (§ 129a, auch in Verbindung mit § 129b Abs. 1)

handelt. Unter denselben Voraussetzungen ist ein Rechtsanwalt, Verteidiger, Arzt, Psychotherapeut, Psychologischer Psychotherapeut oder Kinder- und Jugendlichenpsychotherapeut nicht verpflichtet anzuzeigen, was ihm in dieser Eigenschaft anvertraut worden ist. Die berufsmäßigen Gehilfen der in Satz 2 genannten Personen und die Personen, die bei diesen zur Vorbereitung auf den Beruf tätig sind, sind nicht verpflichtet mitzuteilen, was ihnen in ihrer beruflichen Eigenschaft bekannt geworden ist.

(4)Straffrei ist, wer die Ausführung oder den Erfolg der Tat anders als durch Anzeige abwendet. Unterbleibt die Ausführung oder der Erfolg der Tat ohne Zutun des zur Anzeige Verpflichteten, so genügt zu seiner Straflosigkeit sein ernsthaftes Bemühen, den Erfolg abzuwenden.

§ 140 Belohnung und Billigung von Straftaten

Wer eine der in § 138 Absatz 1 Nummer 2 bis 4 und 5 letzte Alternative oder in § 126 Absatz 1 genannten rechtswidrigen Taten oder eine rechtswidrige Tat nach § 176 Absatz 1 oder nach den §§ 176c und 176d

1.   belohnt, nachdem sie begangen oder in strafbarer Weise versucht worden ist, oder

2.   in einer Weise, die geeignet ist, den öffentlichen Frieden zu stören, öffentlich, in einer Versammlung oder durch Verbreiten eines Inhalts (§ 11 Absatz 3) billigt,

wird mit Freiheitsstrafe bis zu drei Jahren oder mit Geldstrafe bestraft.

§ 141 (weggefallen)

-

§ 142 Unerlaubtes Entfernen vom Unfallort

(1)Ein Unfallbeteiligter, der sich nach einem Unfall im Straßenverkehr vom Unfallort entfernt, bevor er

1.   zugunsten der anderen Unfallbeteiligten und der Geschädigten die Feststellung seiner Person, seines Fahrzeugs und der Art seiner Beteiligung durch seine Anwesenheit und durch die Angabe, daß er an dem Unfall beteiligt ist, ermöglicht hat oder

2.   eine nach den Umständen angemessene Zeit gewartet hat, ohne daß jemand bereit war, die Feststellungen zu treffen,

wird mit Freiheitsstrafe bis zu drei Jahren oder mit Geldstrafe bestraft.

(2)Nach Absatz 1 wird auch ein Unfallbeteiligter bestraft, der sich

1.   nach Ablauf der Wartefrist (Absatz 1 Nr. 2) oder

2.   berechtigt oder entschuldigt

vom Unfallort entfernt hat und die Feststellungen nicht unverzüglich nachträglich ermöglicht.

(3)Der Verpflichtung, die Feststellungen nachträglich zu ermöglichen, genügt der Unfallbeteiligte,

wenn er den Berechtigten (Absatz 1 Nr. 1) oder einer nahe gelegenen Polizeidienststelle mitteilt, daß er an dem Unfall beteiligt gewesen ist, und wenn er seine Anschrift, seinen Aufenthalt sowie das Kennzeichen und den Standort
seines Fahrzeugs angibt und dieses zu unverzüglichen Feststellungen für eine ihm zumutbare Zeit zur Verfügung hält. Dies gilt nicht, wenn er durch sein Verhalten die Feststellungen absichtlich vereitelt.

(4)Das Gericht mildert in den Fällen der Absätze 1 und 2 die Strafe (§ 49 Abs. 1) oder kann von Strafe nach diesen Vorschriften absehen, wenn der Unfallbeteiligte innerhalb von vierundzwanzig Stunden nach einem Unfall außerhalb des fließenden Verkehrs, der ausschließlich nicht bedeutenden Sachschaden zur Folge hat, freiwillig die Feststellungen nachträglich ermöglicht (Absatz 3).

(5)Unfallbeteiligter ist jeder, dessen Verhalten nach den Umständen zur Verursachung des Unfalls beigetragen haben kann.

§ 143 (weggefallen)

-

§ 144 (weggefallen)

-

§ 145 Mißbrauch von Notrufen und Beeinträchtigung von Unfallverhütungs- und Nothilfemitteln

(1)Wer absichtlich oder wissentlich

1. Notrufe oder Notzeichen mißbraucht oder

2. vortäuscht, daß wegen eines Unglücksfalles oder wegen gemeiner Gefahr oder Not die Hilfe anderer erforderlich sei,

wird mit Freiheitsstrafe bis zu einem Jahr oder mit Geldstrafe bestraft.

(2)Wer absichtlich oder wissentlich

1. die zur Verhütung von Unglücksfällen oder gemeiner Gefahr dienenden Warn- oder Verbotszeichen beseitigt, unkenntlich macht oder in ihrem Sinn entstellt oder

2. die zur Verhütung von Unglücksfällen oder gemeiner Gefahr dienenden Schutzvorrichtungen oder die zur Hilfeleistung bei Unglücksfällen oder gemeiner Gefahr bestimmten Rettungsgeräte oder anderen Sachen beseitigt, verändert oder unbrauchbar macht,

wird mit Freiheitsstrafe bis zu zwei Jahren oder mit Geldstrafe bestraft, wenn die Tat nicht in § 303 oder § 304 mit Strafe bedroht ist.

§ 145a Verstoß gegen Weisungen während der Führungsaufsicht

Wer während der Führungsaufsicht gegen eine bestimmte Weisung der in § 68b Abs. 1 bezeichneten Art verstößt und dadurch den Zweck der Maßregel gefährdet, wird mit Freiheitsstrafe bis zu drei Jahren oder mit Geldstrafe bestraft. Die Tat wird nur auf Antrag der Aufsichtsstelle (§ 68a) verfolgt.

§ 145b (weggefallen)

-

§ 145c Verstoß gegen das Berufsverbot

Wer einen Beruf, einen Berufszweig, ein Gewerbe oder einen Gewerbezweig für sich oder einen anderen ausübt oder durch einen anderen für sich ausüben läßt, obwohl dies ihm oder dem anderen strafgerichtlich untersagt ist, wird mit Freiheitsstrafe bis zu einem Jahr oder mit Geldstrafe bestraft.

§ 145d Vortäuschen einer Straftat

(1)Wer wider besseres Wissen einer Behörde oder einer zur Entgegennahme von Anzeigen zuständigen Stelle vortäuscht,

1. daß eine rechtswidrige Tat begangen worden sei oder

2. daß die Verwirklichung einer der in § 126 Abs. 1 genannten rechtswidrigen Taten bevorstehe,

wird mit Freiheitsstrafe bis zu drei Jahren oder mit Geldstrafe bestraft, wenn die Tat nicht in § 164, § 258 oder § 258a mit Strafe bedroht ist.

(2)Ebenso wird bestraft, wer wider besseres Wissen eine der in Absatz 1 bezeichneten Stellen über den Beteiligten

1. an einer rechtswidrigen Tat oder

2. an einer bevorstehenden, in § 126 Abs. 1 genannten

rechtswidrigen Tat zu täuschen sucht.

(3)Mit Freiheitsstrafe von drei Monaten bis zu fünf Jahren wird bestraft, wer

1. eine Tat nach Absatz 1 Nr. 1 oder Absatz 2 Nr. 1 begeht oder

2. wider besseres Wissen einer der in Absatz 1 bezeichneten Stellen vortäuscht, dass die Verwirklichung einer der in § 46b Abs. 1 Satz 1 Nr. 2 dieses Gesetzes, in § 31 Satz 1 Nummer 2 des Betäubungsmittelgesetzes oder in § 4a Satz 1 Nummer 2 des Anti-Doping-Gesetzes genannten rechtswidrigen Taten bevorstehe, oder

3. wider besseres Wissen eine dieser Stellen über den Beteiligten an einer bevorstehenden Tat nach Nummer 2 zu täuschen sucht,

um eine Strafmilderung oder ein Absehen von Strafe nach § 46b dieses Gesetzes, § 31 des Betäubungsmittelgesetzes oder § 4a des Anti-Doping-Gesetzes zu erlangen.

(4)In minder schweren Fällen des Absatzes 3 ist die Strafe Freiheitsstrafe bis zu drei Jahren oder Geldstrafe.

Achter Abschnitt
Geld- und Wertzeichenfälschung

§ 146 Geldfälschung

(1)Mit Freiheitsstrafe nicht unter einem Jahr wird bestraft, wer

1. Geld in der Absicht nachmacht, daß es als echt in Verkehr gebracht oder daß ein solches Inverkehrbringen ermöglicht werde, oder Geld in dieser Absicht so verfälscht, daß der Anschein eines höheren Wertes hervorgerufen wird,

2. falsches Geld in dieser Absicht sich verschafft oder feilhält oder

3. falsches Geld, das er unter den Voraussetzungen der Nummern 1 oder 2 nachgemacht, verfälscht oder sich verschafft hat, als echt in Verkehr bringt.

(2)Handelt der Täter gewerbsmäßig oder als Mitglied einer Bande, die sich zur fortgesetzten Begehung einer Geldfälschung verbunden hat, so ist die Strafe Freiheitsstrafe nicht unter zwei Jahren.

(3)In minder schweren Fällen des Absatzes 1 ist auf Freiheitsstrafe von drei Monaten bis zu fünf Jahren, in minder schweren Fällen des Absatzes 2 auf Freiheitsstrafe von einem Jahr bis zu zehn Jahren zu erkennen.

§ 147 Inverkehrbringen von Falschgeld

(1)Wer, abgesehen von den Fällen des § 146, falsches Geld als echt in Verkehr bringt, wird mit Freiheitsstrafe bis zu fünf Jahren oder mit Geldstrafe bestraft.

(2)Der Versuch ist strafbar.

§ 148 Wertzeichenfälschung

(1)Mit Freiheitsstrafe bis zu fünf Jahren oder mit Geldstrafe wird bestraft, wer

1. amtliche Wertzeichen in der Absicht nachmacht, daß sie als echt verwendet oder in Verkehr gebracht werden oder daß ein solches Verwenden oder Inverkehrbringen ermöglicht werde, oder amtliche Wertzeichen in dieser Absicht so verfälscht, daß der Anschein eines höheren Wertes hervorgerufen wird,

2. falsche amtliche Wertzeichen in dieser Absicht sich verschafft oder

3. falsche amtliche Wertzeichen als echt verwendet, feilhält oder in Verkehr bringt.

(2) Wer bereits verwendete amtliche Wertzeichen, an denen das Entwertungszeichen beseitigt worden ist, als gültig verwendet oder in Verkehr bringt, wird mit Freiheitsstrafe bis zu einem Jahr oder mit Geldstrafe bestraft.

(3) Der Versuch ist strafbar.

§ 149 Vorbereitung der Fälschung von Geld und Wertzeichen

(1) Wer eine Fälschung von Geld oder Wertzeichen vorbereitet, indem er

1. Platten, Formen, Drucksätze, Druckstöcke, Negative, Matrizen, Computerprogramme oder ähnliche Vorrichtungen, die ihrer Art nach zur Begehung der Tat geeignet sind,

2. Papier, das einer solchen Papierart gleicht oder zum Verwechseln ähnlich ist, die zur Herstellung von Geld oder amtlichen Wertzeichen bestimmt und gegen Nachahmung besonders gesichert ist, oder

3. Hologramme oder andere Bestandteile, die der Sicherung gegen Fälschung dienen,

herstellt, sich oder einem anderen verschafft, feilhält, verwahrt oder einem anderen überläßt, wird, wenn er eine Geldfälschung vorbereitet, mit Freiheitsstrafe bis zu fünf Jahren oder mit Geldstrafe, sonst mit Freiheitsstrafe bis zu zwei Jahren oder mit Geldstrafe bestraft.

(2) Nach Absatz 1 wird nicht bestraft, wer freiwillig

1. die Ausführung der vorbereiteten Tat aufgibt und eine von ihm verursachte Gefahr, daß andere die Tat weiter vorbereiten oder sie ausführen, abwendet oder die Vollendung der Tat verhindert und

2. die Fälschungsmittel, soweit sie noch vorhanden und zur Fälschung brauchbar sind, vernichtet, unbrauchbar macht, ihr Vorhandensein einer Behörde anzeigt oder sie dort abliefert.

(3) Wird ohne Zutun des Täters die Gefahr, daß andere die Tat weiter vorbereiten oder sie ausführen, abgewendet oder die Vollendung der Tat verhindert, so genügt an Stelle der Voraussetzungen des Absatzes 2 Nr. 1 das freiwillige und ernsthafte Bemühen des Täters, dieses Ziel zu erreichen.

§ 150 Einziehung

Ist eine Straftat nach diesem Abschnitt begangen worden, so werden das falsche Geld, die falschen oder entwerteten Wertzeichen und die in § 149 bezeichneten Fälschungsmittel eingezogen.

§ 151 Wertpapiere

Dem Geld im Sinne der §§ 146, 147, 149 und 150 stehen folgende Wertpapiere gleich, wenn sie durch Druck und Papierart gegen Nachahmung besonders gesichert sind:

1. Inhaber- sowie solche Orderschuldverschreibungen, die Teile einer Gesamtemission sind, wenn in den Schuldverschreibungen die Zahlung einer bestimmten Geldsumme versprochen wird;

2. Aktien;

3. von Kapitalverwaltungsgesellschaften ausgegebene Anteilscheine;

4. Zins-, Gewinnanteil- und Erneuerungsscheine zu Wertpapieren der in den Nummern 1 bis 3 bezeichneten Art sowie Zertifikate über Lieferung solcher Wertpapiere;

5. Reiseschecks.

§ 152 Geld, Wertzeichen und Wertpapiere eines fremden Währungsgebiets

Die §§ 146 bis 151 sind auch auf Geld, Wertzeichen und Wertpapiere eines fremden Währungsgebiets anzuwenden.

§ 152a Fälschung von Zahlungskarten, Schecks, Wechseln und anderen körperlichen unbaren Zahlungsinstrumenten

(1)Wer zur Täuschung im Rechtsverkehr oder, um eine solche Täuschung zu ermöglichen,

1. inländische oder ausländische Zahlungskarten, Schecks, Wechsel oder andere körperliche unbare Zahlungsinstrumente nachmacht oder verfälscht oder

2. solche falschen Karten, Schecks, Wechsel oder anderen körperlichen unbaren Zahlungsinstrumente sich oder einem anderen verschafft, feilhält, einem anderen überlässt oder gebraucht,

wird mit Freiheitsstrafe bis zu fünf Jahren oder mit Geldstrafe bestraft.

(2)Der Versuch ist strafbar.

(3)Handelt der Täter gewerbsmäßig oder als Mitglied einer Bande, die sich zur fortgesetzten Begehung von Straftaten nach Absatz 1 verbunden hat, so ist die Strafe Freiheitsstrafe von sechs Monaten bis zu zehn Jahren.

(4)Zahlungskarten und andere körperliche unbare Zahlungsinstrumente im Sinne des Absatzes 1 sind nur solche, die durch Ausgestaltung oder Codierung besonders gegen Nachahmung gesichert sind.

(5)§ 149, soweit er sich auf die Fälschung von Wertzeichen bezieht, und § 150 gelten entsprechend.

Fußnote

(+++ § 152a Abs. 4: Zur Anwendung vgl. § 152c Abs. 2 Satz 2 +++)

§ 152b Fälschung von Zahlungskarten mit Garantiefunktion

(1)Wer eine der in § 152a Abs. 1 bezeichneten Handlungen in Bezug auf Zahlungskarten mit Garantiefunktion begeht, wird mit Freiheitsstrafe von einem Jahr bis zu zehn Jahren bestraft.

(2)Handelt der Täter gewerbsmäßig oder als Mitglied einer Bande, die sich zur fortgesetzten Begehung von Straftaten nach Absatz 1 verbunden hat, so ist die Strafe Freiheitsstrafe nicht unter zwei Jahren.

(3)In minder schweren Fällen des Absatzes 1 ist auf Freiheitsstrafe von drei Monaten bis zu fünf Jahren, in minder schweren Fällen des Absatzes 2 auf Freiheitsstrafe von einem Jahr bis zu zehn Jahren zu erkennen.

(4)Zahlungskarten mit Garantiefunktion im Sinne des Absatzes 1 sind Kreditkarten und sonstige Karten,

1. die es ermöglichen, den Aussteller im Zahlungsverkehr zu einer garantierten Zahlung zu veranlassen, und

2. durch Ausgestaltung oder Codierung besonders gegen Nachahmung gesichert sind.

(5)§ 149, soweit er sich auf die Fälschung von Geld bezieht, und § 150 gelten entsprechend.

§ 152c Vorbereitung des Diebstahls und der Unterschlagung von Zahlungskarten, Schecks, Wechseln und anderen körperlichen unbaren Zahlungsinstrumenten

(1)Wer eine Straftat nach § 242 oder § 246, die auf die Erlangung inländischer oder ausländischer Zahlungskarten, Schecks, Wechsel oder anderer körperlicher unbarer Zahlungsinstrumente gerichtet ist, vorbereitet, indem er

1. Computerprogramme oder Vorrichtungen, deren Zweck die Begehung einer solchen Tat ist, herstellt, sich oder einem anderen verschafft oder einem anderen überlässt oder

2. Passwörter oder sonstige Sicherungscodes, die zur Begehung einer solchen Tat geeignet sind, herstellt, sich oder einem anderen verschafft oder einem anderen überlässt,

wird mit Freiheitsstrafe bis zu zwei Jahren oder mit Geldstrafe bestraft.

(2)§ 149 Absatz 2 und 3 gilt entsprechend. § 152a Absatz 4 ist anwendbar.

Neunter Abschnitt
Falsche uneidliche Aussage und Meineid

§ 153 Falsche uneidliche Aussage

Wer vor Gericht oder vor einer anderen zur eidlichen Vernehmung von Zeugen oder Sachverständigen zuständigen Stelle als Zeuge oder Sachverständiger uneidlich falsch aussagt, wird mit Freiheitsstrafe von drei Monaten bis zu fünf Jahren bestraft.

§ 154 Meineid

(1)Wer vor Gericht oder vor einer anderen zur Abnahme von Eiden zuständigen Stelle falsch schwört, wird mit Freiheitsstrafe nicht unter einem Jahr bestraft.

(2)In minder schweren Fällen ist die Strafe Freiheitsstrafe von sechs Monaten bis zu fünf Jahren.

§ 155 Eidesgleiche Bekräftigungen

Dem Eid stehen gleich

1. die den Eid ersetzende Bekräftigung,

2. die Berufung auf einen früheren Eid oder auf eine frühere Bekräftigung.

§ 156 Falsche Versicherung an Eides Statt

Wer vor einer zur Abnahme einer Versicherung an Eides Statt zuständigen Behörde eine solche Versicherung falsch abgibt oder unter Berufung auf eine solche Versicherung falsch aussagt, wird mit Freiheitsstrafe bis zu drei Jahren oder mit Geldstrafe bestraft.

§ 157 Aussagenotstand

(1)Hat ein Zeuge oder Sachverständiger sich eines Meineids oder einer falschen uneidlichen Aussage schuldig gemacht, so kann das Gericht die Strafe nach seinem Ermessen mildern (§ 49 Abs. 2) und im Falle uneidlicher Aussage auch ganz von Strafe absehen, wenn der Täter die Unwahrheit gesagt hat, um von einem Angehörigen oder von sich selbst die Gefahr abzuwenden, bestraft oder einer freiheitsentziehenden Maßregel der Besserung und Sicherung unterworfen zu werden.

(2)Das Gericht kann auch dann die Strafe nach seinem Ermessen mildern (§ 49 Abs. 2) oder ganz von Strafe absehen, wenn ein noch nicht Eidesmündiger uneidlich falsch ausgesagt hat.

§ 158 Berichtigung einer falschen Angabe

(1)Das Gericht kann die Strafe wegen Meineids, falscher Versicherung an Eides Statt oder falscher uneidlicher Aussage nach seinem Ermessen mildern (§ 49 Abs. 2) oder von Strafe absehen, wenn der Täter die falsche Angabe rechtzeitig berichtigt.

(2)Die Berichtigung ist verspätet, wenn sie bei der Entscheidung nicht mehr verwertet werden kann oder aus der Tat ein Nachteil für einen anderen entstanden ist oder wenn schon gegen den Täter eine Anzeige erstattet oder eine Untersuchung eingeleitet worden ist.

(3)Die Berichtigung kann bei der Stelle, der die falsche Angabe gemacht worden ist oder die sie im Verfahren zu prüfen hat, sowie bei einem Gericht, einem Staatsanwalt oder einer Polizeibehörde erfolgen.

§ 159 Versuch der Anstiftung zur Falschaussage

Für den Versuch der Anstiftung zu einer falschen uneidlichen Aussage (§ 153) und einer falschen Versicherung an Eides Statt (§ 156) gelten § 30 Abs. 1 und § 31 Abs. 1 Nr. 1 und Abs. 2 entsprechend.

§ 160 Verleitung zur Falschaussage

(1)Wer einen anderen zur Ableistung eines falschen Eides verleitet, wird mit Freiheitsstrafe bis zu zwei Jahren oder mit Geldstrafe bestraft; wer einen anderen zur Ableistung einer falschen Versicherung an Eides Statt oder einer falschen uneidlichen Aussage verleitet, wird mit Freiheitsstrafe bis zu sechs Monaten oder mit Geldstrafe bis zu einhundertachtzig Tagessätzen bestraft.

(2)Der Versuch ist strafbar.

§ 161 Fahrlässiger Falscheid; fahrlässige falsche Versicherung an Eides Statt

(1)Wenn eine der in den §§ 154 bis 156 bezeichneten Handlungen aus Fahrlässigkeit begangen worden ist, so tritt Freiheitsstrafe bis zu einem Jahr oder Geldstrafe ein.

(2)Straflosigkeit tritt ein, wenn der Täter die falsche Angabe rechtzeitig berichtigt. Die Vorschriften des § 158 Abs. 2 und 3 gelten entsprechend.

§ 162 Internationale Gerichte; nationale Untersuchungsausschüsse

(1)Die §§ 153 bis 161 sind auch auf falsche Angaben in einem Verfahren vor einem internationalen Gericht, das durch einen für die Bundesrepublik Deutschland verbindlichen Rechtsakt errichtet worden ist, anzuwenden.

(2)Die §§ 153 und 157 bis 160, soweit sie sich auf falsche uneidliche Aussagen beziehen, sind auch auf falsche Angaben vor einem Untersuchungsausschuss eines Gesetzgebungsorgans des Bundes oder eines Landes anzuwenden.

§ 163 (weggefallen)

-

Zehnter Abschnitt
Falsche
Verdächtigung

§ 164 Falsche Verdächtigung

(1)Wer einen anderen bei einer Behörde oder einem zur Entgegennahme von Anzeigen zuständigen Amtsträger oder militärischen Vorgesetzten oder öffentlich wider besseres Wissen einer rechtswidrigen Tat oder der Verletzung einer Dienstpflicht in der Absicht verdächtigt, ein behördliches Verfahren oder andere behördliche Maßnahmen gegen ihn herbeizuführen oder fortdauern zu lassen, wird mit Freiheitsstrafe bis zu fünf Jahren oder mit Geldstrafe bestraft.

(2)Ebenso wird bestraft, wer in gleicher Absicht bei einer der in Absatz 1 bezeichneten Stellen oder öffentlich über einen anderen wider besseres Wissen eine sonstige Behauptung tatsächlicher Art aufstellt, die geeignet ist, ein behördliches Verfahren oder andere behördliche Maßnahmen gegen ihn herbeizuführen oder fortdauern zu lassen.

(3)Mit Freiheitsstrafe von sechs Monaten bis zu zehn Jahren wird bestraft, wer die falsche Verdächtigung begeht, um eine Strafmilderung oder ein Absehen von Strafe nach § 46b dieses Gesetzes, § 31 des Betäubungsmittelgesetzes oder § 4a des Anti-Doping-Gesetzes zu erlangen. In minder schweren Fällen ist die Strafe Freiheitsstrafe von drei Monaten bis zu fünf Jahren.

§ 165 Bekanntgabe der Verurteilung

(1)Ist die Tat nach § 164 öffentlich oder durch Verbreiten eines Inhalts (§ 11 Absatz 3) begangen und wird ihretwegen auf Strafe erkannt, so ist auf Antrag des Verletzten anzuordnen, daß die Verurteilung wegen falscher Verdächtigung auf Verlangen öffentlich bekanntgemacht wird. Stirbt der Verletzte, so geht das Antragsrecht auf die in § 77 Abs. 2 bezeichneten Angehörigen über. § 77 Abs. 2 bis 4 gilt entsprechend.

(2)Für die Art der Bekanntmachung gilt § 200 Abs. 2 entsprechend.

Elfter Abschnitt
Straftaten, welche sich auf Religion und Weltanschauung beziehen

§ 166 Beschimpfung von Bekenntnissen, Religionsgesellschaften und Weltanschauungsvereinigungen

(1)Wer öffentlich oder durch Verbreiten eines Inhalts (§ 11 Absatz 3) den Inhalt des religiösen oder weltanschaulichen Bekenntnisses anderer in einer Weise beschimpft, die geeignet ist, den öffentlichen Frieden zu stören, wird mit Freiheitsstrafe bis zu drei Jahren oder mit Geldstrafe bestraft.

(2)Ebenso wird bestraft, wer öffentlich oder durch Verbreiten eines Inhalts (§ 11 Absatz 3) eine im Inland bestehende Kirche oder andere Religionsgesellschaft oder Weltanschauungsvereinigung, ihre Einrichtungen oder Gebräuche in einer Weise beschimpft, die geeignet ist, den öffentlichen Frieden zu stören.

§ 167 Störung der Religionsausübung

(1)Wer

1. den Gottesdienst oder eine gottesdienstliche Handlung einer im Inland bestehenden Kirche oder anderen Religionsgesellschaft absichtlich und in grober Weise stört oder

2. an einem Ort, der dem Gottesdienst einer solchen Religionsgesellschaft gewidmet ist, beschimpfenden Unfug verübt,

wird mit Freiheitsstrafe bis zu drei Jahren oder mit Geldstrafe bestraft.

(2)Dem Gottesdienst stehen entsprechende Feiern einer im Inland bestehenden Weltanschauungsvereinigung gleich.

§ 167a Störung einer Bestattungsfeier

Wer eine Bestattungsfeier absichtlich oder wissentlich stört, wird mit Freiheitsstrafe bis zu drei Jahren oder mit Geldstrafe bestraft.

§ 168 Störung der Totenruhe

(1)Wer unbefugt aus dem Gewahrsam des Berechtigten den Körper oder Teile des Körpers eines verstorbenen Menschen, eine tote Leibesfrucht, Teile einer solchen oder die Asche eines verstorbenen Menschen wegnimmt oder wer daran beschimpfenden Unfug verübt, wird mit Freiheitsstrafe bis zu drei Jahren oder mit Geldstrafe bestraft.

(2)Ebenso wird bestraft, wer eine Aufbahrungsstätte, Beisetzungsstätte oder öffentliche Totengedenkstätte zerstört oder beschädigt oder wer dort beschimpfenden Unfug verübt.

(3)Der Versuch ist strafbar.

Zwölfter Abschnitt
Straftaten gegen den Personenstand, die Ehe und die Familie

§ 169 Personenstandsfälschung

(1)Wer ein Kind unterschiebt oder den Personenstand eines anderen gegenüber einer zur Führung von Personenstandsregistern oder zur Feststellung des Personenstands zuständigen Behörde falsch angibt oder unterdrückt, wird mit Freiheitsstrafe bis zu zwei Jahren oder mit

Geldstrafe bestraft.

(2)Der Versuch ist strafbar.

§ 170 Verletzung der Unterhaltspflicht

(1)Wer sich einer gesetzlichen Unterhaltspflicht entzieht, so daß der Lebensbedarf des Unterhaltsberechtigten gefährdet ist oder ohne die Hilfe anderer gefährdet wäre, wird mit Freiheitsstrafe bis zu drei Jahren oder mit Geldstrafe bestraft.

(2)Wer einer Schwangeren zum Unterhalt verpflichtet ist und ihr diesen Unterhalt in verwerflicher Weise vorenthält und dadurch den Schwangerschaftsabbruch bewirkt, wird mit Freiheitsstrafe bis zu fünf Jahren oder mit Geldstrafe bestraft.

Fußnote

§ 170 Abs. 1 (früher § 170b Abs. 1): Mit dem GG vereinbar, BVerfGE v. 17.1.1979 I 410 - 1 BvL 25/7 -

§ 171 Verletzung der Fürsorge- oder Erziehungspflicht

Wer seine Fürsorge- oder Erziehungspflicht gegenüber einer Person unter sechzehn Jahren gröblich verletzt und dadurch den Schutzbefohlenen in die Gefahr bringt, in seiner körperlichen oder psychischen Entwicklung erheblich geschädigt zu werden, einen kriminellen Lebenswandel zu führen oder der Prostitution nachzugehen, wird mit Freiheitsstrafe bis zu drei Jahren oder mit Geldstrafe bestraft.

§ 172 Doppelehe; doppelte Lebenspartnerschaft

Mit Freiheitsstrafe bis zu drei Jahren oder mit Geldstrafe wird bestraft, wer verheiratet ist oder eine Lebenspartnerschaft führt und

1. mit einer dritten Person eine Ehe schließt oder

2. gemäß § 1 Absatz 1 des Lebenspartnerschaftsgesetzes gegenüber der für die Begründung der Lebenspartnerschaft zuständigen Stelle erklärt, mit einer dritten Person eine Lebenspartnerschaft führen zu wollen.

Ebenso wird bestraft, wer mit einer dritten Person, die verheiratet ist oder eine Lebenspartnerschaft führt, die Ehe schließt oder gemäß § 1 Absatz 1 des Lebenspartnerschaftsgesetzes gegenüber der für die Begründung der Lebenspartnerschaft zuständigen Stelle erklärt, mit dieser dritten Person eine Lebenspartnerschaft führen zu wollen.

§ 173 Beischlaf zwischen Verwandten

(1)Wer mit einem leiblichen Abkömmling den Beischlaf vollzieht, wird mit Freiheitsstrafe bis zu drei Jahren oder mit Geldstrafe bestraft.

(2)Wer mit einem leiblichen Verwandten aufsteigender Linie den Beischlaf vollzieht, wird mit Freiheitsstrafe bis zu zwei Jahren oder mit Geldstrafe bestraft; dies gilt auch dann, wenn das Verwandtschaftsverhältnis erloschen ist. Ebenso werden leibliche Geschwister bestraft, die miteinander den Beischlaf vollziehen.

(3)Abkömmlinge und Geschwister werden nicht nach dieser Vorschrift bestraft, wenn sie zur Zeit der Tat noch nicht achtzehn Jahre alt waren.

Dreizehnter Abschnitt
Straftaten gegen die sexuelle Selbstbestimmung

§ 174 Sexueller Mißbrauch von Schutzbefohlenen

(1)Wer sexuelle Handlungen

1. an einer Person unter achtzehn Jahren, die ihm zur Erziehung oder zur Betreuung in der Lebensführung anvertraut ist,

2. an einer Person unter achtzehn Jahren, die ihm im Rahmen eines Ausbildungs-, Dienst-
    oder Arbeitsverhältnisses untergeordnet ist, unter Missbrauch einer mit dem
    Ausbildungs-, Dienst- oder Arbeitsverhältnis verbundenen Abhängigkeit oder

3. an einer Person unter achtzehn Jahren, die sein leiblicher oder rechtlicher Abkömmling
    ist oder der seines Ehegatten, seines Lebenspartners oder einer Person, mit der er in
    eheähnlicher oder lebenspartnerschaftsähnlicher Gemeinschaft lebt,

vornimmt oder an sich von dem Schutzbefohlenen vornehmen läßt, wird mit Freiheitsstrafe von drei
Monaten bis zu fünf Jahren bestraft. Ebenso wird bestraft, wer unter den Voraussetzungen des Satzes
1 den Schutzbefohlenen dazu bestimmt, dass er sexuelle Handlungen an oder vor einer dritten
Person vornimmt oder von einer dritten Person an sich vornehmen lässt.

(2) Mit Freiheitsstrafe von drei Monaten bis zu fünf Jahren wird eine Person bestraft, der in einer
dazu bestimmten Einrichtung die Erziehung, Ausbildung oder Betreuung in der Lebensführung
von Personen unter achtzehn Jahren anvertraut ist, und die sexuelle Handlungen

1. an einer Person unter sechzehn Jahren, die zu dieser Einrichtung in einem Rechtsverhältnis
    steht, das ihrer Erziehung, Ausbildung oder Betreuung in der Lebensführung dient,
    vornimmt oder an sich von ihr vornehmen lässt oder

2. unter Ausnutzung ihrer Stellung an einer Person unter achtzehn Jahren, die zu dieser
    Einrichtung in einem Rechtsverhältnis steht, das ihrer Erziehung, Ausbildung oder Betreuung
    in der Lebensführung dient, vornimmt oder an sich von ihr vornehmen lässt.

Ebenso wird bestraft, wer unter den Voraussetzungen des Satzes 1 den Schutzbefohlenen dazu
bestimmt, dass er sexuelle Handlungen an oder vor einer dritten Person vornimmt oder von einer
dritten Person an sich vornehmen lässt.

(3) Wer unter den Voraussetzungen des Absatzes 1 oder 2

1. sexuelle Handlungen vor dem Schutzbefohlenen vornimmt, um sich oder den
    Schutzbefohlenen hierdurch sexuell zu erregen, oder

2. den Schutzbefohlenen dazu bestimmt, daß er sexuelle Handlungen vor ihm

vornimmt, wird mit Freiheitsstrafe bis zu drei Jahren oder mit Geldstrafe

bestraft.

(4) Der Versuch ist strafbar.

(5) In den Fällen des Absatzes 1 Satz 1 Nummer 1, des Absatzes 2 Satz 1 Nummer 1 oder des
Absatzes 3 in Verbindung mit Absatz 1 Satz 1 Nummer 1 oder mit Absatz 2 Satz 1 Nummer 1
kann das Gericht von einer Bestrafung nach dieser Vorschrift absehen, wenn das Unrecht der
Tat gering ist.

§ 174a Sexueller Mißbrauch von Gefangenen, behördlich Verwahrten oder Kranken und Hilfsbedürftigen in Einrichtungen

(1) Wer sexuelle Handlungen an einer gefangenen oder auf behördliche Anordnung verwahrten Person,
    die
ihm zur Erziehung, Ausbildung, Beaufsichtigung oder Betreuung anvertraut ist, unter Mißbrauch seiner
Stellung vornimmt oder an sich von der gefangenen oder verwahrten Person vornehmen läßt oder die
gefangene oder verwahrte Person zur Vornahme oder Duldung sexueller Handlungen an oder von einer
dritten Person bestimmt, wird mit Freiheitsstrafe von drei Monaten bis zu fünf Jahren bestraft.

(2) Ebenso wird bestraft, wer eine Person, die in einer Einrichtung für kranke oder hilfsbedürftige
Menschen aufgenommen und ihm zur Beaufsichtigung oder Betreuung anvertraut ist, dadurch
mißbraucht, daß er unter Ausnutzung der Krankheit oder Hilfsbedürftigkeit dieser Person sexuelle
Handlungen an ihr vornimmt oder an sich von ihr vornehmen läßt oder diese Person zur Vornahme
oder Duldung sexueller Handlungen an oder von einer dritten Person bestimmt.

(3) Der Versuch ist strafbar.

§ 174b Sexueller Mißbrauch unter Ausnutzung einer Amtsstellung

(1)Wer als Amtsträger, der zur Mitwirkung an einem Strafverfahren oder an einem Verfahren zur Anordnung einer freiheitsentziehenden Maßregel der Besserung und Sicherung oder einer behördlichen Verwahrung berufen ist, unter Mißbrauch der durch das Verfahren begründeten Abhängigkeit sexuelle Handlungen an demjenigen, gegen den sich das Verfahren richtet, vornimmt oder an sich von dem anderen vornehmen läßt oder die
Person zur Vornahme oder Duldung sexueller Handlungen an oder von einer dritten Person bestimmt, wird mit Freiheitsstrafe von drei Monaten bis zu fünf Jahren bestraft.

(2)Der Versuch ist strafbar.

§ 174c Sexueller Mißbrauch unter Ausnutzung eines Beratungs-, Behandlungs- oder Betreuungsverhältnisses

(1)Wer sexuelle Handlungen an einer Person, die ihm wegen einer geistigen oder seelischen Krankheit oder Behinderung einschließlich einer Suchtkrankheit oder wegen einer körperlichen Krankheit oder Behinderung zur Beratung, Behandlung oder Betreuung anvertraut ist, unter Mißbrauch des Beratungs-, Behandlungs- oder Betreuungsverhältnisses vornimmt oder an sich von ihr vornehmen läßt oder diese Person zur Vornahme oder Duldung sexueller Handlungen an oder von einer dritten Person bestimmt, wird mit Freiheitsstrafe von drei Monaten bis zu fünf Jahren bestraft.

(2)Ebenso wird bestraft, wer sexuelle Handlungen an einer Person, die ihm zur psychotherapeutischen Behandlung anvertraut ist, unter Mißbrauch des Behandlungsverhältnisses vornimmt oder an sich von ihr vornehmen läßt oder diese Person zur Vornahme oder Duldung sexueller Handlungen an oder von einer dritten Person bestimmt.

(3)Der Versuch ist strafbar.

§ 175 (weggefallen)

-

§ 176 Sexueller Missbrauch von Kindern

(1)Mit Freiheitsstrafe nicht unter einem Jahr wird bestraft, wer

1. sexuelle Handlungen an einer Person unter vierzehn Jahren (Kind) vornimmt oder an sich von dem Kind vornehmen lässt,

2. ein Kind dazu bestimmt, dass es sexuelle Handlungen an einer dritten Person vornimmt oder von einer dritten Person an sich vornehmen lässt,

3. ein Kind für eine Tat nach Nummer 1 oder Nummer 2 anbietet oder nachzuweisen verspricht.

(2)In den Fällen des Absatzes 1 Nummer 1 kann das Gericht von Strafe nach dieser Vorschrift absehen, wenn zwischen Täter und Kind die sexuelle Handlung einvernehmlich erfolgt und der Unterschied sowohl im Alter als auch im Entwicklungsstand oder Reifegrad gering ist, es sei denn, der Täter nutzt die fehlende Fähigkeit des Kindes zur sexuellen Selbstbestimmung aus.

§ 176a Sexueller Missbrauch von Kindern ohne Körperkontakt mit dem Kind

(1)Mit Freiheitsstrafe von sechs Monaten bis zu zehn Jahren wird bestraft, wer

1. sexuelle Handlungen vor einem Kind vornimmt oder vor einem Kind von einer dritten Person an sich vornehmen lässt,

2. ein Kind dazu bestimmt, dass es sexuelle Handlungen vornimmt, soweit die Tat nicht nach § 176 Absatz 1 Nummer 1 oder Nummer 2 mit Strafe bedroht ist, oder

3. auf ein Kind durch einen pornographischen Inhalt (§ 11 Absatz 3) oder durch entsprechende Reden einwirkt.

(2)Ebenso wird bestraft, wer ein Kind für eine Tat nach Absatz 1 anbietet oder nachzuweisen verspricht oder wer sich mit einem anderen zu einer solchen Tat verabredet.

(3)Der Versuch ist in den Fällen des Absatzes 1 Nummer 1 und 2 strafbar. Bei Taten nach Absatz 1 Nummer 3 ist der Versuch in den Fällen strafbar, in denen eine Vollendung der Tat allein daran scheitert, dass der Täter irrig annimmt, sein Einwirken beziehe sich auf ein Kind.

§ 176b Vorbereitung des sexuellen Missbrauchs von Kindern

(1)Mit Freiheitsstrafe von drei Monaten bis zu fünf Jahren wird bestraft, wer auf ein Kind durch einen Inhalt (§ 11 Absatz 3) einwirkt, um

1. das Kind zu sexuellen Handlungen zu bringen, die es an oder vor dem Täter oder an oder vor einer dritten Person vornehmen oder von dem Täter oder einer dritten Person an sich vornehmen lassen soll, oder

2. eine Tat nach § 184b Absatz 1 Satz 1 Nummer 3 oder nach § 184b Absatz 3 zu begehen.

(2)Ebenso wird bestraft, wer ein Kind für eine Tat nach Absatz 1 anbietet oder nachzuweisen verspricht oder wer sich mit einem anderen zu einer solchen Tat verabredet.

(3)Bei Taten nach Absatz 1 ist der Versuch in den Fällen strafbar, in denen eine Vollendung der Tat allein daran scheitert, dass der Täter irrig annimmt, sein Einwirken beziehe sich auf ein Kind.

§ 176c Schwerer sexueller Missbrauch von Kindern

(1)Der sexuelle Missbrauch von Kindern wird in den Fällen des § 176 Absatz 1 Nummer 1 und 2 mit Freiheitsstrafe nicht unter zwei Jahren bestraft, wenn

1. der Täter innerhalb der letzten fünf Jahre wegen einer solchen Straftat rechtskräftig verurteilt worden ist,

2. der Täter mindestens achtzehn Jahre alt ist und

    a) mit dem Kind den Beischlaf vollzieht oder ähnliche sexuelle Handlungen an ihm vornimmt oder an sich von ihm vornehmen lässt, die mit einem Eindringen in den Körper verbunden sind, oder

    b) das Kind dazu bestimmt, den Beischlaf mit einem Dritten zu vollziehen oder ähnliche sexuelle Handlungen, die mit einem Eindringen in den Körper verbunden sind, an dem Dritten vorzunehmen oder von diesem an sich vornehmen zu lassen,

3. die Tat von mehreren gemeinschaftlich begangen wird oder

4. der Täter das Kind durch die Tat in die Gefahr einer schweren Gesundheitsschädigung oder einer erheblichen Schädigung der körperlichen oder seelischen Entwicklung bringt.

(2)Ebenso wird bestraft, wer in den Fällen des § 176 Absatz 1 Nummer 1 oder Nummer 2, des § 176a Absatz 1 Nummer 1 oder Nummer 2 oder Absatz 3 Satz 1 als Täter oder anderer Beteiligter in der Absicht handelt, die Tat zum Gegenstand eines pornographischen Inhalts (§ 11 Absatz 3) zu machen, der nach § 184b Absatz 1 oder 2 verbreitet werden soll.

(3)Mit Freiheitsstrafe nicht unter fünf Jahren wird bestraft, wer das Kind in den Fällen des § 176 Absatz 1 Nummer 1 oder Nummer 2 bei der Tat körperlich schwer misshandelt oder durch die Tat in die Gefahr des Todes bringt.

(4)In die in Absatz 1 Nummer 1 bezeichnete Frist wird die Zeit nicht eingerechnet, in welcher der Täter auf behördliche Anordnung in einer Anstalt verwahrt worden ist. Eine Tat, die im Ausland abgeurteilt worden ist, steht in den Fällen des Absatzes 1 Nummer 1 einer im Inland abgeurteilten Tat gleich, wenn sie nach deutschem Strafrecht eine solche nach § 176 Absatz 1 Nummer 1 oder Nummer 2 wäre.

§ 176d Sexueller Missbrauch von Kindern mit Todesfolge

Verursacht der Täter durch den sexuellen Missbrauch (§§ 176 bis 176c) mindestens leichtfertig den Tod eines Kindes, so ist die Strafe lebenslange Freiheitsstrafe oder Freiheitsstrafe nicht unter zehn Jahren.

§ 176e Verbreitung und Besitz von Anleitungen zu sexuellem Missbrauch von Kindern

(1) Wer einen Inhalt (§ 11 Absatz 3) verbreitet oder der Öffentlichkeit zugänglich macht, der geeignet ist, als Anleitung zu einer in den §§ 176 bis 176d genannten rechtswidrigen Tat zu dienen, und der dazu bestimmt ist, die Bereitschaft anderer zu fördern oder zu wecken, eine solche Tat zu begehen, wird mit Freiheitsstrafe bis zu drei Jahren oder mit Geldstrafe bestraft.

(2) Ebenso wird bestraft, wer

1. einen Inhalt (§ 11 Absatz 3), der geeignet ist, als Anleitung zu einer in den §§ 176 bis 176d genannten rechtswidrigen Tat zu dienen, verbreitet oder der Öffentlichkeit zugänglich macht oder

2. öffentlich oder in einer Versammlung zu einer in den §§ 176 bis 176d genannten rechtswidrigen Tat eine Anleitung gibt,

um die Bereitschaft anderer zu fördern oder zu wecken, eine solche Tat zu begehen.

(3) Wer einen in Absatz 1 bezeichneten Inhalt abruft, besitzt, einer anderen Person zugänglich macht oder einer anderen Person den Besitz daran verschafft, wird mit Freiheitsstrafe bis zu zwei Jahren oder mit Geldstrafe bestraft.

(4) Absatz 3 gilt nicht für Handlungen, die ausschließlich der rechtmäßigen Erfüllung von Folgendem dienen:

1. staatlichen Aufgaben,

2. Aufgaben, die sich aus Vereinbarungen mit einer zuständigen staatlichen Stelle ergeben, oder dienstlichen oder beruflichen Pflichten.

(5) Die Absätze 1 und 3 gelten nicht für dienstliche Handlungen im Rahmen von strafrechtlichen Ermittlungsverfahren, wenn

1. kein kinderpornographischer Inhalt, der ein tatsächliches Geschehen wiedergibt oder der unter Verwendung einer Bildaufnahme eines Kindes oder Jugendlichen hergestellt worden ist, einer anderen Person oder der Öffentlichkeit zugänglich gemacht, verbreitet oder einer anderen Person der Besitz daran verschafft wird, und

2. die Aufklärung des Sachverhalts auf andere Weise aussichtslos oder wesentlich erschwert wäre.

(6) Gegenstände, auf die sich eine Straftat nach Absatz 3 bezieht, werden eingezogen. § 74a ist anzuwenden.

§ 177 Sexueller Übergriff; sexuelle Nötigung; Vergewaltigung

(1) Wer gegen den erkennbaren Willen einer anderen Person sexuelle Handlungen an dieser Person vornimmt oder von ihr vornehmen lässt oder diese Person zur Vornahme oder Duldung sexueller Handlungen an oder von einem Dritten bestimmt, wird mit Freiheitsstrafe von sechs Monaten bis zu fünf Jahren bestraft.

(2) Ebenso wird bestraft, wer sexuelle Handlungen an einer anderen Person vornimmt oder von ihr vornehmen lässt oder diese Person zur Vornahme oder Duldung sexueller Handlungen an oder von einem Dritten bestimmt, wenn

1. der Täter ausnutzt, dass die Person nicht in der Lage ist, einen entgegenstehenden Willen zu bilden oder zu äußern,

2. der Täter ausnutzt, dass die Person auf Grund ihres körperlichen oder psychischen Zustands in der Bildung oder Äußerung des Willens erheblich eingeschränkt ist, es sei denn, er hat sich der Zustimmung dieser Person versichert,

3. der Täter ein Überraschungsmoment ausnutzt,

4. der Täter eine Lage ausnutzt, in der dem Opfer bei Widerstand ein empfindliches Übel droht, oder

5. der Täter die Person zur Vornahme oder Duldung der sexuellen Handlung durch Drohung mit einem empfindlichen Übel genötigt hat.

(3)Der Versuch ist strafbar.

(4)Auf Freiheitsstrafe nicht unter einem Jahr ist zu erkennen, wenn die Unfähigkeit, einen Willen zu bilden oder zu äußern, auf einer Krankheit oder Behinderung des Opfers beruht.

(5)Auf Freiheitsstrafe nicht unter einem Jahr ist zu erkennen, wenn der Täter

1. gegenüber dem Opfer Gewalt anwendet,

2. dem Opfer mit gegenwärtiger Gefahr für Leib oder Leben droht oder

3. eine Lage ausnutzt, in der das Opfer der Einwirkung des Täters schutzlos ausgeliefert ist.

(6)In besonders schweren Fällen ist auf Freiheitsstrafe nicht unter zwei Jahren zu erkennen. Ein besonders schwerer Fall liegt in der Regel vor, wenn

1. der Täter mit dem Opfer den Beischlaf vollzieht oder vollziehen lässt oder ähnliche sexuelle Handlungen an dem Opfer vornimmt oder von ihm vornehmen lässt, die dieses besonders erniedrigen, insbesondere wenn sie mit einem Eindringen in den Körper verbunden sind (Vergewaltigung), oder

2. die Tat von mehreren gemeinschaftlich begangen wird.

(7)Auf Freiheitsstrafe nicht unter drei Jahren ist zu erkennen, wenn der Täter

1. eine Waffe oder ein anderes gefährliches Werkzeug bei sich führt,

2. sonst ein Werkzeug oder Mittel bei sich führt, um den Widerstand einer anderen Person durch Gewalt oder Drohung mit Gewalt zu verhindern oder zu überwinden, oder

3. das Opfer in die Gefahr einer schweren Gesundheitsschädigung bringt.

(8)Auf Freiheitsstrafe nicht unter fünf Jahren ist zu erkennen, wenn der Täter

1. bei der Tat eine Waffe oder ein anderes gefährliches Werkzeug verwendet oder

2. das Opfer

    a) bei der Tat körperlich schwer misshandelt oder

    b) durch die Tat in die Gefahr des Todes bringt.

(9)In minder schweren Fällen der Absätze 1 und 2 ist auf Freiheitsstrafe von drei Monaten bis zu drei Jahren, in minder schweren Fällen der Absätze 4 und 5 ist auf Freiheitsstrafe von sechs Monaten bis zu zehn Jahren, in minder schweren Fällen der Absätze 7 und 8 ist auf Freiheitsstrafe von einem Jahr bis zu zehn Jahren zu erkennen.

§ 178 Sexueller Übergriff, sexuelle Nötigung und Vergewaltigung mit Todesfolge

Verursacht der Täter durch den sexuellen Übergriff, die sexuelle Nötigung oder Vergewaltigung (§ 177) wenigstens leichtfertig den Tod des Opfers, so ist die Strafe lebenslange Freiheitsstrafe oder Freiheitsstrafe nicht unter zehn Jahren.

§ 179 (weggefallen)

§ 180 Förderung sexueller Handlungen Minderjähriger

(1)Wer sexuellen Handlungen einer Person unter sechzehn Jahren an oder vor einem Dritten oder sexuellen Handlungen eines Dritten an einer Person unter sechzehn Jahren

1. durch seine Vermittlung oder

2. durch Gewähren oder Verschaffen von Gelegenheit

Vorschub leistet, wird mit Freiheitsstrafe bis zu drei Jahren oder mit Geldstrafe bestraft. Satz 1 Nr. 2 ist nicht anzuwenden, wenn der zur Sorge für die Person Berechtigte handelt; dies gilt nicht, wenn der Sorgeberechtigte durch das Vorschubleisten seine Erziehungspflicht gröblich verletzt.

(2)Wer eine Person unter achtzehn Jahren bestimmt, sexuelle Handlungen gegen Entgelt an oder vor einem Dritten vorzunehmen oder von einem Dritten an sich vornehmen zu lassen, oder wer solchen Handlungen durch seine Vermittlung Vorschub leistet, wird mit Freiheitsstrafe bis zu fünf Jahren oder mit Geldstrafe bestraft.

(3)Im Fall des Absatzes 2 ist der Versuch strafbar.

§ 180a Ausbeutung von Prostituierten

(1)Wer gewerbsmäßig einen Betrieb unterhält oder leitet, in dem Personen der Prostitution nachgehen und in dem diese in persönlicher oder wirtschaftlicher Abhängigkeit gehalten werden, wird mit Freiheitsstrafe bis zu drei Jahren oder mit Geldstrafe bestraft.

(2)Ebenso wird bestraft, wer

1. einer Person unter achtzehn Jahren zur Ausübung der Prostitution Wohnung, gewerbsmäßig Unterkunft oder gewerbsmäßig Aufenthalt gewährt oder

2. eine andere Person, der er zur Ausübung der Prostitution Wohnung gewährt, zur Prostitution anhält oder im Hinblick auf sie ausbeutet.

§§ 180b und 181 (weggefallen)

§ 181a Zuhälterei

(1)Mit Freiheitsstrafe von sechs Monaten bis zu fünf Jahren wird bestraft, wer

1. eine andere Person, die der Prostitution nachgeht, ausbeutet oder

2. seines Vermögensvorteils wegen eine andere Person bei der Ausübung der Prostitution überwacht, Ort, Zeit, Ausmaß oder andere Umstände der Prostitutionsausübung bestimmt oder Maßnahmen trifft, die sie davon abhalten sollen, die Prostitution aufzugeben, und im Hinblick darauf Beziehungen zu ihr unterhält, die über den Einzelfall hinausgehen.

(2)Mit Freiheitsstrafe bis zu drei Jahren oder mit Geldstrafe wird bestraft, wer die persönliche oder wirtschaftliche Unabhängigkeit einer anderen Person dadurch beeinträchtigt, dass er gewerbsmäßig die Prostitutionsausübung der anderen Person durch Vermittlung sexuellen Verkehrs fördert und im Hinblick darauf Beziehungen zu ihr unterhält, die über den Einzelfall hinausgehen.

(3)Nach den Absätzen 1 und 2 wird auch bestraft, wer die in Absatz 1 Nr. 1 und 2 genannten Handlungen oder die in Absatz 2 bezeichnete Förderung gegenüber seinem Ehegatten oder Lebenspartner vornimmt.

§ 181b Führungsaufsicht

In den Fällen der §§ 174 bis 174c, 176 bis 180, 181a, 182 und 184b kann das Gericht Führungsaufsicht anordnen (§ 68 Abs. 1).

§ 182 Sexueller Mißbrauch von Jugendlichen

(1)Wer eine Person unter achtzehn Jahren dadurch missbraucht, dass er unter Ausnutzung einer Zwangslage

1. sexuelle Handlungen an ihr vornimmt oder an sich von ihr vornehmen lässt oder

2. diese dazu bestimmt, sexuelle Handlungen an einem Dritten vorzunehmen oder von einem Dritten an sich vornehmen zu lassen,

wird mit Freiheitsstrafe bis zu fünf Jahren oder mit Geldstrafe bestraft.

(2)Ebenso wird eine Person über achtzehn Jahren bestraft, die eine Person unter achtzehn Jahren dadurch missbraucht, dass sie gegen Entgelt sexuelle Handlungen an ihr vornimmt oder an sich von ihr vornehmen lässt.

(3)Eine Person über einundzwanzig Jahre, die eine Person unter sechzehn Jahren dadurch mißbraucht, daß sie

1. sexuelle Handlungen an ihr vornimmt oder an sich von ihr vornehmen läßt oder

2. diese dazu bestimmt, sexuelle Handlungen an einem Dritten vorzunehmen oder von einem Dritten an sich vornehmen zu lassen,

und dabei die ihr gegenüber fehlende Fähigkeit des Opfers zur sexuellen Selbstbestimmung ausnutzt, wird mit Freiheitsstrafe bis zu drei Jahren oder mit Geldstrafe bestraft.

(4) Der Versuch ist strafbar.

(5) In den Fällen des Absatzes 3 wird die Tat nur auf Antrag verfolgt, es sei denn, daß die Strafverfolgungsbehörde wegen des besonderen öffentlichen Interesses an der Strafverfolgung ein Einschreiten von Amts wegen für geboten hält.

(6) In den Fällen der Absätze 1 bis 3 kann das Gericht von Strafe nach diesen Vorschriften absehen, wenn bei Berücksichtigung des Verhaltens der Person, gegen die sich die Tat richtet, das Unrecht der Tat gering ist.

§ 183 Exhibitionistische Handlungen

(1) Ein Mann, der eine andere Person durch eine exhibitionistische Handlung belästigt, wird mit Freiheitsstrafe bis zu einem Jahr oder mit Geldstrafe bestraft.

(2) Die Tat wird nur auf Antrag verfolgt, es sei denn, daß die Strafverfolgungsbehörde wegen des besonderen öffentlichen Interesses an der Strafverfolgung ein Einschreiten von Amts wegen für geboten hält.

(3) Das Gericht kann die Vollstreckung einer Freiheitsstrafe auch dann zur Bewährung aussetzen, wenn zu erwarten ist, daß der Täter erst nach einer längeren Heilbehandlung keine exhibitionistischen Handlungen mehr vornehmen wird.

(4) Absatz 3 gilt auch, wenn ein Mann oder eine Frau wegen einer exhibitionistischen Handlung

1. nach einer anderen Vorschrift, die im Höchstmaß Freiheitsstrafe bis zu einem Jahr oder Geldstrafe androht, oder

2. nach § 174 Absatz 3 Nummer 1 oder § 176a Absatz 1

Nummer 1 bestraft wird.

§ 183a Erregung öffentlichen Ärgernisses

Wer öffentlich sexuelle Handlungen vornimmt und dadurch absichtlich oder wissentlich ein Ärgernis erregt, wird mit Freiheitsstrafe bis zu einem Jahr oder mit Geldstrafe bestraft, wenn die Tat nicht in § 183 mit Strafe bedroht ist.

§ 184 Verbreitung pornographischer Inhalte

(1) Wer einen pornographischen Inhalt (§ 11 Absatz 3)

1. einer Person unter achtzehn Jahren anbietet, überläßt oder zugänglich macht,

2. an einem Ort, der Personen unter achtzehn Jahren zugänglich ist oder von ihnen eingesehen werden kann, zugänglich macht,

3. im Einzelhandel außerhalb von Geschäftsräumen, in Kiosken oder anderen Verkaufsstellen, die der Kunde nicht zu betreten pflegt, im Versandhandel oder in gewerblichen Leihbüchereien oder Lesezirkeln einem anderen anbietet oder überläßt,

3a. im Wege gewerblicher Vermietung oder vergleichbarer gewerblicher Gewährung des Gebrauchs, ausgenommen in Ladengeschäften, die Personen unter achtzehn Jahren nicht zugänglich sind und von ihnen nicht eingesehen werden können, einem anderen anbietet oder überläßt,

4. im Wege des Versandhandels einzuführen unternimmt,

5. öffentlich an einem Ort, der Personen unter achtzehn Jahren zugänglich ist oder von ihnen eingesehen werden kann, oder durch Verbreiten von Schriften außerhalb des

Geschäftsverkehrs mit dem einschlägigen Handel anbietet oder bewirbt,

6.	an einen anderen gelangen läßt, ohne von diesem hierzu aufgefordert zu sein,

7.	in einer öffentlichen Filmvorführung gegen ein Entgelt zeigt, das ganz oder überwiegend für diese Vorführung verlangt wird,

8.	herstellt, bezieht, liefert, vorrätig hält oder einzuführen unternimmt, um diesen im Sinne der Nummern 1 bis 7 zu verwenden oder einer anderen Person eine solche Verwendung zu ermöglichen, oder

9.	auszuführen unternimmt, um diesen im Ausland unter Verstoß gegen die dort geltenden Strafvorschriften zu verbreiten oder der Öffentlichkeit zugänglich zu machen oder eine solche Verwendung zu ermöglichen,

wird mit Freiheitsstrafe bis zu einem Jahr oder mit Geldstrafe bestraft.

(2)Absatz 1 Nummer 1 und 2 ist nicht anzuwenden, wenn der zur Sorge für die Person Berechtigte handelt; dies gilt nicht, wenn der Sorgeberechtigte durch das Anbieten, Überlassen oder Zugänglichmachen seine Erziehungspflicht gröblich verletzt. Absatz 1 Nr. 3a gilt nicht, wenn die Handlung im Geschäftsverkehr mit gewerblichen Entleihern erfolgt.

(3)bis (7) (weggefallen)

Fußnote

§ 184 Abs. 1 Nr. 7: Mit dem GG vereinbar, BVerfGE v. 17.1.1978 I 405 - 1 BvL 13/76 -

§ 184a Verbreitung gewalt- oder tierpornographischer Inhalte

Mit Freiheitsstrafe bis zu drei Jahren oder mit Geldstrafe wird bestraft, wer einen pornographischen Inhalt (§ 11 Absatz 3), der Gewalttätigkeiten oder sexuelle Handlungen von Menschen mit Tieren zum Gegenstand hat,

1.	verbreitet oder der Öffentlichkeit zugänglich macht oder

2.	herstellt, bezieht, liefert, vorrätig hält, anbietet, bewirbt oder es unternimmt, diesen ein- oder auszuführen, um ihn im Sinne der Nummer 1 zu verwenden oder einer anderen Person eine solche Verwendung zu ermöglichen.

In den Fällen des Satzes 1 Nummer 1 ist der Versuch strafbar.

§ 184b Verbreitung, Erwerb und Besitz kinderpornographischer Inhalte

(1)Mit Freiheitsstrafe von einem Jahr bis zu zehn Jahren wird bestraft, wer

1.	einen kinderpornographischen Inhalt verbreitet oder der Öffentlichkeit zugänglich macht; kinderpornographisch ist ein pornographischer Inhalt (§ 11 Absatz 3), wenn er zum Gegenstand hat:

	a)	sexuelle Handlungen von, an oder vor einer Person unter vierzehn Jahren (Kind),

	b)	die Wiedergabe eines ganz oder teilweise unbekleideten Kindes in aufreizend geschlechtsbetonter Körperhaltung oder

	c)	die sexuell aufreizende Wiedergabe der unbekleideten Genitalien oder des unbekleideten Gesäßes eines Kindes,

2.	es unternimmt, einer anderen Person einen kinderpornographischen Inhalt, der ein tatsächliches oder wirklichkeitsnahes Geschehen wiedergibt, zugänglich zu machen oder den Besitz daran zu verschaffen,

3.	einen kinderpornographischen Inhalt, der ein tatsächliches Geschehen wiedergibt, herstellt oder

4.	einen kinderpornographischen Inhalt herstellt, bezieht, liefert, vorrätig hält, anbietet, bewirbt oder es unternimmt, diesen ein- oder auszuführen, um ihn im Sinne der Nummer 1 oder der Nummer 2 zu
verwenden oder einer anderen Person eine solche Verwendung zu ermöglichen, soweit die Tat nicht nach Nummer 3 mit Strafe bedroht ist.

Gibt der kinderpornographische Inhalt in den Fällen von Absatz 1 Satz 1 Nummer 1 und 4 kein tatsächliches oder wirklichkeitsnahes Geschehen wieder, so ist auf Freiheitsstrafe von drei Monaten bis zu fünf Jahren zu erkennen.

(2)Handelt der Täter in den Fällen des Absatzes 1 Satz 1 gewerbsmäßig oder als Mitglied einer Bande, die sich zur fortgesetzten Begehung solcher Taten verbunden hat, und gibt der Inhalt in den Fällen des Absatzes 1 Satz 1 Nummer 1, 2 und 4 ein tatsächliches oder wirklichkeitsnahes Geschehen wieder, so ist auf Freiheitsstrafe nicht unter zwei Jahren zu erkennen.

(3)Wer es unternimmt, einen kinderpornographischen Inhalt, der ein tatsächliches oder wirklichkeitsnahes Geschehen wiedergibt, abzurufen oder sich den Besitz an einem solchen Inhalt zu verschaffen oder wer einen solchen Inhalt besitzt, wird mit Freiheitsstrafe von einem Jahr bis zu fünf Jahren bestraft.

(4)Der Versuch ist in den Fällen des Absatzes 1 Satz 2 in Verbindung mit Satz 1 Nummer 1 strafbar.

(5)Absatz 1 Satz 1 Nummer 2 und Absatz 3 gelten nicht für Handlungen, die ausschließlich der rechtmäßigen Erfüllung von Folgendem dienen:

1. staatlichen Aufgaben,

2. Aufgaben, die sich aus Vereinbarungen mit einer zuständigen staatlichen Stelle ergeben, oder

3. dienstlichen oder beruflichen Pflichten.

(6)Absatz 1 Satz 1 Nummer 1, 2 und 4 und Satz 2 gilt nicht für dienstliche Handlungen im Rahmen von strafrechtlichen Ermittlungsverfahren, wenn

1. die Handlung sich auf einen kinderpornographischen Inhalt bezieht, der kein tatsächliches Geschehen wiedergibt und auch nicht unter Verwendung einer Bildaufnahme eines Kindes oder Jugendlichen hergestellt worden ist, und

2. die Aufklärung des Sachverhalts auf andere Weise aussichtslos oder wesentlich erschwert wäre.

(7)Gegenstände, auf die sich eine Straftat nach Absatz 1 Satz 1 Nummer 2 oder 3 oder Absatz 3 bezieht, werden eingezogen. § 74a ist anzuwenden.

§ 184c Verbreitung, Erwerb und Besitz jugendpornographischer Inhalte

(1)Mit Freiheitsstrafe bis zu drei Jahren oder mit Geldstrafe wird bestraft, wer

1. einen jugendpornographischen Inhalt verbreitet oder der Öffentlichkeit zugänglich macht; jugendpornographisch ist ein pornographischer Inhalt (§ 11 Absatz 3), wenn er zum Gegenstand hat:

    a) sexuelle Handlungen von, an oder vor einer vierzehn, aber noch nicht achtzehn Jahre alten Person,

    b) die Wiedergabe einer ganz oder teilweise unbekleideten vierzehn, aber noch nicht achtzehn Jahre alten Person in aufreizend geschlechtsbetonter Körperhaltung oder

    c) die sexuell aufreizende Wiedergabe der unbekleideten Genitalien oder des unbekleideten Gesäßes einer vierzehn, aber noch nicht achtzehn Jahre alten Person,

2. es unternimmt, einer anderen Person einen jugendpornographischen Inhalt, der ein tatsächliches oder wirklichkeitsnahes Geschehen wiedergibt, zugänglich zu machen oder den Besitz daran zu verschaffen,

3. einen jugendpornographischen Inhalt, der ein tatsächliches Geschehen wiedergibt, herstellt oder

4. einen jugendpornographischen Inhalt herstellt, bezieht, liefert, vorrätig hält, anbietet, bewirbt oder es unternimmt, diesen ein- oder auszuführen, um ihn im Sinne der Nummer 1 oder 2 zu verwenden oder einer anderen Person eine solche Verwendung zu ermöglichen, soweit die Tat nicht nach Nummer 3 mit Strafe bedroht ist.

(2)Handelt der Täter in den Fällen des Absatzes 1 gewerbsmäßig oder als Mitglied einer Bande, die sich zur fortgesetzten Begehung solcher Taten verbunden hat, und gibt der Inhalt in den Fällen des

Absatzes 1 Nummer 1, 2 und 4 ein tatsächliches oder wirklichkeitsnahes Geschehen wieder, so ist auf Freiheitsstrafe von drei Monaten bis zu fünf Jahren zu erkennen.

(3)Wer es unternimmt, einen jugendpornographischen Inhalt, der ein tatsächliches Geschehen wiedergibt, abzurufen oder sich den Besitz an einem solchen Inhalt zu verschaffen, oder wer einen solchen Inhalt besitzt, wird mit Freiheitsstrafe bis zu zwei Jahren oder mit Geldstrafe bestraft.

(4)Absatz 1 Nummer 3, auch in Verbindung mit Absatz 5, und Absatz 3 sind nicht anzuwenden auf Handlungen von Personen in Bezug auf einen solchen jugendpornographischen Inhalt, den sie ausschließlich zum persönlichen Gebrauch mit Einwilligung der dargestellten Personen hergestellt haben.

(5)Der Versuch ist strafbar; dies gilt nicht für Taten nach Absatz 1 Nummer 2 und 4 sowie Absatz 3.

(6)§ 184b Absatz 5 bis 7 gilt entsprechend.

§ 184d (weggefallen)

§ 184e Veranstaltung und Besuch kinder- und jugendpornographischer Darbietungen

(1)Nach § 184b Absatz 1 wird auch bestraft, wer eine kinderpornographische Darbietung veranstaltet. Nach § 184c Absatz 1 wird auch bestraft, wer eine jugendpornographische Darbietung veranstaltet.

(2)Nach § 184b Absatz 3 wird auch bestraft, wer eine kinderpornographische Darbietung besucht. Nach § 184c Absatz 3 wird auch bestraft, wer eine jugendpornographische Darbietung besucht. § 184b Absatz 5 Nummer 1 und 3 gilt entsprechend.

§ 184f Ausübung der verbotenen Prostitution

Wer einem durch Rechtsverordnung erlassenen Verbot, der Prostitution an bestimmten Orten überhaupt oder zu bestimmten Tageszeiten nachzugehen, beharrlich zuwiderhandelt, wird mit Freiheitsstrafe bis zu sechs Monaten oder mit Geldstrafe bis zu einhundertachtzig Tagessätzen bestraft.

§ 184g Jugendgefährdende Prostitution

Wer der Prostitution

1. in der Nähe einer Schule oder anderen Örtlichkeit, die zum Besuch durch Personen unter achtzehn Jahren bestimmt ist, oder
2. in einem Haus, in dem Personen unter achtzehn Jahren wohnen,

in einer Weise nachgeht, die diese Personen sittlich gefährdet, wird mit Freiheitsstrafe bis zu einem Jahr oder mit Geldstrafe bestraft.

§ 184h Begriffsbestimmungen

Im Sinne dieses Gesetzes sind

1. sexuelle Handlungen
   nur solche, die im Hinblick auf das jeweils geschützte Rechtsgut von einiger Erheblichkeit sind,
2. sexuelle Handlungen vor einer anderen Person nur solche, die vor einer anderen Person vorgenommen werden, die den Vorgang wahrnimmt.

§ 184i Sexuelle Belästigung

(1)Wer eine andere Person in sexuell bestimmter Weise körperlich berührt und dadurch belästigt, wird mit Freiheitsstrafe bis zu zwei Jahren oder mit Geldstrafe bestraft, wenn nicht die Tat in anderen Vorschriften dieses Abschnitts mit schwererer Strafe bedroht ist.

(2)In besonders schweren Fällen ist die Freiheitsstrafe von drei Monaten bis zu fünf Jahren. Ein besonders schwerer Fall liegt in der Regel vor, wenn die Tat von mehreren gemeinschaftlich begangen wird.

(3)Die Tat wird nur auf Antrag verfolgt, es sei denn, dass die Strafverfolgungsbehörde wegen des besonderen öffentlichen Interesses an der Strafverfolgung ein Einschreiten von Amts wegen für geboten hält.

§ 184j Straftaten aus Gruppen

Wer eine Straftat dadurch fördert, dass er sich an einer Personengruppe beteiligt, die eine andere Person zur Begehung einer Straftat an ihr bedrängt, wird mit Freiheitsstrafe bis zu zwei Jahren oder mit Geldstrafe bestraft, wenn von einem Beteiligten der Gruppe eine Straftat nach den §§ 177 oder 184i begangen wird und die Tat nicht in anderen Vorschriften mit schwererer Strafe bedroht ist.

§ 184k Verletzung des Intimbereichs durch Bildaufnahmen

(1)Mit Freiheitsstrafe bis zu zwei Jahren oder mit Geldstrafe wird bestraft, wer

1. absichtlich oder wissentlich von den Genitalien, dem Gesäß, der weiblichen Brust oder der diese Körperteile bedeckenden Unterwäsche einer anderen Person unbefugt eine Bildaufnahme herstellt oder überträgt, soweit diese Bereiche gegen Anblick geschützt sind,

2. eine durch eine Tat nach Nummer 1 hergestellte Bildaufnahme gebraucht oder einer dritten Person zugänglich macht oder

3. eine befugt hergestellte Bildaufnahme der in der Nummer 1 bezeichneten Art wissentlich unbefugt einer dritten Person zugänglich macht.

(2)Die Tat wird nur auf Antrag verfolgt, es sei denn, dass die Strafverfolgungsbehörde wegen des besonderen öffentlichen Interesses an der Strafverfolgung ein Einschreiten von Amts wegen für geboten hält.

(3)Absatz 1 gilt nicht für Handlungen, die in Wahrnehmung überwiegender berechtigter Interessen erfolgen, namentlich der Kunst oder der Wissenschaft, der Forschung oder der Lehre, der Berichterstattung über Vorgänge des Zeitgeschehens oder der Geschichte oder ähnlichen Zwecken dienen.

(4)Die Bildträger sowie Bildaufnahmegeräte oder andere technische Mittel, die der Täter oder Teilnehmer verwendet hat, können eingezogen werden. § 74a ist anzuwenden.

§ 184l Inverkehrbringen, Erwerb und Besitz von Sexpuppen mit kindlichem Erscheinungsbild[1]

(1)Mit Freiheitsstrafe bis zu fünf Jahren oder Geldstrafe wird bestraft, wer

1. eine körperliche Nachbildung eines Kindes oder eines Körperteiles eines Kindes, die nach ihrer Beschaffenheit zur Vornahme sexueller Handlungen bestimmt ist, herstellt, anbietet oder bewirbt oder

2. mit einer in Nummer 1 beschriebenen Nachbildung Handel treibt oder sie hierzu in oder durch den räumlichen Geltungsbereich dieses Gesetzes verbringt oder

3. ohne Handel zu treiben, eine in Nummer 1 beschriebene Nachbildung veräußert, abgibt oder sonst in Verkehr bringt.

Satz 1 gilt nicht, wenn die Tat nach § 184b mit schwererer Strafe bedroht ist.

(2)Mit Freiheitsstrafe bis zu drei Jahren oder Geldstrafe wird bestraft, wer eine in Absatz 1 Satz 1 Nummer 1 beschriebene Nachbildung erwirbt, besitzt oder in oder durch den räumlichen Geltungsbereich dieses Gesetzes verbringt. Absatz 1 Satz 2 gilt entsprechend.

(3)In den Fällen des Absatzes 1 Satz 1 Nummer 2 und 3 ist der Versuch strafbar.

(4)Absatz 1 Satz 1 Nummer 3 und Absatz 2 gelten nicht für Handlungen, die ausschließlich der rechtmäßigen Erfüllung staatlicher Aufgaben oder dienstlicher oder beruflicher Pflichten dienen.

(5)Gegenstände, auf die sich die Straftat bezieht, werden eingezogen. § 74a ist anzuwenden.

[1]   Notifiziert gemäß der Richtlinie (EU) 2015/1535 des Europäischen Parlaments und des Rates vom 9. September 2015 über ein Informationsverfahren auf dem Gebiet der technischen Vorschriften und der Vorschriften für die Dienste der Informationsgesellschaft (ABl. L 241 vom 17.9.2015, S. 1).

Vierzehnter Abschnitt
Beleidigung

§ 185 Beleidigung

Die Beleidigung wird mit Freiheitsstrafe bis zu einem Jahr oder mit Geldstrafe und, wenn die Beleidigung öffentlich, in einer Versammlung, durch Verbreiten eines Inhalts (§ 11 Absatz 3) oder mittels einer Tätlichkeit begangen wird, mit Freiheitsstrafe bis zu zwei Jahren oder mit Geldstrafe bestraft.

§ 186 Üble Nachrede

Wer in Beziehung auf einen anderen eine Tatsache behauptet oder verbreitet, welche denselben verächtlich zu machen oder in der öffentlichen Meinung herabzuwürdigen geeignet ist, wird, wenn nicht diese Tatsache
erweislich wahr ist, mit Freiheitsstrafe bis zu einem Jahr oder mit Geldstrafe und, wenn die Tat öffentlich, in einer Versammlung oder durch Verbreiten eines Inhalts (§ 11 Absatz 3) begangen ist, m
Freiheitsstrafe bis zu zwei Jahren oder mit Geldstrafe bestraft.

§ 187 Verleumdung

Wer wider besseres Wissen in Beziehung auf einen anderen eine unwahre Tatsache behauptet oder verbreitet, welche denselben verächtlich zu machen oder in der öffentlichen Meinung herabzuwürdigen oder dessen Kredit zu gefährden geeignet ist, wird mit Freiheitsstrafe bis zu zwei Jahren oder mit Geldstrafe und, wenn
die Tat öffentlich, in einer Versammlung oder durch Verbreiten eines Inhalts (§ 11 Absatz 3) begange ist, mit Freiheitsstrafe bis zu fünf Jahren oder mit Geldstrafe bestraft.

§ 188 Gegen Personen des politischen Lebens gerichtete Beleidigung, üble Nachrede und Verleumdung

(1)Wird gegen eine im politischen Leben des Volkes stehende Person öffentlich, in einer Versammlung oder durch Verbreiten eines Inhalts (§ 11 Absatz 3) eine Beleidigung (§ 185) aus Beweggründen begangen, die mit der Stellung des Beleidigten im öffentlichen Leben zusammenhängen, und ist die Tat geeignet, sein öffentliches Wirken erheblich zu erschweren, so ist die Strafe Freiheitsstrafe bis zu drei Jahren oder Geldstrafe. Das politische Leben des Volkes reicht bis hin zur kommunalen Ebene.

(2)Unter den gleichen Voraussetzungen wird eine üble Nachrede (§ 186) mit Freiheitsstrafe von drei Monaten bis zu fünf Jahren und eine Verleumdung (§ 187) mit Freiheitsstrafe von sechs Monaten bis zu fünf Jahren bestraft.

§ 189 Verunglimpfung des Andenkens Verstorbener

Wer das Andenken eines Verstorbenen verunglimpft, wird mit Freiheitsstrafe bis zu zwei Jahren oder mit Geldstrafe bestraft.

§ 190 Wahrheitsbeweis durch Strafurteil

Ist die behauptete oder verbreitete Tatsache eine Straftat, so ist der Beweis der Wahrheit als erbracht anzusehen, wenn der Beleidigte wegen dieser Tat rechtskräftig verurteilt worden ist. Der Beweis der Wahrheit ist dagegen ausgeschlossen, wenn der Beleidigte vor der Behauptung oder

Verbreitung rechtskräftig freigesprochen worden ist.

§ 191 (weggefallen)

-

§ 192 Beleidigung trotz Wahrheitsbeweises

Der Beweis der Wahrheit der behaupteten oder verbreiteten Tatsache schließt die Bestrafung nach § 185 nicht aus, wenn das Vorhandensein einer Beleidigung aus der Form der Behauptung oder Verbreitung oder aus den Umständen, unter welchen sie geschah, hervorgeht.

§ 192a Verhetzende Beleidigung

Wer einen Inhalt (§ 11 Absatz 3), der geeignet ist, die Menschenwürde anderer dadurch anzugreifen, dass er eine durch ihre nationale, rassische, religiöse oder ethnische Herkunft, ihre Weltanschauung, ihre Behinderung oder ihre sexuelle Orientierung bestimmte Gruppe oder einen Einzelnen wegen seiner Zugehörigkeit zu einer
dieser Gruppen beschimpft, böswillig verächtlich macht oder verleumdet, an eine andere Person, die zu einer der vorbezeichneten Gruppen gehört, gelangen lässt, ohne von dieser Person hierzu aufgefordert zu sein, wird mit Freiheitsstrafe bis zu zwei Jahren oder mit Geldstrafe bestraft.

§ 193 Wahrnehmung berechtigter Interessen

Tadelnde Urteile über wissenschaftliche, künstlerische oder gewerbliche Leistungen, desgleichen Äußerungen oder Tathandlungen nach § 192a, welche zur Ausführung oder Verteidigung von Rechten oder zur Wahrnehmung berechtigter Interessen vorgenommen werden, sowie Vorhaltungen und Rügen der Vorgesetzten gegen ihre Untergebenen, dienstliche Anzeigen oder Urteile von seiten eines Beamten und ähnliche Fälle sind nur insofern strafbar, als das Vorhandensein einer Beleidigung aus der Form der Äußerung oder aus den Umständen, unter welchen sie geschah, hervorgeht.

§ 194 Strafantrag

(1)Die Beleidigung wird nur auf Antrag verfolgt. Ist die Tat in einer Versammlung oder dadurch begangen, dass ein Inhalt (§ 11 Absatz 3) verbreitet oder der Öffentlichkeit zugänglich gemacht worden ist, so ist ein Antrag nicht erforderlich, wenn der Verletzte als Angehöriger einer Gruppe unter der nationalsozialistischen oder einer anderen Gewalt- und Willkürherrschaft verfolgt wurde, diese Gruppe Teil der Bevölkerung ist und die Beleidigung mit dieser Verfolgung zusammenhängt. In den Fällen der §§ 188 und 192a wird die Tat auch dann verfolgt,
wenn die Strafverfolgungsbehörde wegen des besonderen öffentlichen Interesses an der Strafverfolgung ein Einschreiten von Amts wegen für geboten hält. Die Taten nach den Sätzen 2 und 3 können jedoch nicht von Amts wegen verfolgt werden, wenn der Verletzte widerspricht. Der Widerspruch kann nicht zurückgenommen werden. Stirbt der Verletzte, so gehen das Antragsrecht und das Widerspruchsrecht auf die in § 77 Abs. 2 bezeichneten Angehörigen über.

(2)Ist das Andenken eines Verstorbenen verunglimpft, so steht das Antragsrecht den in § 77 Abs. 2 bezeichneten Angehörigen zu. Ist die Tat in einer Versammlung oder dadurch begangen, dass ein Inhalt (§ 11 Absatz 3) verbreitet oder der Öffentlichkeit zugänglich gemacht worden ist, so ist ein Antrag nicht erforderlich, wenn der Verstorbene sein Leben als Opfer der nationalsozialistischen oder einer anderen Gewalt- und Willkürherrschaft verloren hat und die Verunglimpfung damit zusammenhängt. Die Tat kann jedoch nicht von Amts wegen
verfolgt werden, wenn ein Antragsberechtigter der Verfolgung widerspricht. Der Widerspruch kann nicht zurückgenommen werden.

(3)Ist die Beleidigung gegen einen Amtsträger, einen für den öffentlichen Dienst besonders Verpflichteten oder einen Soldaten der Bundeswehr während der Ausübung seines Dienstes oder in Beziehung auf seinen Dienst begangen, so wird sie auch auf Antrag des Dienstvorgesetzten verfolgt. Richtet sich die Tat gegen eine Behörde oder eine sonstige Stelle, die Aufgaben der öffentlichen Verwaltung wahrnimmt, so wird sie auf Antrag des Behördenleiters oder des Leiters der aufsichtführenden Behörde verfolgt. Dasselbe gilt für Träger von Ämtern und für Behörden der Kirchen und anderen Religionsgesellschaften des öffentlichen Rechts.

(4)Richtet sich die Tat gegen ein Gesetzgebungsorgan des Bundes oder eines Landes oder eine andere politische Körperschaft im räumlichen Geltungsbereich dieses Gesetzes, so wird sie nur mit Ermächtigung der betroffenen Körperschaft verfolgt.

§§ 195 bis 198 (weggefallen)

§ 199 Wechselseitig begangene Beleidigungen

Wenn eine Beleidigung auf der Stelle erwidert wird, so kann der Richter beide Beleidiger oder einen derselben für straffrei erklären.

§ 200 Bekanntgabe der Verurteilung

(1)Ist die Beleidigung öffentlich oder durch Verbreiten eines Inhalts (§ 11 Absatz 3) begangen und wird ihretwegen auf Strafe erkannt, so ist auf Antrag des Verletzten oder eines sonst zum Strafantrag Berechtigten anzuordnen, daß die Verurteilung wegen der Beleidigung auf Verlangen öffentlich bekanntgemacht wird.

(2)Die Art der Bekanntmachung ist im Urteil zu bestimmen. Ist die Beleidigung durch Verbreiten eines Inhalts (§ 11 Absatz 3) begangen, so soll die Bekanntmachung, wenn möglich, auf dieselbe Art erfolgen.

Fünfzehnter Abschnitt
Verletzung des persönlichen Lebens- und Geheimbereichs

§ 201 Verletzung der Vertraulichkeit des Wortes

(1)Mit Freiheitsstrafe bis zu drei Jahren oder mit Geldstrafe wird bestraft, wer unbefugt

1. das nichtöffentlich gesprochene Wort eines anderen auf einen Tonträger aufnimmt oder

2. eine so hergestellte Aufnahme gebraucht oder einem Dritten zugänglich macht.

(2)Ebenso wird bestraft, wer unbefugt

1. das nicht zu seiner Kenntnis bestimmte nichtöffentlich gesprochene Wort eines anderen mit einem Abhörgerät abhört oder

2. das nach Absatz 1 Nr. 1 aufgenommene oder nach Absatz 2 Nr. 1 abgehörte nichtöffentlich gesprochene Wort eines anderen im Wortlaut oder seinem wesentlichen Inhalt nach öffentlich mitteilt.

Die Tat nach Satz 1 Nr. 2 ist nur strafbar, wenn die öffentliche Mitteilung geeignet ist, berechtigte Interessen eines anderen zu beeinträchtigen. Sie ist nicht rechtswidrig, wenn die öffentliche Mitteilung zur Wahrnehmung überragender öffentlicher Interessen gemacht wird.

(3)Mit Freiheitsstrafe bis zu fünf Jahren oder mit Geldstrafe wird bestraft, wer als Amtsträger oder als für den öffentlichen Dienst besonders Verpflichteter die Vertraulichkeit des Wortes verletzt (Absätze 1 und 2).

(4)Der Versuch ist strafbar.

(5)Die Tonträger und Abhörgeräte, die der Täter oder Teilnehmer verwendet hat, können eingezogen werden. § 74a ist anzuwenden.

§ 201a Verletzung des höchstpersönlichen Lebensbereichs und von Persönlichkeitsrechten durch Bildaufnahmen

(1)Mit Freiheitsstrafe bis zu zwei Jahren oder mit Geldstrafe wird bestraft, wer

1. von einer anderen Person, die sich in einer Wohnung oder einem gegen Einblick besonders geschützten Raum befindet, unbefugt eine Bildaufnahme herstellt oder überträgt und dadurch den höchstpersönlichen Lebensbereich der abgebildeten Person verletzt,

2. eine Bildaufnahme, die die Hilflosigkeit einer anderen Person zur Schau stellt, unbefugt herstellt oder überträgt und dadurch den höchstpersönlichen Lebensbereich der

abgebildeten Person verletzt,

3. eine Bildaufnahme, die in grob anstößiger Weise eine verstorbene Person zur Schau stellt, unbefugt herstellt oder überträgt,

4. eine durch eine Tat nach den Nummern 1 bis 3 hergestellte Bildaufnahme gebraucht oder einer dritten Person zugänglich macht oder

5. eine befugt hergestellte Bildaufnahme der in den Nummern 1 bis 3 bezeichneten Art wissentlich unbefugt einer dritten Person zugänglich macht und in den Fällen der Nummern 1 und 2 dadurch den höchstpersönlichen Lebensbereich der abgebildeten Person verletzt.

(2)Ebenso wird bestraft, wer unbefugt von einer anderen Person eine Bildaufnahme, die geeignet ist, dem Ansehen der abgebildeten Person erheblich zu schaden, einer dritten Person zugänglich macht. Dies gilt unter den gleichen Voraussetzungen auch für eine Bildaufnahme von einer verstorbenen Person.

(3)Mit Freiheitsstrafe bis zu zwei Jahren oder mit Geldstrafe wird bestraft, wer eine Bildaufnahme, die die Nacktheit einer anderen Person unter achtzehn Jahren zum Gegenstand hat,

1. herstellt oder anbietet, um sie einer dritten Person gegen Entgelt zu verschaffen, oder

2. sich oder einer dritten Person gegen Entgelt verschafft.

(4)Absatz 1 Nummer 2 und 3, auch in Verbindung mit Absatz 1 Nummer 4 oder 5, Absatz 2 und 3 gelten nicht für Handlungen, die in Wahrnehmung überwiegender berechtigter Interessen erfolgen, namentlich der Kunst oder der Wissenschaft, der Forschung oder der Lehre, der Berichterstattung über Vorgänge des Zeitgeschehens oder der Geschichte oder ähnlichen Zwecken dienen.

(5)Die Bildträger sowie Bildaufnahmegeräte oder andere technische Mittel, die der Täter oder Teilnehmer verwendet hat, können eingezogen werden. § 74a ist anzuwenden.

§ 202 Verletzung des Briefgeheimnisses

(1)Wer unbefugt

1. einen verschlossenen Brief oder ein anderes verschlossenes Schriftstück, die nicht zu seiner Kenntnis bestimmt sind, öffnet oder

2. sich vom Inhalt eines solchen Schriftstücks ohne Öffnung des Verschlusses unter Anwendung technischer Mittel Kenntnis verschafft,

wird mit Freiheitsstrafe bis zu einem Jahr oder mit Geldstrafe bestraft, wenn die Tat nicht in § 206 mit Strafe bedroht ist.

(2)Ebenso wird bestraft, wer sich unbefugt vom Inhalt eines Schriftstücks, das nicht zu seiner Kenntnis bestimmt und durch ein verschlossenes Behältnis gegen Kenntnisnahme besonders gesichert ist, Kenntnis verschafft, nachdem er dazu das Behältnis geöffnet hat.

(3)Einem Schriftstück im Sinne der Absätze 1 und 2 steht eine Abbildung gleich.

§ 202a Ausspähen von Daten

(1)Wer unbefugt sich oder einem anderen Zugang zu Daten, die nicht für ihn bestimmt und die gegen unberechtigten Zugang besonders gesichert sind, unter Überwindung der Zugangssicherung verschafft, wird mit Freiheitsstrafe bis zu drei Jahren oder mit Geldstrafe bestraft.

(2)Daten im Sinne des Absatzes 1 sind nur solche, die elektronisch, magnetisch oder sonst nicht unmittelbar wahrnehmbar gespeichert sind oder übermittelt werden.

§ 202b Abfangen von Daten

Wer unbefugt sich oder einem anderen unter Anwendung von technischen Mitteln nicht für ihn bestimmte Daten (§ 202a Abs. 2) aus einer nichtöffentlichen Datenübermittlung oder aus der elektromagnetischen Abstrahlung einer Datenverarbeitungsanlage verschafft, wird mit Freiheitsstrafe bis zu zwei Jahren oder mit Geldstrafe bestraft, wenn die Tat nicht in anderen Vorschriften mit schwererer Strafe bedroht ist.

§ 202c Vorbereiten des Ausspähens und Abfangens von Daten

(1)Wer eine Straftat nach § 202a oder § 202b vorbereitet, indem er

1. Passwörter oder sonstige Sicherungscodes, die den Zugang zu Daten (§ 202a Abs. 2) ermöglichen oder

2. Computerprogramme, deren Zweck die Begehung einer solchen Tat ist,

herstellt, sich oder einem anderen verschafft, verkauft, einem anderen überlässt, verbreitet oder sonst zugänglich macht, wird mit Freiheitsstrafe bis zu zwei Jahren oder mit Geldstrafe bestraft.

(2)§ 149 Abs. 2 und 3 gilt entsprechend.

§ 202d Datenhehlerei

(1)Wer Daten (§ 202a Absatz 2), die nicht allgemein zugänglich sind und die ein anderer durch eine rechtswidrige Tat erlangt hat, sich oder einem anderen verschafft, einem anderen überlässt, verbreitet oder sonst zugänglich macht, um sich oder einen Dritten zu bereichern oder einen anderen zu schädigen, wird mit Freiheitsstrafe bis zu drei Jahren oder mit Geldstrafe bestraft.

(2)Die Strafe darf nicht schwerer sein als die für die Vortat angedrohte Strafe.

(3)Absatz 1 gilt nicht für Handlungen, die ausschließlich der Erfüllung rechtmäßiger dienstlicher oder beruflicher Pflichten dienen. Dazu gehören insbesondere

1. solche Handlungen von Amtsträgern oder deren Beauftragten, mit denen Daten ausschließlich der Verwertung in einem Besteuerungsverfahren, einem Strafverfahren oder einem Ordnungswidrigkeitenverfahren zugeführt werden sollen, sowie

2. solche beruflichen Handlungen der in § 53 Absatz 1 Satz 1 Nummer 5 der Strafprozessordnung genannten Personen, mit denen Daten entgegengenommen, ausgewertet oder veröffentlicht werden.

§ 203 Verletzung von Privatgeheimnissen

(1)Wer unbefugt ein fremdes Geheimnis, namentlich ein zum persönlichen Lebensbereich gehörendes Geheimnis oder ein Betriebs- oder Geschäftsgeheimnis, offenbart, das ihm als

1. Arzt, Zahnarzt, Tierarzt, Apotheker oder Angehörigen eines anderen Heilberufs, der für die Berufsausübung oder die Führung der Berufsbezeichnung eine staatlich geregelte Ausbildung erfordert,

2. Berufspsychologen mit staatlich anerkannter wissenschaftlicher Abschlußprüfung,

3. Rechtsanwalt, Kammerrechtsbeistand, Patentanwalt, Notar, Verteidiger in einem gesetzlich geordneten Verfahren, Wirtschaftsprüfer, vereidigtem Buchprüfer, Steuerberater, Steuerbevollmächtigten oder Organ oder Mitglied eines Organs einer Rechtsanwalts-, Patentanwalts-, Wirtschaftsprüfungs-, Buchprüfungs- oder Steuerberatungsgesellschaft,

4. Ehe-, Familien-, Erziehungs- oder Jugendberater sowie Berater für Suchtfragen in einer Beratungsstelle, die von einer Behörde oder Körperschaft, Anstalt oder Stiftung des öffentlichen Rechts anerkannt ist,

5. Mitglied oder Beauftragten einer anerkannten Beratungsstelle nach den §§ 3 und 8 des Schwangerschaftskonfliktgesetzes,

6. staatlich anerkanntem Sozialarbeiter oder staatlich anerkanntem Sozialpädagogen oder

7. Angehörigen eines Unternehmens der privaten Kranken-, Unfall- oder Lebensversicherung oder einer privatärztlichen, steuerberaterlichen oder anwaltlichen Verrechnungsstelle

anvertraut worden oder sonst bekanntgeworden ist, wird mit Freiheitsstrafe bis zu einem Jahr oder mit Geldstrafe bestraft.

(2)Ebenso wird bestraft, wer unbefugt ein fremdes Geheimnis, namentlich ein zum persönlichen Lebensbereich gehörendes Geheimnis oder ein Betriebs- oder Geschäftsgeheimnis, offenbart, das ihm als

1.   Amtsträger oder Europäischer Amtsträger,

2.   für den öffentlichen Dienst besonders Verpflichteten,

3.   Person, die Aufgaben oder Befugnisse nach dem Personalvertretungsrecht wahrnimmt,

4.   Mitglied eines für ein Gesetzgebungsorgan des Bundes oder eines Landes tätigen Untersuchungsausschusses, sonstigen Ausschusses oder Rates, das nicht selbst Mitglied des Gesetzgebungsorgans ist, oder als Hilfskraft eines solchen Ausschusses oder Rates,

5.   öffentlich bestelltem Sachverständigen, der auf die gewissenhafte Erfüllung seiner Obliegenheiten auf Grund eines Gesetzes förmlich verpflichtet worden ist, oder

6.   Person, die auf die gewissenhafte Erfüllung ihrer Geheimhaltungspflicht bei der Durchführung wissenschaftlicher Forschungsvorhaben auf Grund eines Gesetzes förmlich verpflichtet worden ist,

anvertraut worden oder sonst bekanntgeworden ist. Einem Geheimnis im Sinne des Satzes 1 stehen Einzelangaben über persönliche oder sachliche Verhältnisse eines anderen gleich, die für Aufgaben der öffentlichen Verwaltung erfaßt worden sind; Satz 1 ist jedoch nicht anzuwenden, soweit solche Einzelangaben anderen Behörden oder sonstigen Stellen für Aufgaben der öffentlichen Verwaltung bekanntgegeben werden und das Gesetz dies nicht untersagt.

(2a) (weggefallen)

(3)Kein Offenbaren im Sinne dieser Vorschrift liegt vor, wenn die in den Absätzen 1 und 2 genannten Personen Geheimnisse den bei ihnen berufsmäßig tätigen Gehilfen oder den bei ihnen zur Vorbereitung auf den Beruf tätigen Personen zugänglich machen. Die in den Absätzen 1 und 2 Genannten dürfen fremde Geheimnisse gegenüber sonstigen Personen offenbaren, die an ihrer beruflichen oder dienstlichen Tätigkeit mitwirken, soweit dies für die Inanspruchnahme der Tätigkeit der sonstigen mitwirkenden Personen erforderlich ist; das Gleiche gilt für sonstige mitwirkende Personen, wenn diese sich weiterer Personen bedienen, die an der beruflichen oder dienstlichen Tätigkeit der in den Absätzen 1 und 2 Genannten mitwirken.

(4)Mit Freiheitsstrafe bis zu einem Jahr oder mit Geldstrafe wird bestraft, wer unbefugt ein fremdes Geheimnis offenbart, das ihm bei der Ausübung oder bei Gelegenheit seiner Tätigkeit als mitwirkende Person oder als bei den in den Absätzen 1 und 2 genannten Personen tätiger Datenschutzbeauftragter bekannt geworden ist. Ebenso wird bestraft, wer

1.   als in den Absätzen 1 und 2 genannte Person nicht dafür Sorge getragen hat, dass eine sonstige mitwirkende Person, die unbefugt ein fremdes, ihr bei der Ausübung oder bei Gelegenheit ihrer Tätigkeit bekannt gewordenes Geheimnis offenbart, zur Geheimhaltung verpflichtet wurde; dies gilt nicht für sonstige mitwirkende Personen, die selbst eine in den Absätzen 1 oder 2 genannte Person sind,

2.   als im Absatz 3 genannte mitwirkende Person sich einer weiteren mitwirkenden Person, die unbefugt ein fremdes, ihr bei der Ausübung oder bei Gelegenheit ihrer Tätigkeit bekannt gewordenes Geheimnis
offenbart, bedient und nicht dafür Sorge getragen hat, dass diese zur Geheimhaltung verpflichtet wurde; dies gilt nicht für sonstige mitwirkende Personen, die selbst eine in den Absätzen 1 oder 2 genannte Person sind, oder

3.   nach dem Tod der nach Satz 1 oder nach den Absätzen 1 oder 2 verpflichteten Person ein fremdes Geheimnis unbefugt offenbart, das er von dem Verstorbenen erfahren oder aus dessen Nachlass erlangt hat.

(5)Die Absätze 1 bis 4 sind auch anzuwenden, wenn der Täter das fremde Geheimnis nach dem Tod des Betroffenen unbefugt offenbart.

(6)Handelt der Täter gegen Entgelt oder in der Absicht, sich oder einen anderen zu bereichern oder einen anderen zu schädigen, so ist die Strafe Freiheitsstrafe bis zu zwei Jahren oder Geldstrafe.

§ 204 Verwertung fremder Geheimnisse

(1)Wer unbefugt ein fremdes Geheimnis, namentlich ein Betriebs- oder Geschäftsgeheimnis, zu dessen Geheimhaltung er nach § 203 verpflichtet ist, verwertet, wird mit Freiheitsstrafe bis zu zwei Jahren oder mit Geldstrafe bestraft.

(2)§ 203 Absatz 5 gilt entsprechend.

§ 205 Strafantrag

(1)In den Fällen des § 201 Abs. 1 und 2 und der §§ 202, 203 und 204 wird die Tat nur auf Antrag verfolgt. Dies gilt auch in den Fällen der §§ 201a, 202a, 202b und 202d, es sei denn, dass die Strafverfolgungsbehörde wegen des besonderen öffentlichen Interesses an der Strafverfolgung ein Einschreiten von Amts wegen für geboten hält.

(2)Stirbt der Verletzte, so geht das Antragsrecht nach § 77 Abs. 2 auf die Angehörigen über; dies gilt nicht in den Fällen der §§ 202a, 202b und 202d. Gehört das Geheimnis nicht zum persönlichen Lebensbereich des Verletzten, so geht das Antragsrecht bei Straftaten nach den §§ 203 und 204 auf die Erben über. Offenbart oder verwertet der Täter in den Fällen der §§ 203 und 204 das Geheimnis nach dem Tod des Betroffenen, so gelten die Sätze 1 und 2 sinngemäß. In den Fällen des § 201a Absatz 1 Nummer 3 und Absatz 2 Satz 2 steht das Antragsrecht den in § 77 Absatz 2 bezeichneten Angehörigen zu.

§ 206 Verletzung des Post- oder Fernmeldegeheimnisses

(1)Wer unbefugt einer anderen Person eine Mitteilung über Tatsachen macht, die dem Post- oder Fernmeldegeheimnis unterliegen und die ihm als Inhaber oder Beschäftigtem eines Unternehmens bekanntgeworden sind, das geschäftsmäßig Post- oder Telekommunikationsdienste erbringt, wird mit Freiheitsstrafe bis zu fünf Jahren oder mit Geldstrafe bestraft.

(2)Ebenso wird bestraft, wer als Inhaber oder Beschäftigter eines in Absatz 1 bezeichneten Unternehmens unbefugt

1. eine Sendung, die einem solchen Unternehmen zur Übermittlung anvertraut worden und verschlossen ist, öffnet oder sich von ihrem Inhalt ohne Öffnung des Verschlusses unter Anwendung technischer Mittel Kenntnis verschafft,
2. eine einem solchen Unternehmen zur Übermittlung anvertraute Sendung unterdrückt oder
3. eine der in Absatz 1 oder in Nummer 1 oder 2 bezeichneten Handlungen gestattet oder fördert.

(3)Die Absätze 1 und 2 gelten auch für Personen, die

1. Aufgaben der Aufsicht über ein in Absatz 1 bezeichnetes Unternehmen wahrnehmen,
2. von einem solchen Unternehmen oder mit dessen Ermächtigung mit dem Erbringen von Post- oder Telekommunikationsdiensten betraut sind oder
3. mit der Herstellung einer dem Betrieb eines solchen Unternehmens dienenden Anlage oder mit Arbeiten daran betraut sind.

(4)Wer unbefugt einer anderen Person eine Mitteilung über Tatsachen macht, die ihm als außerhalb des Post- oder Telekommunikationsbereichs tätigem Amtsträger auf Grund eines befugten oder unbefugten Eingriffs in das Post- oder Fernmeldegeheimnis bekanntgeworden sind, wird mit Freiheitsstrafe bis zu zwei Jahren oder mit Geldstrafe bestraft.

(5)Dem Postgeheimnis unterliegen die näheren Umstände des Postverkehrs bestimmter Personen sowie der Inhalt von Postsendungen. Dem Fernmeldegeheimnis unterliegen der Inhalt der Telekommunikation und ihre näheren Umstände, insbesondere die Tatsache, ob jemand an einem Telekommunikationsvorgang beteiligt ist oder war. Das Fernmeldegeheimnis erstreckt sich auch auf die näheren Umstände erfolgloser Verbindungsversuche.

§§ 207 bis 210 (weggefallen)

Sechzehnter Abschnitt
Straftaten gegen das Leben

§ 211 Mord

(1)Der Mörder wird mit lebenslanger Freiheitsstrafe bestraft.

(2)Mörder ist, wer
aus Mordlust, zur Befriedigung des Geschlechtstriebs, aus Habgier oder sonst aus niedrigen
Beweggründen, heimtückisch oder grausam oder mit gemeingefährlichen Mitteln oder
um eine andere Straftat zu ermöglichen oder zu
verdecken, einen Menschen tötet.

Fußnote

§ 211: Nach Maßgabe der Entscheidungsgründe mit dem GG vereinbar, BVerfGE v. 21.6.1977 I
1236 - 1 BvL 14/76 -

§ 212 Totschlag

(1)Wer einen Menschen tötet, ohne Mörder zu sein, wird als Totschläger mit Freiheitsstrafe nicht
unter fünf Jahren bestraft.

(2)In besonders schweren Fällen ist auf lebenslange Freiheitsstrafe zu erkennen.

§ 213 Minder schwerer Fall des Totschlags

War der Totschläger ohne eigene Schuld durch eine ihm oder einem Angehörigen zugefügte
Mißhandlung oder schwere Beleidigung von dem getöteten Menschen zum Zorn gereizt und
hierdurch auf der Stelle zur Tat
hingerissen worden oder liegt sonst ein minder schwerer Fall vor, so ist die Strafe Freiheitsstrafe von
einem Jahr bis zu zehn Jahren.

§§ 214 und 215 (weggefallen)

§ 216 Tötung auf Verlangen

(1)Ist jemand durch das ausdrückliche und ernstliche Verlangen des Getöteten zur Tötung bestimmt
worden, so ist auf Freiheitsstrafe von sechs Monaten bis zu fünf Jahren zu erkennen.

(2)Der Versuch ist strafbar.

§ 217 Geschäftsmäßige Förderung der Selbsttötung

*(1)Wer in der Absicht, die Selbsttötung eines anderen zu fördern, diesem hierzu geschäftsmäßig die
Gelegenheit gewährt, verschafft oder vermittelt, wird mit Freiheitsstrafe bis zu drei Jahren oder mit
Geldstrafe bestraft.*

*(2)Als Teilnehmer bleibt straffrei, wer selbst nicht geschäftsmäßig handelt und entweder
Angehöriger des in Absatz 1 genannten anderen ist oder diesem nahesteht.*

Fußnote

§ 217: IdF d. Art. 1 Nr. 2 G v. 3.12.2015 I 2177 mWv 10.12.2015; nach Maßgabe der
Entscheidungsformel mit GG unvereinbar und nichtig gem. BVerfGE v. 26.2.2020 I 525 - 2 BvR
2347/15 u.a. -

§ 218 Schwangerschaftsabbruch

(1)Wer eine Schwangerschaft abbricht, wird mit Freiheitsstrafe bis zu drei Jahren oder mit
Geldstrafe bestraft. Handlungen, deren Wirkung vor Abschluß der Einnistung des befruchteten Eies

in der Gebärmutter eintritt, gelten nicht als Schwangerschaftsabbruch im Sinne dieses Gesetzes.

(2)In besonders schweren Fällen ist die Strafe Freiheitsstrafe von sechs Monaten bis zu fünf Jahren. Ein besonders schwerer Fall liegt in der Regel vor, wenn der Täter

1. gegen den Willen der Schwangeren handelt oder

2. leichtfertig die Gefahr des Todes oder einer schweren Gesundheitsschädigung der Schwangeren verursacht.

(3)Begeht die Schwangere die Tat, so ist die Strafe Freiheitsstrafe bis zu einem Jahr oder Geldstrafe.

(4)Der Versuch ist strafbar. Die Schwangere wird nicht wegen Versuchs bestraft.

Fußnote

§§ 218 bis 219b (früher §§ 218 bis 219d): IdF d. Art. 13 Nr. 1 G v. 27.7.1992 I 1398 mWv 5.8.1992; Art. 13 Nr. 1 trat einstweilen nicht in Kraft gem. BVerfGE v. 4.8.1992 I 1585 - 2 BvQ 16/92 u. a. -; die einstweilige Anordnung
v. 4.8.1992 wurde nach BVerfGE v. 25.1.1993 I 270 wiederholt.
§ 218: Anwendbar ab 16.6.1993 gem. Abschn. II Nr. 1 nach Maßgabe der Nr. 2 bis 9 der Entscheidungsformel gem. BVerfGE v. 28.5.1993 I 820 - 2 BvF 2/90 u. a. -

§ 218a Straflosigkeit des Schwangerschaftsabbruchs

(1)Der Tatbestand des § 218 ist nicht verwirklicht, wenn

1. die Schwangere den Schwangerschaftsabbruch verlangt und dem Arzt durch eine Bescheinigung nach § 219 Abs. 2 Satz 2 nachgewiesen hat, daß sie sich mindestens drei Tage vor dem Eingriff hat beraten lassen,

2. der Schwangerschaftsabbruch von einem Arzt vorgenommen wird und

3. seit der Empfängnis nicht mehr als zwölf Wochen vergangen sind.

(2)Der mit Einwilligung der Schwangeren von einem Arzt vorgenommene Schwangerschaftsabbruch ist nicht rechtswidrig, wenn der Abbruch der Schwangerschaft unter Berücksichtigung der gegenwärtigen und zukünftigen Lebensverhältnisse der Schwangeren nach ärztlicher Erkenntnis angezeigt ist, um eine Gefahr für das Leben oder die Gefahr einer schwerwiegenden Beeinträchtigung des körperlichen oder seelischen Gesundheitszustandes der Schwangeren abzuwenden, und die Gefahr nicht auf eine andere für sie zumutbare Weise abgewendet werden kann.

(3)Die Voraussetzungen des Absatzes 2 gelten bei einem Schwangerschaftsabbruch, der mit Einwilligung der Schwangeren von einem Arzt vorgenommen wird, auch als erfüllt, wenn nach ärztlicher Erkenntnis an der Schwangeren eine rechtswidrige Tat nach den §§ 176 bis 178 des Strafgesetzbuches begangen worden ist, dringende Gründe für die Annahme sprechen, daß die Schwangerschaft auf der Tat beruht, und seit der Empfängnis nicht mehr als zwölf Wochen vergangen sind.

(4)Die Schwangere ist nicht nach § 218 strafbar, wenn der Schwangerschaftsabbruch nach Beratung (§ 219) von einem Arzt vorgenommen worden ist und seit der Empfängnis nicht mehr als zweiundzwanzig Wochen verstrichen sind. Das Gericht kann von Strafe nach § 218 absehen, wenn die Schwangere sich zur Zeit des Eingriffs in besonderer Bedrängnis befunden hat.

Fußnote

§§ 218 bis 219b (früher §§ 218 bis 219d): IdF d. Art. 13 Nr. 1 G v. 27.7.1992 I 1398 mWv 5.8.1992; Art. 13 Nr. 1 trat einstweilen nicht in Kraft gem. BVerfGE v. 4.8.1992 I 1585 - 2 BvO 16/92 u. a. -; die einstweilige Anordnung
v. 4.8.1992 wurde nach BVerfGE v. 25.1.1993 I 270 wiederholt.
§ 218a Abs. 4: Anwendbar ab 16.6.1993 gem. Abschn. II Nr. 1 nach Maßgabe der Nr. 2 bis 9 der Entscheidungsformel gem. BVerfGE v. 28.5.1993 - 2 BvF 2/90 u. a. -

§ 218b Schwangerschaftsabbruch ohne ärztliche Feststellung; unrichtige ärztliche

Feststellung

(1)Wer in den Fällen des § 218a Abs. 2 oder 3 eine Schwangerschaft abbricht, ohne daß ihm die schriftliche Feststellung eines Arztes, der nicht selbst den Schwangerschaftsabbruch vornimmt, darüber vorgelegen hat, ob die Voraussetzungen des § 218a Abs. 2 oder 3 gegeben sind, wird mit Freiheitsstrafe bis zu einem Jahr oder mit Geldstrafe bestraft, wenn die Tat nicht in § 218 mit Strafe bedroht ist. Wer als Arzt wider besseres Wissen eine unrichtige Feststellung über die Voraussetzungen des § 218a Abs. 2 oder 3 zur Vorlage nach Satz 1 trifft, wird mit Freiheitsstrafe bis zu zwei Jahren oder mit Geldstrafe bestraft, wenn die Tat nicht in § 218 mit Strafe bedroht ist. Die Schwangere ist nicht nach Satz 1 oder 2 strafbar.

(2)Ein Arzt darf Feststellungen nach § 218a Abs. 2 oder 3 nicht treffen, wenn ihm die zuständige Stelle dies untersagt hat, weil er wegen einer rechtswidrigen Tat nach Absatz 1, den §§ 218, 219a oder 219b oder wegen einer anderen rechtswidrigen Tat, die er im Zusammenhang mit einem Schwangerschaftsabbruch begangen hat, rechtskräftig verurteilt worden ist. Die zuständige Stelle kann einem Arzt vorläufig untersagen, Feststellungen nach § 218a Abs. 2 und 3 zu treffen, wenn gegen ihn wegen des Verdachts einer der in Satz 1 bezeichneten rechtswidrigen Taten das Hauptverfahren eröffnet worden ist.

Fußnote

§§ 218 bis 219b (früher §§ 218 bis 219d): IdF d. Art. 13 Nr. 1 G v. 27.7.1992 I 1398 mWv 5.8.1992; Art. 13 Nr. 1 trat einstweilen nicht in Kraft gem. BVerfGE v. 4.8.1992 I 1585 - 2 BvO 16/92 u. a. -; die einstweilige Anordnung
v. 4.8.1992 wurde nach BVerfGE v. 25.1.1993 I 270 wiederholt.
§ 218b: Anwendbar ab 16.6.1993 gem. Abschn. II Nr. 1 nach Maßgabe der Nr. 2 bis 9 der Entscheidungsformel gem. BVerfGE v. 28.5.1993 - 2 BvF 2/90 u. a. -

§ 218c Ärztliche Pflichtverletzung bei einem Schwangerschaftsabbruch

(1)Wer eine Schwangerschaft abbricht,

1. ohne der Frau Gelegenheit gegeben zu haben, ihm die Gründe für ihr Verlangen nach Abbruch der Schwangerschaft darzulegen,
2. ohne die Schwangere über die Bedeutung des Eingriffs, insbesondere über Ablauf, Folgen, Risiken, mögliche physische und psychische Auswirkungen ärztlich beraten zu haben,
3. ohne sich zuvor in den Fällen des § 218a Abs. 1 und 3 auf Grund ärztlicher Untersuchung von der Dauer der Schwangerschaft überzeugt zu haben oder
4. obwohl er die Frau in einem Fall des § 218a Abs. 1 nach § 219 beraten hat,

wird mit Freiheitsstrafe bis zu einem Jahr oder mit Geldstrafe bestraft, wenn die Tat nicht in § 218 mit Strafe bedroht ist.

(2)Die Schwangere ist nicht nach Absatz 1 strafbar.

§ 219 Beratung der Schwangeren in einer Not- und Konfliktlage

(1)Die Beratung dient dem Schutz des ungeborenen Lebens. Sie hat sich von dem Bemühen leiten zu lassen, die Frau zur Fortsetzung der Schwangerschaft zu ermutigen und ihr Perspektiven für ein Leben mit dem Kind zu eröffnen; sie soll ihr helfen, eine verantwortliche und gewissenhafte Entscheidung zu treffen. Dabei muß der Frau bewußt sein, daß das Ungeborene in jedem Stadium der Schwangerschaft auch ihr gegenüber ein eigenes Recht auf Leben hat und daß deshalb nach der Rechtsordnung ein Schwangerschaftsabbruch nur in
Ausnahmesituationen in Betracht kommen kann, wenn der Frau durch das Austragen des Kindes eine Belastung erwächst, die so schwer und außergewöhnlich ist, daß sie die zumutbare Opfergrenze übersteigt. Die Beratung soll durch Rat und Hilfe dazu beitragen, die in Zusammenhang mit der Schwangerschaft bestehende Konfliktlage zu bewältigen und einer Notlage abzuhelfen. Das Nähere regelt das Schwangerschaftskonfliktgesetz.

(2)Die Beratung hat nach dem Schwangerschaftskonfliktgesetz durch eine anerkannte Schwangerschaftskonfliktberatungsstelle zu erfolgen. Die Beratungsstelle hat der Schwangeren nach Abschluß der Beratung hierüber eine mit dem Datum des letzten Beratungsgesprächs und dem Namen der Schwangeren versehene Bescheinigung nach Maßgabe des Schwangerschaftskonfliktgesetzes auszustellen. Der Arzt, der den Abbruch der Schwangerschaft vornimmt, ist als Berater ausgeschlossen.

§ 219a Werbung für den Abbruch der Schwangerschaft

(1)Wer öffentlich, in einer Versammlung oder durch Verbreiten eines Inhalts (§ 11 Absatz 3) seines Vermögensvorteils wegen oder in grob anstößiger Weise

1. eigene oder fremde Dienste zur Vornahme oder Förderung eines Schwangerschaftsabbruchs oder

2. Mittel, Gegenstände oder Verfahren, die zum Abbruch der Schwangerschaft geeignet sind, unter Hinweis auf diese Eignung

anbietet, ankündigt, anpreist oder Erklärungen solchen Inhalts bekanntgibt, wird mit Freiheitsstrafe bis zu zwei Jahren oder mit Geldstrafe bestraft.

(2)Absatz 1 Nr. 1 gilt nicht, wenn Ärzte oder auf Grund Gesetzes anerkannte Beratungsstellen darüber unterrichtet werden, welche Ärzte, Krankenhäuser oder Einrichtungen bereit sind, einen Schwangerschaftsabbruch unter den Voraussetzungen des § 218a Abs. 1 bis 3 vorzunehmen.

(3)Absatz 1 Nr. 2 gilt nicht, wenn die Tat gegenüber Ärzten oder Personen, die zum Handel mit den in Absatz 1 Nr. 2 erwähnten Mitteln oder Gegenständen befugt sind, oder durch eine Veröffentlichung in ärztlichen oder pharmazeutischen Fachblättern begangen wird.

(4)Absatz 1 gilt nicht, wenn Ärzte, Krankenhäuser oder Einrichtungen

1. auf die Tatsache hinweisen, dass sie Schwangerschaftsabbrüche unter den Voraussetzungen des § 218a Absatz 1 bis 3 vornehmen, oder

2. auf Informationen einer insoweit zuständigen Bundes- oder Landesbehörde, einer Beratungsstelle nach dem Schwangerschaftskonfliktgesetz oder einer Ärztekammer über einen Schwangerschaftsabbruch hinweisen.

Fußnote

§§ 218 bis 219b (früher §§ 218 bis 219d): IdF d. Art. 13 Nr. 1 G v. 27.7.1992 I 1398 mWv 5.8.1992; Art. 13 Nr. 1 trat einstweilen nicht in Kraft gem. BVerfGE v. 4.8.1992 I 1585 - 2 BvO 16/92 u. a. -; die einstweilige Anordnung
v. 4.8.1992 wurde nach BVerfGE v. 25.1.1993 I 270 wiederholt.
§ 219a: Anwendbar ab 16.6.1993 gem. Abschn. II Nr. 1 nach Maßgabe der Nr. 2 bis 9 der Entscheidungsformel gem. BVerfGE v. 28.5.1993 - 2 BvF 2/90 u. a. -

§ 219b Inverkehrbringen von Mitteln zum Abbruch der Schwangerschaft

(1)Wer in der Absicht, rechtswidrige Taten nach § 218 zu fördern, Mittel oder Gegenstände, die zum Schwangerschaftsabbruch geeignet sind, in den Verkehr bringt, wird mit Freiheitsstrafe bis zu zwei Jahren oder mit Geldstrafe bestraft.

(2)Die Teilnahme der Frau, die den Abbruch ihrer Schwangerschaft vorbereitet, ist nicht nach Absatz 1 strafbar.

(3)Mittel oder Gegenstände, auf die sich die Tat bezieht, können eingezogen werden.

Fußnote

§§ 218 bis 219b (früher §§ 218 bis 219d): IdF d. Art. 13 Nr. 1 G v. 27.7.1992 I 1398 mWv 5.8.1992; Art. 13 Nr. 1 trat einstweilen nicht in Kraft gem. BVerfGE v. 4.8.1992 I 1585 - 2 BvO 16/92 u. a. -; die einstweilige Anordnung
v. 4.8.1992 wurde nach BVerfGE v. 25.1.1993 I 270 wiederholt.
§ 219b: Anwendbar ab 16.6.1993 gem. Abschn. II Nr. 1 nach Maßgabe der Nr. 2 bis 9 der Entscheidungsformel gem. BVerfGE v. 28.5.1993 - 2 BvF 2/90 u. a. -

§ 219c (weggefallen)

-

Fußnote

§ 219c: Aufgeh. durch Art. 13 Nr. 1 G v. 27.7.1992 I 1398 mWv 5.8.1992; Art. 13 Nr. 1 trat einstweilen nicht in Kraft gem. BVerfGE v. 4.8.1992 I 1585 - 2 BvO 16/92 u. a. -; die einstweilige Anordnung v. 4.8.1992 wurde nach BVerfGE v. 25.1.1993 I 270 wiederholt.
§ 219c: Aufhebung wirksam ab 16.6.1993 gem. Abschn. II Nr. 1 nach Maßgabe der Nr. 2 bis 9 der Entscheidungsformel gem. BVerfGE v. 28.5.1993 - 2 BvF 2/90 u. a. -

§ 219d (weggefallen)

-

Fußnote

§ 219d: Aufgeh. durch Art. 13 Nr. 1 G v. 27.7.1992 I 1398 mWv 5.8.1992; Art. 13 Nr. 1 trat einstweilen nicht in Kraft gem. BVerfGE v. 4.8.1992 I 1585 - 2 BvO 16/92 u. a. -; die einstweilige Anordnung v. 4.8.1992 wurde nach BVerfGE v. 25.1.1993 I 270 wiederholt.
§ 219d: Aufhebung wirksam ab 16.6.1993 gem. Abschn. II Nr. 1 nach Maßgabe der Nr. 2 bis 9 der Entscheidungsformel gem. BVerfGE v. 28.5.1993 - 2 BvF 2/90 u. a. -

§ 220 (weggefallen)

-

§ 220a (weggefallen)

-

§ 221 Aussetzung

(1)Wer einen Menschen

1. in eine hilflose Lage versetzt oder

2. in einer hilflosen Lage im Stich läßt, obwohl er ihn in seiner Obhut hat oder ihm sonst beizustehen verpflichtet ist,

und ihn dadurch der Gefahr des Todes oder einer schweren Gesundheitsschädigung aussetzt, wird mit Freiheitsstrafe von drei Monaten bis zu fünf Jahren bestraft.

(2)Auf Freiheitsstrafe von einem Jahr bis zu zehn Jahren ist zu erkennen, wenn der Täter

1. die Tat gegen sein Kind oder eine Person begeht, die ihm zur Erziehung oder zur

Betreuung in der Lebensführung anvertraut ist, oder

2. durch die Tat eine schwere Gesundheitsschädigung des Opfers verursacht.

(3)Verursacht der Täter durch die Tat den Tod des Opfers, so ist die Strafe Freiheitsstrafe nicht unter drei Jahren.

(4)In minder schweren Fällen des Absatzes 2 ist auf Freiheitsstrafe von sechs Monaten bis zu fünf Jahren, in minder schweren Fällen des Absatzes 3 auf Freiheitsstrafe von einem Jahr bis zu zehn Jahren zu erkennen.

§ 222 Fahrlässige Tötung

Wer durch Fahrlässigkeit den Tod eines Menschen verursacht, wird mit Freiheitsstrafe bis zu fünf Jahren oder mit Geldstrafe bestraft.

Siebzehnter Abschnitt
Straftaten gegen die körperliche Unversehrtheit

§ 223 Körperverletzung

(1)Wer eine andere Person körperlich mißhandelt oder an der Gesundheit schädigt, wird mit Freiheitsstrafe bis zu fünf Jahren oder mit Geldstrafe bestraft.

(2)Der Versuch ist strafbar.

§ 224 Gefährliche Körperverletzung

(1)Wer die Körperverletzung

1. durch Beibringung von Gift oder anderen gesundheitsschädlichen Stoffen,

2. mittels einer Waffe oder eines anderen gefährlichen Werkzeugs,

3. mittels eines hinterlistigen Überfalls,

4. mit einem anderen Beteiligten gemeinschaftlich oder

5. mittels einer das Leben gefährdenden Behandlung

begeht, wird mit Freiheitsstrafe von sechs Monaten bis zu zehn Jahren, in minder schweren Fällen mit Freiheitsstrafe von drei Monaten bis zu fünf Jahren bestraft.

(2)Der Versuch ist strafbar.

§ 225 Mißhandlung von Schutzbefohlenen

(1)Wer eine Person unter achtzehn Jahren oder eine wegen Gebrechlichkeit oder Krankheit wehrlose Person, die

1. seiner Fürsorge oder Obhut untersteht,

2. seinem Hausstand angehört,

3. von dem Fürsorgepflichtigen seiner Gewalt überlassen worden oder

4. ihm im Rahmen eines Dienst- oder Arbeitsverhältnisses untergeordnet ist,

quält oder roh mißhandelt, oder wer durch böswillige Vernachlässigung seiner Pflicht, für sie zu sorgen, sie an der Gesundheit schädigt, wird mit Freiheitsstrafe von sechs Monaten bis zu zehn Jahren bestraft.

(2)Der Versuch ist strafbar.

(3)Auf Freiheitsstrafe nicht unter einem Jahr ist zu erkennen, wenn der Täter die schutzbefohlene Person durch die Tat in die Gefahr

1. des Todes oder einer schweren Gesundheitsschädigung oder

2. einer erheblichen Schädigung der körperlichen oder seelischen

Entwicklung bringt.

(4)In minder schweren Fällen des Absatzes 1 ist auf Freiheitsstrafe von drei Monaten bis zu fünf Jahren, in minder schweren Fällen des Absatzes 3 auf Freiheitsstrafe von sechs Monaten bis zu fünf Jahren zu erkennen.

§ 226 Schwere Körperverletzung

(1)Hat die Körperverletzung zur Folge, daß die verletzte Person

1. das Sehvermögen auf einem Auge oder beiden Augen, das Gehör, das Sprechvermögen oder die Fortpflanzungsfähigkeit verliert,

2. ein wichtiges Glied des Körpers verliert oder dauernd nicht mehr gebrauchen kann oder

3. in erheblicher Weise dauernd entstellt wird oder in Siechtum, Lähmung oder geistige Krankheit oder Behinderung verfällt,

so ist die Strafe Freiheitsstrafe von einem Jahr bis zu zehn Jahren.

(2)Verursacht der Täter eine der in Absatz 1 bezeichneten Folgen absichtlich oder wissentlich, so ist die Strafe Freiheitsstrafe nicht unter drei Jahren.

(3)In minder schweren Fällen des Absatzes 1 ist auf Freiheitsstrafe von sechs Monaten bis zu fünf Jahren, in minder schweren Fällen des Absatzes 2 auf Freiheitsstrafe von einem Jahr bis zu zehn Jahren zu erkennen.

§ 226a Verstümmelung weiblicher Genitalien

(1)Wer die äußeren Genitalien einer weiblichen Person verstümmelt, wird mit Freiheitsstrafe nicht unter einem Jahr bestraft.

(2)In minder schweren Fällen ist auf Freiheitsstrafe von sechs Monaten bis zu fünf Jahren zu erkennen.

§ 227 Körperverletzung mit Todesfolge

(1)Verursacht der Täter durch die Körperverletzung (§§ 223 bis 226a) den Tod der verletzten Person, so ist die Strafe Freiheitsstrafe nicht unter drei Jahren.

(2)In minder schweren Fällen ist auf Freiheitsstrafe von einem Jahr bis zu zehn Jahren zu erkennen.

§ 228 Einwilligung

Wer eine Körperverletzung mit Einwilligung der verletzten Person vornimmt, handelt nur dann rechtswidrig, wenn die Tat trotz der Einwilligung gegen die guten Sitten verstößt.

§ 229 Fahrlässige Körperverletzung

Wer durch Fahrlässigkeit die Körperverletzung einer anderen Person verursacht, wird mit Freiheitsstrafe bis zu drei Jahren oder mit Geldstrafe bestraft.

§ 230 Strafantrag

(1)Die vorsätzliche Körperverletzung nach § 223 und die fahrlässige Körperverletzung nach § 229 werden nur auf Antrag verfolgt, es sei denn, daß die Strafverfolgungsbehörde wegen des besonderen öffentlichen Interesses an der Strafverfolgung ein Einschreiten von Amts wegen für geboten hält. Stirbt die verletzte Person, so geht bei vorsätzlicher Körperverletzung das Antragsrecht nach § 77 Abs. 2 auf die Angehörigen über.

(2)Ist die Tat gegen einen Amtsträger, einen für den öffentlichen Dienst besonders Verpflichteten oder einen Soldaten der Bundeswehr während der Ausübung seines Dienstes oder in Beziehung auf seinen Dienst begangen, so wird sie auch auf Antrag des Dienstvorgesetzten verfolgt. Dasselbe gilt für Träger von Ämtern der Kirchen und anderen Religionsgesellschaften des öffentlichen Rechts.

§ 231 Beteiligung an einer Schlägerei

(1)Wer sich an einer Schlägerei oder an einem von mehreren verübten Angriff beteiligt, wird schon wegen dieser Beteiligung mit Freiheitsstrafe bis zu drei Jahren oder mit Geldstrafe bestraft, wenn durch die Schlägerei oder den Angriff der Tod eines Menschen oder eine schwere Körperverletzung (§ 226) verursacht worden ist.

(2)Nach Absatz 1 ist nicht strafbar, wer an der Schlägerei oder dem Angriff beteiligt war, ohne daß ihm dies vorzuwerfen ist.

Achtzehnter Abschnitt
Straftaten gegen die persönliche Freiheit

§ 232 Menschenhandel

(1)Mit Freiheitsstrafe von sechs Monaten bis zu fünf Jahren wird bestraft, wer eine andere Person unter Ausnutzung ihrer persönlichen oder wirtschaftlichen Zwangslage oder ihrer Hilflosigkeit, die mit dem Aufenthalt in einem fremden Land verbunden ist, oder wer eine andere Person unter einundzwanzig Jahren anwirbt, befördert, weitergibt, beherbergt oder aufnimmt, wenn

1. diese Person ausgebeutet werden soll

    a) bei der Ausübung der Prostitution oder bei der Vornahme sexueller Handlungen an oder vor dem Täter oder einer dritten Person oder bei der Duldung sexueller Handlungen an sich selbst durch den Täter oder eine dritte Person,

    b) durch eine Beschäftigung,

    c) bei der Ausübung der Bettelei oder

    d) bei der Begehung von mit Strafe bedrohten Handlungen durch diese Person,

2. diese Person in Sklaverei, Leibeigenschaft, Schuldknechtschaft oder in Verhältnissen, die dem entsprechen oder ähneln, gehalten werden soll oder

3. dieser Person rechtswidrig ein Organ entnommen werden soll.

Ausbeutung durch eine Beschäftigung im Sinne des Satzes 1 Nummer 1 Buchstabe b liegt vor, wenn die Beschäftigung aus rücksichtslosem Gewinnstreben zu Arbeitsbedingungen erfolgt, die in einem auffälligen Missverhältnis zu den Arbeitsbedingungen solcher Arbeitnehmer stehen, welche der gleichen oder einer vergleichbaren Beschäftigung nachgehen (ausbeuterische Beschäftigung).

(2)Mit Freiheitsstrafe von sechs Monaten bis zu zehn Jahren wird bestraft, wer eine andere Person, die in der in Absatz 1 Satz 1 Nummer 1 bis 3 bezeichneten Weise ausgebeutet werden soll,

1. mit Gewalt, durch Drohung mit einem empfindlichen Übel oder durch List anwirbt, befördert, weitergibt, beherbergt oder aufnimmt oder

2. entführt oder sich ihrer bemächtigt oder ihrer Bemächtigung durch eine dritte Person Vorschub leistet.

(3)In den Fällen des Absatzes 1 ist auf Freiheitsstrafe von sechs Monaten bis zu zehn Jahren zu erkennen, wenn

1. das Opfer zur Zeit der Tat unter achtzehn Jahren alt ist,

2. der Täter das Opfer bei der Tat körperlich schwer misshandelt oder durch die Tat oder eine während der Tat begangene Handlung wenigstens leichtfertig in die Gefahr des Todes oder einer schweren Gesundheitsschädigung bringt oder

3. der Täter gewerbsmäßig handelt oder als Mitglied einer Bande, die sich zur fortgesetzten Begehung solcher Taten verbunden hat.

In den Fällen des Absatzes 2 ist auf Freiheitsstrafe von einem Jahr bis zu zehn Jahren zu erkennen, wenn einer der in Satz 1 Nummer 1 bis 3 bezeichneten Umstände vorliegt.

(4)In den Fällen der Absätze 1, 2 und 3 Satz 1 ist der Versuch strafbar.

§ 232a Zwangsprostitution

(1)Mit Freiheitsstrafe von sechs Monaten bis zu zehn Jahren wird bestraft, wer eine andere Person unter Ausnutzung ihrer persönlichen oder wirtschaftlichen Zwangslage oder ihrer Hilflosigkeit, die mit dem Aufenthalt in einem fremden Land verbunden ist, oder wer eine andere Person unter einundzwanzig Jahren veranlasst,

1. die Prostitution aufzunehmen oder fortzusetzen oder

2. sexuelle Handlungen, durch die sie ausgebeutet wird, an oder vor dem Täter oder einer dritten Person vorzunehmen oder von dem Täter oder einer dritten Person an sich vornehmen zu lassen.

(2) Der Versuch ist strafbar.

(3) Mit Freiheitsstrafe von einem Jahr bis zu zehn Jahren wird bestraft, wer eine andere Person mit Gewalt, durch Drohung mit einem empfindlichen Übel oder durch List zu der Aufnahme oder Fortsetzung der Prostitution oder den in Absatz 1 Nummer 2 bezeichneten sexuellen Handlungen veranlasst.

(4) In den Fällen des Absatzes 1 ist auf Freiheitsstrafe von einem Jahr bis zu zehn Jahren und in den Fällen des Absatzes 3 auf Freiheitsstrafe nicht unter einem Jahr zu erkennen, wenn einer der in § 232 Absatz 3 Satz 1 Nummer 1 bis 3 bezeichneten Umstände vorliegt.

(5) In minder schweren Fällen des Absatzes 1 ist auf Freiheitsstrafe von drei Monaten bis zu fünf Jahren zu erkennen, in minder schweren Fällen der Absätze 3 und 4 auf Freiheitsstrafe von sechs Monaten bis zu zehn Jahren.

(6) Mit Freiheitsstrafe von drei Monaten bis zu fünf Jahren wird bestraft, wer an einer Person, die Opfer

1. eines Menschenhandels nach § 232 Absatz 1 Satz 1 Nummer 1 Buchstabe a, auch in Verbindung mit § 232 Absatz 2, oder

2. einer Tat nach den Absätzen 1 bis 5

geworden ist und der Prostitution nachgeht, gegen Entgelt sexuelle Handlungen vornimmt oder von ihr an sich vornehmen lässt und dabei deren persönliche oder wirtschaftliche Zwangslage oder deren Hilflosigkeit, die mit dem Aufenthalt in einem fremden Land verbunden ist, ausnutzt. Verkennt der Täter bei der sexuellen Handlung zumindest leichtfertig die Umstände des Satzes 1 Nummer 1 oder 2 oder die persönliche oder wirtschaftliche Zwangslage des Opfers oder dessen Hilfslosigkeit, so ist die Strafe Freiheitsstrafe bis zu drei Jahren oder Geldstrafe. Nach den Sätzen 1 und 2 wird nicht bestraft, wer eine Tat nach Satz 1 Nummer 1 oder 2, die zum Nachteil der Person, die nach Satz 1 der Prostitution nachgeht, begangen wurde, freiwillig bei der zuständigen Behörde anzeigt oder freiwillig eine solche Anzeige veranlasst, wenn nicht diese Tat zu diesem Zeitpunkt ganz oder zum Teil bereits entdeckt war und der Täter dies wusste oder bei verständiger Würdigung der Sachlage damit rechnen musste.

§ 232b Zwangsarbeit

(1) Mit Freiheitsstrafe von sechs Monaten bis zu zehn Jahren wird bestraft, wer eine andere Person unter Ausnutzung ihrer persönlichen oder wirtschaftlichen Zwangslage oder ihrer Hilflosigkeit, die mit dem Aufenthalt in einem fremden Land verbunden ist, oder wer eine andere Person unter einundzwanzig Jahren veranlasst,

1. eine ausbeuterische Beschäftigung (§ 232 Absatz 1 Satz 2) aufzunehmen oder fortzusetzen,

2. sich in Sklaverei, Leibeigenschaft, Schuldknechtschaft oder in Verhältnisse, die dem entsprechen oder ähneln, zu begeben oder

3. die Bettelei, bei der sie ausgebeutet wird, aufzunehmen oder fortzusetzen.

(2) Der Versuch ist strafbar.

(3) Mit Freiheitsstrafe von einem Jahr bis zu zehn Jahren wird bestraft, wer eine andere Person mit Gewalt, durch Drohung mit einem empfindlichen Übel oder durch List veranlasst,

1. eine ausbeuterische Beschäftigung (§ 232 Absatz 1 Satz 2) aufzunehmen oder fortzusetzen,

2. sich in Sklaverei, Leibeigenschaft, Schuldknechtschaft oder in Verhältnisse, die dem

entsprechen oder ähneln, zu begeben oder

3. die Bettelei, bei der sie ausgebeutet wird, aufzunehmen oder fortzusetzen.

(4)§ 232a Absatz 4 und 5 gilt entsprechend.

§ 233 Ausbeutung der Arbeitskraft

(1)Mit Freiheitsstrafe bis zu drei Jahren oder mit Geldstrafe wird bestraft, wer eine andere Person unter Ausnutzung ihrer persönlichen oder wirtschaftlichen Zwangslage oder ihrer Hilflosigkeit, die mit dem Aufenthalt in einem fremden Land verbunden ist, oder wer eine andere Person unter einundzwanzig Jahren ausbeutet

1. durch eine Beschäftigung nach § 232 Absatz 1 Satz 2,

2. bei der Ausübung der Bettelei oder

3. bei der Begehung von mit Strafe bedrohten Handlungen durch diese Person.

(2)Auf Freiheitsstrafe von sechs Monaten bis zu zehn Jahren ist zu erkennen, wenn

1. das Opfer zur Zeit der Tat unter achtzehn Jahren alt ist,

2. der Täter das Opfer bei der Tat körperlich schwer misshandelt oder durch die Tat oder eine während der Tat begangene Handlung wenigstens leichtfertig in die Gefahr des Todes oder einer schweren Gesundheitsschädigung bringt,

3. der Täter das Opfer durch das vollständige oder teilweise Vorenthalten der für die Tätigkeit des Opfers üblichen Gegenleistung in wirtschaftliche Not bringt oder eine bereits vorhandene wirtschaftliche Not erheblich vergrößert oder

4. der Täter als Mitglied einer Bande handelt, die sich zur fortgesetzten Begehung solcher Taten verbunden hat.

(3)Der Versuch ist strafbar.

(4)In minder schweren Fällen des Absatzes 1 ist auf Freiheitsstrafe bis zu zwei Jahren oder auf Geldstrafe zu erkennen, in minder schweren Fällen des Absatzes 2 auf Freiheitsstrafe von drei Monaten bis zu fünf Jahren.

(5)Mit Freiheitsstrafe bis zu zwei Jahren oder mit Geldstrafe wird bestraft, wer einer Tat nach Absatz 1 Nummer 1 Vorschub leistet durch die

1. Vermittlung einer ausbeuterischen Beschäftigung (§ 232 Absatz 1 Satz 2),

2. Vermietung von Geschäftsräumen oder

3. Vermietung von Räumen zum Wohnen an die auszubeutende Person.

Satz 1 gilt nicht, wenn die Tat bereits nach anderen Vorschriften mit schwererer Strafe bedroht ist.

§ 233a Ausbeutung unter Ausnutzung einer Freiheitsberaubung

(1)Mit Freiheitsstrafe von sechs Monaten bis zu zehn Jahren wird bestraft, wer eine andere Person einsperrt oder auf andere Weise der Freiheit beraubt und sie in dieser Lage ausbeutet

1. bei der Ausübung der Prostitution,

2. durch eine Beschäftigung nach § 232 Absatz 1 Satz 2,

3. bei der Ausübung der Bettelei oder

4. bei der Begehung von mit Strafe bedrohten Handlungen durch diese Person.

(2)Der Versuch ist strafbar.

(3)In den Fällen des Absatzes 1 ist auf Freiheitsstrafe von einem Jahr bis zu zehn Jahren zu erkennen, wenn einer der in § 233 Absatz 2 Nummer 1 bis 4 bezeichneten Umstände vorliegt.

(4)In minder schweren Fällen des Absatzes 1 ist auf Freiheitsstrafe von drei Monaten bis zu fünf

Jahren, in minder schweren Fällen des Absatzes 3 auf Freiheitsstrafe von sechs Monaten bis zu zehn Jahren zu erkennen.

§ 233b Führungsaufsicht

In den Fällen der §§ 232, 232a Absatz 1 bis 5, der §§ 232b, 233 Absatz 1 bis 4 und des § 233a kann das Gericht Führungsaufsicht anordnen (§ 68 Abs. 1).

§ 234 Menschenraub

(1)Wer sich einer anderen Person mit Gewalt, durch Drohung mit einem empfindlichen Übel oder durch List bemächtigt, um sie in hilfloser Lage auszusetzen oder dem Dienst in einer militärischen oder militärähnlichen Einrichtung im Ausland zuzuführen, wird mit Freiheitsstrafe von einem Jahr bis zu zehn Jahren bestraft.

(2)In minder schweren Fällen ist die Strafe Freiheitsstrafe von sechs Monaten bis zu fünf Jahren.

§ 234a Verschleppung

(1)Wer einen anderen durch List, Drohung oder Gewalt in ein Gebiet außerhalb des räumlichen Geltungsbereichs dieses Gesetzes verbringt oder veranlaßt, sich dorthin zu begeben, oder davon abhält, von dort zurückzukehren, und dadurch der Gefahr aussetzt, aus politischen Gründen verfolgt zu werden und hierbei im Widerspruch zu rechtsstaatlichen Grundsätzen durch Gewalt- oder Willkürmaßnahmen Schaden an Leib oder Leben zu erleiden, der Freiheit beraubt oder in seiner beruflichen oder wirtschaftlichen Stellung empfindlich beeinträchtigt zu werden, wird mit Freiheitsstrafe nicht unter einem Jahr bestraft.

(2)In minder schweren Fällen ist die Strafe Freiheitsstrafe von drei Monaten bis zu fünf Jahren.

(3)Wer eine solche Tat vorbereitet, wird mit Freiheitsstrafe bis zu fünf Jahren oder mit Geldstrafe bestraft.

§ 235 Entziehung Minderjähriger

(1)Mit Freiheitsstrafe bis zu fünf Jahren oder mit Geldstrafe wird bestraft, wer

1. eine Person unter achtzehn Jahren mit Gewalt, durch Drohung mit einem empfindlichen Übel oder durch List oder

2. ein Kind, ohne dessen Angehöriger zu sein,

den Eltern, einem Elternteil, dem Vormund oder dem Pfleger entzieht oder vorenthält.

(2)Ebenso wird bestraft, wer ein Kind den Eltern, einem Elternteil, dem Vormund oder dem Pfleger

1. entzieht, um es in das Ausland zu verbringen, oder

2. im Ausland vorenthält, nachdem es dorthin verbracht worden ist oder es sich dorthin begeben hat.

(3)In den Fällen des Absatzes 1 Nr. 2 und des Absatzes 2 Nr. 1 ist der Versuch strafbar.

(4)Auf Freiheitsstrafe von einem Jahr bis zu zehn Jahren ist zu erkennen, wenn der Täter

1. das Opfer durch die Tat in die Gefahr des Todes oder einer schweren Gesundheitsschädigung oder einer erheblichen Schädigung der körperlichen oder seelischen Entwicklung bringt oder

2. die Tat gegen Entgelt oder in der Absicht begeht, sich oder einen Dritten zu bereichern.

(5)Verursacht der Täter durch die Tat den Tod des Opfers, so ist die Strafe Freiheitsstrafe nicht unter drei Jahren.

(6)In minder schweren Fällen des Absatzes 4 ist auf Freiheitsstrafe von sechs Monaten bis zu fünf Jahren, in minder schweren Fällen des Absatzes 5 auf Freiheitsstrafe von einem Jahr bis zu zehn Jahren zu erkennen.

(7)Die Entziehung Minderjähriger wird in den Fällen der Absätze 1 bis 3 nur auf Antrag verfolgt, es sei denn, daß die Strafverfolgungsbehörde wegen des besonderen öffentlichen Interesses an der Strafverfolgung ein Einschreiten von Amts wegen für geboten hält.

§ 236 Kinderhandel

(1)Wer sein noch nicht achtzehn Jahre altes Kind oder seinen noch nicht achtzehn Jahre alten Mündel oder Pflegling unter grober Vernachlässigung der Fürsorge- oder Erziehungspflicht einem anderen auf Dauer überlässt und dabei gegen Entgelt oder in der Absicht handelt, sich oder einen Dritten zu bereichern, wird mit Freiheitsstrafe bis zu fünf Jahren oder mit Geldstrafe bestraft. Ebenso wird bestraft, wer in den Fällen des Satzes 1 das Kind, den Mündel oder Pflegling auf Dauer bei sich aufnimmt und dafür ein Entgelt gewährt.

(2)Wer unbefugt

1. die Adoption einer Person unter achtzehn Jahren vermittelt oder

2. eine Vermittlungstätigkeit ausübt, die zum Ziel hat, daß ein Dritter eine Person unter achtzehn Jahren auf Dauer bei sich aufnimmt,

und dabei gegen Entgelt oder in der Absicht handelt, sich oder einen Dritten zu bereichern, wird mit Freiheitsstrafe bis zu drei Jahren oder mit Geldstrafe bestraft. Ebenso wird bestraft, wer als Vermittler der Adoption einer Person unter achtzehn Jahren einer Person für die Erteilung der erforderlichen Zustimmung zur Adoption ein Entgelt gewährt. Bewirkt der Täter in den Fällen des Satzes 1, daß die vermittelte Person in das Inland oder in das Ausland verbracht wird, so ist die Strafe Freiheitsstrafe bis zu fünf Jahren oder Geldstrafe.

(3)Der Versuch ist strafbar.

(4)Auf Freiheitsstrafe von sechs Monaten bis zu zehn Jahren ist zu erkennen, wenn der Täter

1. aus Gewinnsucht, gewerbsmäßig oder als Mitglied einer Bande handelt, die sich zur fortgesetzten Begehung eines Kinderhandels verbunden hat, oder

2. das Kind oder die vermittelte Person durch die Tat in die Gefahr einer erheblichen Schädigung der körperlichen oder seelischen Entwicklung bringt.

(5)In den Fällen der Absätze 1 und 3 kann das Gericht bei Beteiligten und in den Fällen der Absätze 2 und 3 bei Teilnehmern, deren Schuld unter Berücksichtigung des körperlichen oder seelischen Wohls des Kindes oder der vermittelten Person gering ist, die Strafe nach seinem Ermessen mildern (§ 49 Abs. 2) oder von Strafe nach den Absätzen 1 bis 3 absehen.

§ 237 Zwangsheirat

(1)Wer einen Menschen rechtswidrig mit Gewalt oder durch Drohung mit einem empfindlichen Übel zur Eingehung der Ehe nötigt, wird mit Freiheitsstrafe von sechs Monaten bis zu fünf Jahren bestraft. Rechtswidrig ist die Tat, wenn die Anwendung der Gewalt oder die Androhung des Übels zu dem angestrebten Zweck als verwerflich anzusehen ist.

(2)Ebenso wird bestraft, wer zur Begehung einer Tat nach Absatz 1 den Menschen durch Gewalt, Drohung mit einem empfindlichen Übel oder durch List in ein Gebiet außerhalb des räumlichen Geltungsbereiches dieses Gesetzes verbringt oder veranlasst, sich dorthin zu begeben, oder davon abhält, von dort zurückzukehren.

(3)Der Versuch ist strafbar.

(4)In minder schweren Fällen ist die Strafe Freiheitsstrafe bis zu drei Jahren oder Geldstrafe.

§ 238 Nachstellung

(1)Mit Freiheitsstrafe bis zu drei Jahren oder mit Geldstrafe wird bestraft, wer einer anderen Person in einer Weise unbefugt nachstellt, die geeignet ist, deren Lebensgestaltung nicht unerheblich zu beeinträchtigen, indem er wiederholt

1. die räumliche Nähe dieser Person aufsucht,

2. unter Verwendung von Telekommunikationsmitteln oder sonstigen Mitteln der Kommunikation

oder über Dritte Kontakt zu dieser Person herzustellen versucht,

3. unter missbräuchlicher Verwendung von personenbezogenen Daten dieser Person

    a)   Bestellungen von Waren oder Dienstleistungen für sie aufgibt oder

    b)   Dritte veranlasst, Kontakt mit ihr aufzunehmen,

4. diese Person mit der Verletzung von Leben, körperlicher Unversehrtheit, Gesundheit oder Freiheit ihrer selbst, eines ihrer Angehörigen oder einer anderen ihr nahestehenden Person bedroht,

5. zulasten dieser Person, eines ihrer Angehörigen oder einer anderen ihr nahestehenden Person eine Tat nach
§ 202a, § 202b oder § 202c begeht,

6. eine Abbildung dieser Person, eines ihrer Angehörigen oder einer anderen ihr nahestehenden Person verbreitet oder der Öffentlichkeit zugänglich macht,

7. einen Inhalt (§ 11 Absatz 3), der geeignet ist, diese Person verächtlich zu machen oder in der öffentlichen Meinung herabzuwürdigen, unter Vortäuschung der Urheberschaft der Person verbreitet oder der Öffentlichkeit zugänglich macht oder

8. eine mit den Nummern 1 bis 7 vergleichbare Handlung vornimmt.

(2) In besonders schweren Fällen des Absatzes 1 Nummer 1 bis 7 wird die Nachstellung mit Freiheitsstrafe von drei Monaten bis zu fünf Jahren bestraft. Ein besonders schwerer Fall liegt in der Regel vor, wenn der Täter

1. durch die Tat eine Gesundheitsschädigung des Opfers, eines Angehörigen des Opfers oder einer anderen dem Opfer nahestehenden Person verursacht,

2. das Opfer, einen Angehörigen des Opfers oder eine andere dem Opfer nahestehende Person durch die Tat in die Gefahr des Todes oder einer schweren Gesundheitsschädigung bringt,

3. dem Opfer durch eine Vielzahl von Tathandlungen über einen Zeitraum von mindestens sechs Monaten nachstellt,

4. bei einer Tathandlung nach Absatz 1 Nummer 5 ein Computerprogramm einsetzt, dessen Zweck das digitale Ausspähen anderer Personen ist,

5. eine durch eine Tathandlung nach Absatz 1 Nummer 5 erlangte Abbildung bei einer Tathandlung nach Absatz 1 Nummer 6 verwendet,

6. einen durch eine Tathandlung nach Absatz 1 Nummer 5 erlangten Inhalt (§ 11 Absatz 3) bei einer Tathandlung nach Absatz 1 Nummer 7 verwendet oder

7. über einundzwanzig Jahre ist und das Opfer unter sechzehn Jahre ist.

(3) Verursacht der Täter durch die Tat den Tod des Opfers, eines Angehörigen des Opfers oder einer anderen dem Opfer nahestehenden Person, so ist die Strafe Freiheitsstrafe von einem Jahr bis zu zehn Jahren.

§ 239 Freiheitsberaubung

(1) Wer einen Menschen einsperrt oder auf andere Weise der Freiheit beraubt, wird mit Freiheitsstrafe bis zu fünf Jahren oder mit Geldstrafe bestraft.

(2) Der Versuch ist strafbar.

(3) Auf Freiheitsstrafe von einem Jahr bis zu zehn Jahren ist zu erkennen, wenn der Täter

1. das Opfer länger als eine Woche der Freiheit beraubt oder

2. durch die Tat oder eine während der Tat begangene Handlung eine schwere Gesundheitsschädigung des Opfers verursacht.

(4) Verursacht der Täter durch die Tat oder eine während der Tat begangene Handlung den Tod des Opfers, so ist die Strafe Freiheitsstrafe nicht unter drei Jahren.

(5)In minder schweren Fällen des Absatzes 3 ist auf Freiheitsstrafe von sechs Monaten bis zu
fünf Jahren, in minder schweren Fällen des Absatzes 4 auf Freiheitsstrafe von einem Jahr bis zu
zehn Jahren zu erkennen.

§ 239a Erpresserischer Menschenraub

(1)Wer einen Menschen entführt oder sich eines Menschen bemächtigt, um die Sorge des Opfers um
sein Wohl oder die Sorge eines Dritten um das Wohl des Opfers zu einer Erpressung (§ 253)
auszunutzen, oder wer die von ihm durch eine solche Handlung geschaffene Lage eines Menschen zu
einer solchen Erpressung ausnutzt, wird mit Freiheitsstrafe nicht unter fünf Jahren bestraft.

(2)In minder schweren Fällen ist die Strafe Freiheitsstrafe nicht unter einem Jahr.

(3)Verursacht der Täter durch die Tat wenigstens leichtfertig den Tod des Opfers, so ist die Strafe
lebenslange Freiheitsstrafe oder Freiheitsstrafe nicht unter zehn Jahren.

(4)Das Gericht kann die Strafe nach § 49 Abs. 1 mildern, wenn der Täter das Opfer unter Verzicht
auf die erstrebte Leistung in dessen Lebenskreis zurückgelangen läßt. Tritt dieser Erfolg ohne
Zutun des Täters ein, so genügt sein ernsthaftes Bemühen, den Erfolg zu erreichen.

§ 239b Geiselnahme

(1)Wer einen Menschen entführt oder sich eines Menschen bemächtigt, um ihn oder einen
Dritten durch die Drohung mit dem Tod oder einer schweren Körperverletzung (§ 226) des
Opfers oder mit dessen Freiheitsentziehung von über einer Woche Dauer zu einer Handlung,
Duldung oder Unterlassung zu nötigen,
oder wer die von ihm durch eine solche Handlung geschaffene Lage eines Menschen zu einer solchen
Nötigung ausnutzt, wird mit Freiheitsstrafe nicht unter fünf Jahren bestraft.

(2)§ 239a Abs. 2 bis 4 gilt entsprechend.

§ 239c Führungsaufsicht

In den Fällen der §§ 239a und 239b kann das Gericht Führungsaufsicht anordnen (§ 68 Abs. 1).

§ 240 Nötigung

(1)Wer einen Menschen rechtswidrig mit Gewalt oder durch Drohung mit einem empfindlichen
Übel zu einer Handlung, Duldung oder Unterlassung nötigt, wird mit Freiheitsstrafe bis zu drei
Jahren oder mit Geldstrafe bestraft.

(2)Rechtswidrig ist die Tat, wenn die Anwendung der Gewalt oder die Androhung des Übels zu dem
angestrebten Zweck als verwerflich anzusehen ist.

(3)Der Versuch ist strafbar.

(4)In besonders schweren Fällen ist die Strafe Freiheitsstrafe von sechs Monaten bis zu fünf
Jahren. Ein besonders schwerer Fall liegt in der Regel vor, wenn der Täter

1. eine Schwangere zum Schwangerschaftsabbruch nötigt oder

2. seine Befugnisse oder seine Stellung als Amtsträger mißbraucht.

§ 241 Bedrohung

(1)Wer einen Menschen mit der Begehung einer gegen ihn oder eine ihm nahestehende Person
gerichteten rechtswidrigen Tat gegen die sexuelle Selbstbestimmung, die körperliche Unversehrtheit,
die persönliche Freiheit oder gegen eine Sache von bedeutendem Wert bedroht, wird mit
Freiheitsstrafe bis zu einem Jahr oder mit Geldstrafe bestraft.

(2)Wer einen Menschen mit der Begehung eines gegen ihn oder eine ihm nahestehende Person
gerichteten Verbrechens bedroht, wird mit Freiheitsstrafe bis zu zwei Jahren oder mit Geldstrafe
bestraft.

(3)Ebenso wird bestraft, wer wider besseres Wissen einem Menschen vortäuscht, daß die Verwirklichung eines gegen ihn oder eine ihm nahestehende Person gerichteten Verbrechens bevorstehe.

(4)Wird die Tat öffentlich, in einer Versammlung oder durch Verbreiten eines Inhalts (§ 11 Absatz 3) begangen, ist in den Fällen des Absatzes 1 auf Freiheitsstrafe bis zu zwei Jahren oder auf Geldstrafe und in den Fällen der Absätze 2 und 3 auf Freiheitsstrafe bis zu drei Jahren oder auf Geldstrafe zu erkennen.

(5)Die für die angedrohte Tat geltenden Vorschriften über den Strafantrag sind entsprechend anzuwenden.

§ 241a Politische Verdächtigung

(1)Wer einen anderen durch eine Anzeige oder eine Verdächtigung der Gefahr aussetzt, aus politischen Gründen verfolgt zu werden und hierbei im Widerspruch zu rechtsstaatlichen Grundsätzen durch Gewalt- oder Willkürmaßnahmen Schaden an Leib oder Leben zu erleiden, der Freiheit beraubt oder in seiner beruflichen oder wirtschaftlichen Stellung empfindlich beeinträchtigt zu werden, wird mit Freiheitsstrafe bis zu fünf Jahren oder mit Geldstrafe bestraft.

(2)Ebenso wird bestraft, wer eine Mitteilung über einen anderen macht oder übermittelt und ihn dadurch der in Absatz 1 bezeichneten Gefahr einer politischen Verfolgung aussetzt.

(3)Der Versuch ist strafbar.

(4)Wird in der Anzeige, Verdächtigung oder Mitteilung gegen den anderen eine unwahre Behauptung aufgestellt oder ist die Tat in der Absicht begangen, eine der in Absatz 1 bezeichneten Folgen herbeizuführen, oder liegt sonst ein besonders schwerer Fall vor, so kann auf Freiheitsstrafe von einem Jahr bis zu zehn Jahren erkannt werden.

Neunzehnter Abschnitt
Diebstahl und
Unterschlagung

§ 242 Diebstahl

(1)Wer eine fremde bewegliche Sache einem anderen in der Absicht wegnimmt, die Sache sich oder einem Dritten rechtswidrig zuzueignen, wird mit Freiheitsstrafe bis zu fünf Jahren oder mit Geldstrafe bestraft.

(2)Der Versuch ist strafbar.

§ 243 Besonders schwerer Fall des Diebstahls

(1)In besonders schweren Fällen wird der Diebstahl mit Freiheitsstrafe von drei Monaten bis zu zehn Jahren bestraft. Ein besonders schwerer Fall liegt in der Regel vor, wenn der Täter

1. zur Ausführung der Tat in ein Gebäude, einen Dienst- oder Geschäftsraum oder in einen anderen umschlossenen Raum einbricht, einsteigt, mit einem falschen Schlüssel oder einem anderen nicht zur ordnungsmäßigen Öffnung bestimmten Werkzeug eindringt oder sich in dem Raum verborgen hält,

2. eine Sache stiehlt, die durch ein verschlossenes Behältnis oder eine andere Schutzvorrichtung gegen Wegnahme besonders gesichert ist,

3. gewerbsmäßig stiehlt,

4. aus einer Kirche oder einem anderen der Religionsausübung dienenden Gebäude oder Raum eine Sache stiehlt, die dem Gottesdienst gewidmet ist oder der religiösen Verehrung dient,

5. eine Sache von Bedeutung für Wissenschaft, Kunst oder Geschichte oder für die technische Entwicklung stiehlt, die sich in einer allgemein zugänglichen Sammlung befindet oder öffentlich ausgestellt ist,

6. stiehlt, indem er die Hilflosigkeit einer anderen Person, einen Unglücksfall oder eine

gemeine Gefahr ausnutzt oder

7. eine Handfeuerwaffe, zu deren Erwerb es nach dem Waffengesetz der Erlaubnis bedarf, ein Maschinengewehr, eine Maschinenpistole, ein voll- oder halbautomatisches Gewehr oder eine Sprengstoff enthaltende Kriegswaffe im Sinne des Kriegswaffenkontrollgesetzes oder Sprengstoff stiehlt.

(2)In den Fällen des Absatzes 1 Satz 2 Nr. 1 bis 6 ist ein besonders schwerer Fall ausgeschlossen, wenn sich die Tat auf eine geringwertige Sache bezieht.

§ 244 Diebstahl mit Waffen; Bandendiebstahl; Wohnungseinbruchdiebstahl

(1)Mit Freiheitsstrafe von sechs Monaten bis zu zehn Jahren wird bestraft, wer

1. einen Diebstahl begeht, bei dem er oder ein anderer Beteiligter

    a) eine Waffe oder ein anderes gefährliches Werkzeug bei sich führt,

    b) sonst ein Werkzeug oder Mittel bei sich führt, um den Widerstand einer anderen Person durch Gewalt oder Drohung mit Gewalt zu verhindern oder zu überwinden,

2. als Mitglied einer Bande, die sich zur fortgesetzten Begehung von Raub oder Diebstahl verbunden hat, unter Mitwirkung eines anderen Bandenmitglieds stiehlt oder

3. einen Diebstahl begeht, bei dem er zur Ausführung der Tat in eine Wohnung einbricht, einsteigt, mit einem falschen Schlüssel oder einem anderen nicht zur ordnungsmäßigen Öffnung bestimmten Werkzeug eindringt oder sich in der Wohnung verborgen hält.

(2)Der Versuch ist strafbar.

(3)In minder schweren Fällen des Absatzes 1 Nummer 1 bis 3 ist die Strafe Freiheitsstrafe von drei Monaten bis zu fünf Jahren.

(4)Betrifft der Wohnungseinbruchdiebstahl nach Absatz 1 Nummer 3 eine dauerhaft genutzte Privatwohnung, so ist die Strafe Freiheitsstrafe von einem Jahr bis zu zehn Jahren.

§ 244a Schwerer Bandendiebstahl

(1)Mit Freiheitsstrafe von einem Jahr bis zu zehn Jahren wird bestraft, wer den Diebstahl unter den in § 243 Abs. 1 Satz 2 genannten Voraussetzungen oder in den Fällen des § 244 Abs. 1 Nr. 1 oder 3 als Mitglied einer Bande, die sich zur fortgesetzten Begehung von Raub oder Diebstahl verbunden hat, unter Mitwirkung eines anderen Bandenmitglieds begeht.

(2)In minder schweren Fällen ist die Strafe Freiheitsstrafe von sechs Monaten bis zu fünf Jahren.

(3)(weggefallen)

§ 245 Führungsaufsicht

In den Fällen der §§ 242 bis 244a kann das Gericht Führungsaufsicht anordnen (§ 68 Abs. 1).

§ 246 Unterschlagung

(1)Wer eine fremde bewegliche Sache sich oder einem Dritten rechtswidrig zueignet, wird mit Freiheitsstrafe bis zu drei Jahren oder mit Geldstrafe bestraft, wenn die Tat nicht in anderen Vorschriften mit schwererer Strafe bedroht ist.

(2)Ist in den Fällen des Absatzes 1 die Sache dem Täter anvertraut, so ist die Strafe Freiheitsstrafe bis zu fünf Jahren oder Geldstrafe.

(3)Der Versuch ist strafbar.

§ 247 Haus- und Familiendiebstahl

Ist durch einen Diebstahl oder eine Unterschlagung ein Angehöriger, der Vormund oder der

Betreuer verletzt oder lebt der Verletzte mit dem Täter in häuslicher Gemeinschaft, so wird die Tat nur auf Antrag verfolgt.

§ 248 (weggefallen)

-

§ 248a Diebstahl und Unterschlagung geringwertiger Sachen

Der Diebstahl und die Unterschlagung geringwertiger Sachen werden in den Fällen der §§ 242 und 246 nur auf Antrag verfolgt, es sei denn, daß die Strafverfolgungsbehörde wegen des besonderen öffentlichen Interesses an der Strafverfolgung ein Einschreiten von Amts wegen für geboten hält.

§ 248b Unbefugter Gebrauch eines Fahrzeugs

(1)Wer ein Kraftfahrzeug oder ein Fahrrad gegen den Willen des Berechtigten in Gebrauch nimmt, wird mit Freiheitsstrafe bis zu drei Jahren oder mit Geldstrafe bestraft, wenn die Tat nicht in anderen Vorschriften mit schwererer Strafe bedroht ist.

(2)Der Versuch ist strafbar.

(3)Die Tat wird nur auf Antrag verfolgt.

(4)Kraftfahrzeuge im Sinne dieser Vorschrift sind die Fahrzeuge, die durch Maschinenkraft bewegt werden, Landkraftfahrzeuge nur insoweit, als sie nicht an Bahngleise gebunden sind.

§ 248c Entziehung elektrischer Energie

(1)Wer einer elektrischen Anlage oder Einrichtung fremde elektrische Energie mittels eines Leiters entzieht, der zur ordnungsmäßigen Entnahme von Energie aus der Anlage oder Einrichtung nicht bestimmt ist, wird, wenn er die Handlung in der Absicht begeht, die elektrische Energie sich oder einem Dritten rechtswidrig zuzueignen, mit Freiheitsstrafe bis zu fünf Jahren oder mit Geldstrafe bestraft.

(2)Der Versuch ist strafbar.

(3)Die §§ 247 und 248a gelten entsprechend.

(4)Wird die in Absatz 1 bezeichnete Handlung in der Absicht begangen, einem anderen rechtswidrig Schaden zuzufügen, so ist die Strafe Freiheitsstrafe bis zu zwei Jahren oder Geldstrafe. Die Tat wird nur auf Antrag verfolgt.

Zwanzigster Abschnitt
Raub und Erpressung

§ 249 Raub

(1)Wer mit Gewalt gegen eine Person oder unter Anwendung von Drohungen mit gegenwärtiger Gefahr für Leib oder Leben eine fremde bewegliche Sache einem anderen in der Absicht wegnimmt, die Sache sich oder einem Dritten rechtswidrig zuzueignen, wird mit Freiheitsstrafe nicht unter einem Jahr bestraft.

(2)In minder schweren Fällen ist die Strafe Freiheitsstrafe von sechs Monaten bis zu fünf Jahren.

§ 250 Schwerer Raub

(1)Auf Freiheitsstrafe nicht unter drei Jahren ist zu erkennen, wenn

1. der Täter oder ein anderer Beteiligter am Raub
    a) eine Waffe oder ein anderes gefährliches Werkzeug bei sich führt,
    b) sonst ein Werkzeug oder Mittel bei sich führt, um den Widerstand einer anderen Person durch Gewalt oder Drohung mit Gewalt zu verhindern oder zu überwinden,

c)   eine andere Person durch die Tat in die Gefahr einer schweren Gesundheitsschädigung bringt oder

2.   der Täter den Raub als Mitglied einer Bande, die sich zur fortgesetzten Begehung von Raub oder Diebstahl verbunden hat, unter Mitwirkung eines anderen Bandenmitglieds begeht.

(2)Auf Freiheitsstrafe nicht unter fünf Jahren ist zu erkennen, wenn der Täter oder ein anderer Beteiligter am Raub

1.   bei der Tat eine Waffe oder ein anderes gefährliches Werkzeug verwendet,

2.   in den Fällen des Absatzes 1 Nr. 2 eine Waffe bei sich führt oder

3.   eine andere Person

a)   bei der Tat körperlich schwer mißhandelt oder

b)   durch die Tat in die Gefahr des Todes bringt.

(3)In minder schweren Fällen der Absätze 1 und 2 ist die Strafe Freiheitsstrafe von einem Jahr bis zu zehn Jahren.

§ 251 Raub mit Todesfolge

Verursacht der Täter durch den Raub (§§ 249 und 250) wenigstens leichtfertig den Tod eines anderen Menschen, so ist die Strafe lebenslange Freiheitsstrafe oder Freiheitsstrafe nicht unter zehn Jahren.

§ 252 Räuberischer Diebstahl

Wer, bei einem Diebstahl auf frischer Tat betroffen, gegen eine Person Gewalt verübt oder Drohungen mit gegenwärtiger Gefahr für Leib oder Leben anwendet, um sich im Besitz des gestohlenen Gutes zu erhalten, ist gleich einem Räuber zu bestrafen.

§ 253 Erpressung

(1)Wer einen Menschen rechtswidrig mit Gewalt oder durch Drohung mit einem empfindlichen Übel zu einer Handlung, Duldung oder Unterlassung nötigt und dadurch dem Vermögen des Genötigten oder eines anderen Nachteil zufügt, um sich oder einen Dritten zu Unrecht zu bereichern, wird mit Freiheitsstrafe bis zu fünf Jahren oder mit Geldstrafe bestraft.

(2)Rechtswidrig ist die Tat, wenn die Anwendung der Gewalt oder die Androhung des Übels zu dem angestrebten Zweck als verwerflich anzusehen ist.

(3)Der Versuch ist strafbar.

(4)In besonders schweren Fällen ist die Strafe Freiheitsstrafe nicht unter einem Jahr. Ein besonders schwerer Fall liegt in der Regel vor, wenn der Täter gewerbsmäßig oder als Mitglied einer Bande handelt, die sich zur fortgesetzten Begehung einer Erpressung verbunden hat.

§ 254 (weggefallen)

-

§ 255 Räuberische Erpressung

Wird die Erpressung durch Gewalt gegen eine Person oder unter Anwendung von Drohungen mit gegenwärtiger Gefahr für Leib oder Leben begangen, so ist der Täter gleich einem Räuber zu bestrafen.

§ 256 Führungsaufsicht

In den Fällen der §§ 249 bis 255 kann das Gericht Führungsaufsicht anordnen (§ 68 Abs. 1).

Einundzwanzigster Abschnitt Begünstigung und Hehlerei

§ 257 Begünstigung

(1)Wer einem anderen, der eine rechtswidrige Tat begangen hat, in der Absicht Hilfe leistet, ihm die Vorteile der Tat zu sichern, wird mit Freiheitsstrafe bis zu fünf Jahren oder mit Geldstrafe bestraft.

(2)Die Strafe darf nicht schwerer sein als die für die Vortat angedrohte Strafe.

(3)Wegen Begünstigung wird nicht bestraft, wer wegen Beteiligung an der Vortat strafbar ist. Dies gilt nicht für denjenigen, der einen an der Vortat Unbeteiligten zur Begünstigung anstiftet.

(4)Die Begünstigung wird nur auf Antrag, mit Ermächtigung oder auf Strafverlangen verfolgt, wenn der Begünstiger als Täter oder Teilnehmer der Vortat nur auf Antrag, mit Ermächtigung oder auf Strafverlangen verfolgt werden könnte. § 248a gilt sinngemäß.

§ 258 Strafvereitelung

(1)Wer absichtlich oder wissentlich ganz oder zum Teil vereitelt, daß ein anderer dem Strafgesetz gemäß wegen einer rechtswidrigen Tat bestraft oder einer Maßnahme (§ 11 Abs. 1 Nr. 8) unterworfen wird, wird mit Freiheitsstrafe bis zu fünf Jahren oder mit Geldstrafe bestraft.

(2)Ebenso wird bestraft, wer absichtlich oder wissentlich die Vollstreckung einer gegen einen anderen verhängten Strafe oder Maßnahme ganz oder zum Teil vereitelt.

(3)Die Strafe darf nicht schwerer sein als die für die Vortat angedrohte Strafe.

(4)Der Versuch ist strafbar.

(5)Wegen Strafvereitelung wird nicht bestraft, wer durch die Tat zugleich ganz oder zum Teil vereiteln will, daß er selbst bestraft oder einer Maßnahme unterworfen wird oder daß eine gegen ihn verhängte Strafe oder Maßnahme vollstreckt wird.

(6)Wer die Tat zugunsten eines Angehörigen begeht, ist straffrei.

§ 258a Strafvereitelung im Amt

(1)Ist in den Fällen des § 258 Abs. 1 der Täter als Amtsträger zur Mitwirkung bei dem Strafverfahren oder dem Verfahren zur Anordnung der Maßnahme (§ 11 Abs. 1 Nr. 8) oder ist er in den Fällen des § 258 Abs. 2 als Amtsträger zur Mitwirkung bei der Vollstreckung der Strafe oder Maßnahme berufen, so ist die Strafe
Freiheitsstrafe von sechs Monaten bis zu fünf Jahren, in minder schweren Fällen Freiheitsstrafe bis zu drei Jahren oder Geldstrafe.

(2)Der Versuch ist strafbar.

(3)§ 258 Abs. 3 und 6 ist nicht anzuwenden.

§ 259 Hehlerei

(1)Wer eine Sache, die ein anderer gestohlen oder sonst durch eine gegen fremdes Vermögen gerichtete rechtswidrige Tat erlangt hat, ankauft oder sonst sich oder einem Dritten verschafft, sie absetzt oder absetzen hilft, um sich oder einen Dritten zu bereichern, wird mit Freiheitsstrafe bis zu fünf Jahren oder mit Geldstrafe bestraft.

(2)Die §§ 247 und 248a gelten sinngemäß.

(3)Der Versuch ist strafbar.

§ 260 Gewerbsmäßige Hehlerei; Bandenhehlerei

(1)Mit Freiheitsstrafe von sechs Monaten bis zu zehn Jahren wird bestraft, wer die Hehlerei

1. gewerbsmäßig oder

2. als Mitglied einer Bande, die sich zur fortgesetzten Begehung von Raub, Diebstahl oder Hehlerei verbunden hat,

begeht.

(2)Der Versuch ist strafbar.

(3)(weggefallen)

§ 260a Gewerbsmäßige Bandenhehlerei

(1)Mit Freiheitsstrafe von einem Jahr bis zu zehn Jahren wird bestraft, wer die Hehlerei als Mitglied einer Bande, die sich zur fortgesetzten Begehung von Raub, Diebstahl oder Hehlerei verbunden hat, gewerbsmäßig begeht.

(2)In minder schweren Fällen ist die Strafe Freiheitsstrafe von sechs Monaten bis zu fünf Jahren.

(3)(weggefallen)

§ 261 Geldwäsche

(1)Wer einen Gegenstand, der aus einer rechtswidrigen Tat herrührt,

1. verbirgt,

2. in der Absicht, dessen Auffinden, dessen Einziehung oder die Ermittlung von dessen Herkunft zu vereiteln, umtauscht, überträgt oder verbringt,

3. sich oder einem Dritten verschafft oder

4. verwahrt oder für sich oder einen Dritten verwendet, wenn er dessen Herkunft zu dem Zeitpunkt gekannt hat, zu dem er ihn erlangt hat,

wird mit Freiheitsstrafe bis zu fünf Jahren oder mit Geldstrafe bestraft. In den Fällen des Satzes 1 Nummer 3 und 4 gilt dies nicht in Bezug auf einen Gegenstand, den ein Dritter zuvor erlangt hat, ohne hierdurch eine rechtswidrige Tat zu begehen. Wer als Strafverteidiger ein Honorar für seine Tätigkeit annimmt, handelt in den
Fällen des Satzes 1 Nummer 3 und 4 nur dann vorsätzlich, wenn er zu dem Zeitpunkt der Annahme des Honorars sichere Kenntnis von dessen Herkunft hatte.

(2)Ebenso wird bestraft, wer Tatsachen, die für das Auffinden, die Einziehung oder die Ermittlung der Herkunft eines Gegenstands nach Absatz 1 von Bedeutung sein können, verheimlicht oder verschleiert.

(3)Der Versuch ist strafbar.

(4)Wer eine Tat nach Absatz 1 oder Absatz 2 als Verpflichteter nach § 2 des Geldwäschegesetzes begeht, wird mit Freiheitsstrafe von drei Monaten bis zu fünf Jahren bestraft.

(5)In besonders schweren Fällen ist die Strafe Freiheitsstrafe von sechs Monaten bis zu zehn Jahren. Ein besonders schwerer Fall liegt in der Regel vor, wenn der Täter gewerbsmäßig handelt oder als Mitglied einer Bande, die sich zur fortgesetzten Begehung von Geldwäsche verbunden hat.

(6)Wer in den Fällen des Absatzes 1 oder 2 leichtfertig nicht erkennt, dass es sich um einen Gegenstand nach Absatz 1 handelt, wird mit Freiheitsstrafe bis zu zwei Jahren oder mit Geldstrafe bestraft. Satz 1 gilt in den Fällen des Absatzes 1 Satz 1 Nummer 3 und 4 nicht für einen Strafverteidiger, der ein Honorar für seine Tätigkeit annimmt.

(7)Wer wegen Beteiligung an der Vortat strafbar ist, wird nach den Absätzen 1 bis 6 nur dann bestraft, wenn er den Gegenstand in den Verkehr bringt und dabei dessen rechtswidrige Herkunft verschleiert.

(8)Nach den Absätzen 1 bis 6 wird nicht bestraft,

1. wer die Tat freiwillig bei der zuständigen Behörde anzeigt oder freiwillig eine solche Anzeige veranlasst, wenn nicht die Tat zu diesem Zeitpunkt bereits ganz oder zum Teil entdeckt war und der Täter dies wusste oder bei verständiger Würdigung der Sachlage damit rechnen musste, und

2. in den Fällen des Absatzes 1 oder des Absatzes 2 unter den in Nummer 1 genannten Voraussetzungen die Sicherstellung des Gegenstandes bewirkt.

(9)Einem Gegenstand im Sinne des Absatzes 1 stehen Gegenstände, die aus einer im Ausland begangenen Tat herrühren, gleich, wenn die Tat nach deutschem Strafrecht eine rechtswidrige Tat wäre und

1. am Tatort mit Strafe bedroht ist oder

2. nach einer der folgenden Vorschriften und Übereinkommen der Europäischen Union mit Strafe zu bedrohen ist:

   a) Artikel 2 oder Artikel 3 des Übereinkommens vom 26. Mai 1997 aufgrund von Artikel K.3 Absatz 2 Buchstabe c des Vertrags über die Europäische Union über die Bekämpfung der Bestechung, an der Beamte der Europäischen Gemeinschaften oder der Mitgliedstaaten der Europäischen Union beteiligt sind (BGBl. 2002 II S. 2727, 2729),

   b) Artikel 1 des Rahmenbeschlusses 2002/946/JI des Rates vom 28. November 2002 betreffend die Verstärkung des strafrechtlichen Rahmens für die Bekämpfung der Beihilfe zur unerlaubten Ein- und Durchreise und zum unerlaubten Aufenthalt (ABl. L 328 vom 5.12.2002, S. 1),

   c) Artikel 2 oder Artikel 3 des Rahmenbeschlusses 2003/568/JI des Rates vom 22. Juli 2003 zur Bekämpfung der Bestechung im privaten Sektor (ABl. L 192 vom 31.7.2003, S. 54),

   d) Artikel 2 oder Artikel 3 des Rahmenbeschlusses 2004/757/JI des Rates vom 25. Oktober 2004 zur Festlegung von Mindestvorschriften über die Tatbestandsmerkmale strafbarer Handlungen und die Strafen im Bereich des illegalen Drogenhandels (ABl. L 335 vom 11.11.2004, S. 8), der zuletzt durch die Delegierte Richtlinie (EU) 2019/369 (ABl. L 66 vom 7.3.2019, S. 3) geändert worden ist,

   e) Artikel 2 Buchstabe a des Rahmenbeschlusses 2008/841/JI des Rates vom 24. Oktober 2008 zur Bekämpfung der organisierten Kriminalität (ABl. L 300 vom 11.11.2008, S. 42),

   f) Artikel 2 oder Artikel 3 der Richtlinie 2011/36/EU des Europäischen Parlaments und des Rates vom 5. April 2011 zur Verhütung und Bekämpfung des Menschenhandels und zum Schutz seiner Opfer sowie zur Ersetzung des Rahmenbeschlusses 2002/629/JI des Rates (ABl. L 101 vom 15.4.2011, S. 1),

   g) den Artikeln 3 bis 8 der Richtlinie 2011/93/EU des Europäischen Parlaments und des Rates vom 13. Dezember 2011 zur Bekämpfung des sexuellen Missbrauchs und der sexuellen Ausbeutung von Kindern sowie der Kinderpornografie sowie zur Ersetzung des Rahmenbeschlusses 2004/68/JI des Rates (ABl. L 335 vom 17.12.2011, S. 1; L 18 vom 21.1.2012, S. 7) oder

   h) den Artikeln 4 bis 9 Absatz 1 und 2 Buchstabe b oder den Artikeln 10 bis 14 der Richtlinie (EU) 2017/541 des Europäischen Parlaments und des Rates vom 15. März 2017 zur Terrorismusbekämpfung und zur Ersetzung des Rahmenbeschlusses 2002/475/JI des Rates und zur Änderung des Beschlusses 2005/671/JI des Rates (ABl. L 88 vom 31.3.2017, S. 6).

(10) Gegenstände, auf die sich die Straftat bezieht, können eingezogen werden. § 74a ist anzuwenden. Die §§ 73 bis 73e bleiben unberührt und gehen einer Einziehung nach § 74 Absatz 2, auch in Verbindung mit den §§ 74a und 74c, vor.

§ 262 Führungsaufsicht

In den Fällen der §§ 259 bis 261 kann das Gericht Führungsaufsicht anordnen (§ 68 Abs. 1).

Zweiundzwanzigster Abschnitt Betrug und Untreue

§ 263 Betrug

(1)Wer in der Absicht, sich oder einem Dritten einen rechtswidrigen Vermögensvorteil zu verschaffen, das Vermögen eines anderen dadurch beschädigt, daß er durch Vorspiegelung falscher oder durch Entstellung oder Unterdrückung wahrer Tatsachen einen Irrtum erregt oder unterhält, wird mit Freiheitsstrafe bis zu fünf Jahren oder mit Geldstrafe bestraft.

(2)Der Versuch ist strafbar.

(3)In besonders schweren Fällen ist die Strafe Freiheitsstrafe von sechs Monaten bis zu zehn Jahren. Ein besonders schwerer Fall liegt in der Regel vor, wenn der Täter

1. gewerbsmäßig oder als Mitglied einer Bande handelt, die sich zur fortgesetzten Begehung von Urkundenfälschung oder Betrug verbunden hat,

2. einen Vermögensverlust großen Ausmaßes herbeiführt oder in der Absicht handelt, durch die fortgesetzte Begehung von Betrug eine große Zahl von Menschen in die Gefahr des Verlustes von Vermögenswerten zu bringen,

3. eine andere Person in wirtschaftliche Not bringt,

4. seine Befugnisse oder seine Stellung als Amtsträger oder Europäischer Amtsträger mißbraucht oder

5. einen Versicherungsfall vortäuscht, nachdem er oder ein anderer zu diesem Zweck eine Sache von bedeutendem Wert in Brand gesetzt oder durch eine Brandlegung ganz oder teilweise zerstört oder ein Schiff zum Sinken oder Stranden gebracht hat.

(4)§ 243 Abs. 2 sowie die §§ 247 und 248a gelten entsprechend.

(5)Mit Freiheitsstrafe von einem Jahr bis zu zehn Jahren, in minder schweren Fällen mit Freiheitsstrafe von sechs Monaten bis zu fünf Jahren wird bestraft, wer den Betrug als Mitglied einer Bande, die sich zur fortgesetzten Begehung von Straftaten nach den §§ 263 bis 264 oder 267 bis 269 verbunden hat, gewerbsmäßig begeht.

(6)Das Gericht kann Führungsaufsicht anordnen (§ 68 Abs. 1).

(7)(weggefallen)

§ 263a Computerbetrug

(1)Wer in der Absicht, sich oder einem Dritten einen rechtswidrigen Vermögensvorteil zu verschaffen, das Vermögen eines anderen dadurch beschädigt, daß er das Ergebnis eines Datenverarbeitungsvorgangs durch unrichtige Gestaltung des Programms, durch Verwendung unrichtiger oder unvollständiger Daten, durch unbefugte Verwendung von Daten oder sonst durch unbefugte Einwirkung auf den Ablauf beeinflußt, wird mit Freiheitsstrafe bis zu fünf Jahren oder mit Geldstrafe bestraft.

(2)§ 263 Abs. 2 bis 6 gilt entsprechend.

(3)Wer eine Straftat nach Absatz 1 vorbereitet, indem er

1. Computerprogramme, deren Zweck die Begehung einer solchen Tat ist, herstellt, sich oder einem anderen verschafft, feilhält, verwahrt oder einem anderen überlässt oder

2. Passwörter oder sonstige Sicherungscodes, die zur Begehung einer solchen Tat geeignet sind, herstellt, sich oder einem anderen verschafft, feilhält, verwahrt oder einem anderen überlässt,

wird mit Freiheitsstrafe bis zu drei Jahren oder mit Geldstrafe bestraft.

(4)In den Fällen des Absatzes 3 gilt § 149 Abs. 2 und 3 entsprechend.

§ 264 Subventionsbetrug

(1)Mit Freiheitsstrafe bis zu fünf Jahren oder mit Geldstrafe wird bestraft, wer

1. einer für die Bewilligung einer Subvention zuständigen Behörde oder einer anderen in das Subventionsverfahren eingeschalteten Stelle oder Person (Subventionsgeber) über subventionserhebliche Tatsachen für sich oder einen anderen unrichtige oder unvollständige Angaben macht, die für ihn oder den anderen vorteilhaft sind,

2. einen Gegenstand oder eine Geldleistung, deren Verwendung durch Rechtsvorschriften oder durch den Subventionsgeber im Hinblick auf eine Subvention beschränkt ist, entgegen der Verwendungsbeschränkung verwendet,

3. den Subventionsgeber entgegen den Rechtsvorschriften über die Subventionsvergabe über subventionserhebliche Tatsachen in Unkenntnis läßt oder

4. in einem Subventionsverfahren eine durch unrichtige oder unvollständige Angaben erlangte Bescheinigung über eine Subventionsberechtigung oder über subventionserhebliche Tatsachen gebraucht.

(2)In besonders schweren Fällen ist die Strafe Freiheitsstrafe von sechs Monaten bis zu zehn Jahren. Ein besonders schwerer Fall liegt in der Regel vor, wenn der Täter

1. aus grobem Eigennutz oder unter Verwendung nachgemachter oder verfälschter Belege für sich oder einen anderen eine nicht gerechtfertigte Subvention großen Ausmaßes erlangt,

2. seine Befugnisse oder seine Stellung als Amtsträger oder Europäischer Amtsträger mißbraucht oder

3. die Mithilfe eines Amtsträgers oder Europäischen Amtsträgers ausnutzt, der seine Befugnisse oder seine Stellung mißbraucht.

(3)§ 263 Abs. 5 gilt entsprechend.

(4)In den Fällen des Absatzes 1 Nummer 2 ist der Versuch strafbar.

(5)Wer in den Fällen des Absatzes 1 Nr. 1 bis 3 leichtfertig handelt, wird mit Freiheitsstrafe bis zu drei Jahren oder mit Geldstrafe bestraft.

(6)Nach den Absätzen 1 und 5 wird nicht bestraft, wer freiwillig verhindert, daß auf Grund der Tat die Subvention gewährt wird. Wird die Subvention ohne Zutun des Täters nicht gewährt, so wird er straflos, wenn er sich freiwillig und ernsthaft bemüht, das Gewähren der Subvention zu verhindern.

(7)Neben einer Freiheitsstrafe von mindestens einem Jahr wegen einer Straftat nach den Absätzen 1 bis 3 kann das Gericht die Fähigkeit, öffentliche Ämter zu bekleiden, und die Fähigkeit, Rechte aus öffentlichen Wahlen zu erlangen, aberkennen (§ 45 Abs. 2). Gegenstände, auf die sich die Tat bezieht, können eingezogen werden; § 74a ist anzuwenden.

(8)Subvention im Sinne dieser Vorschrift ist

1. eine Leistung aus öffentlichen Mitteln nach Bundes- oder Landesrecht an Betriebe oder Unternehmen, die wenigstens zum Teil

   a) ohne marktmäßige Gegenleistung gewährt wird und

   b) der Förderung der Wirtschaft dienen soll;

2. eine Leistung aus öffentlichen Mitteln nach dem Recht der Europäischen Union, die wenigstens zum Teil ohne marktmäßige Gegenleistung gewährt wird.

Betrieb oder Unternehmen im Sinne des Satzes 1 Nr. 1 ist auch das öffentliche Unternehmen.

(9)Subventionserheblich im Sinne des Absatzes 1 sind Tatsachen,

1. die durch Gesetz oder auf Grund eines Gesetzes von dem Subventionsgeber als

subventionserheblich bezeichnet sind oder

2. von denen die Bewilligung, Gewährung, Rückforderung, Weitergewährung oder das Belassen einer Subvention oder eines Subventionsvorteils gesetzlich oder nach dem Subventionsvertrag abhängig ist.

§ 264a Kapitalanlagebetrug

(1)Wer im Zusammenhang mit

1. dem Vertrieb von Wertpapieren, Bezugsrechten oder von Anteilen, die eine Beteiligung an dem Ergebnis eines Unternehmens gewähren sollen, oder

2. dem Angebot, die Einlage auf solche Anteile zu erhöhen,

in Prospekten oder in Darstellungen oder Übersichten über den Vermögensstand hinsichtlich der für die Entscheidung über den Erwerb oder die Erhöhung erheblichen Umstände gegenüber einem größeren Kreis von Personen unrichtige vorteilhafte Angaben macht oder nachteilige Tatsachen verschweigt, wird mit Freiheitsstrafe bis zu drei Jahren oder mit Geldstrafe bestraft.

(2)Absatz 1 gilt entsprechend, wenn sich die Tat auf Anteile an einem Vermögen bezieht, das ein Unternehmen im eigenen Namen, jedoch für fremde Rechnung verwaltet.

(3)Nach den Absätzen 1 und 2 wird nicht bestraft, wer freiwillig verhindert, daß auf Grund der Tat die durch den Erwerb oder die Erhöhung bedingte Leistung erbracht wird. Wird die Leistung ohne Zutun des Täters nicht erbracht, so wird er straflos, wenn er sich freiwillig und ernsthaft bemüht, das Erbringen der Leistung zu verhindern.

§ 265 Versicherungsmißbrauch

(1)Wer eine gegen Untergang, Beschädigung, Beeinträchtigung der Brauchbarkeit, Verlust oder Diebstahl versicherte Sache beschädigt, zerstört, in ihrer Brauchbarkeit beeinträchtigt, beiseite schafft oder einem anderen überläßt, um sich oder einem Dritten Leistungen aus der Versicherung zu verschaffen, wird mit Freiheitsstrafe bis zu drei Jahren oder mit Geldstrafe bestraft, wenn die Tat nicht in § 263 mit Strafe bedroht ist.

(2)Der Versuch ist strafbar.

§ 265a Erschleichen von Leistungen

(1)Wer die Leistung eines Automaten oder eines öffentlichen Zwecken dienenden Telekommunikationsnetzes, die Beförderung durch ein Verkehrsmittel oder den Zutritt zu einer Veranstaltung oder einer Einrichtung in der Absicht erschleicht, das Entgelt nicht zu entrichten, wird mit Freiheitsstrafe bis zu einem Jahr oder mit Geldstrafe bestraft, wenn die Tat nicht in anderen Vorschriften mit schwererer Strafe bedroht ist.

(2)Der Versuch ist strafbar.

(3)Die §§ 247 und 248a gelten entsprechend.

§ 265b Kreditbetrug

(1)Wer einem Betrieb oder Unternehmen im Zusammenhang mit einem Antrag auf Gewährung, Belassung oder Veränderung der Bedingungen eines Kredits für einen Betrieb oder ein Unternehmen oder einen vorgetäuschten Betrieb oder ein vorgetäuschtes Unternehmen

1. über wirtschaftliche Verhältnisse

    a) unrichtige oder unvollständige Unterlagen, namentlich Bilanzen, Gewinn- und Verlustrechnungen,
    Vermögensübersichten oder Gutachten vorlegt oder

    b) schriftlich unrichtige oder unvollständige Angaben macht,

    die für den Kreditnehmer vorteilhaft und für die Entscheidung über einen solchen Antrag erheblich sind, oder

2. solche Verschlechterungen der in den Unterlagen oder Angaben dargestellten wirtschaftlichen Verhältnisse bei der Vorlage nicht mitteilt, die für die Entscheidung über einen solchen Antrag erheblich sind,

wird mit Freiheitsstrafe bis zu drei Jahren oder mit Geldstrafe bestraft.

(2)Nach Absatz 1 wird nicht bestraft, wer freiwillig verhindert, daß der Kreditgeber auf Grund der Tat die beantragte Leistung erbringt. Wird die Leistung ohne Zutun des Täters nicht erbracht, so wird er straflos, wenn er sich freiwillig und ernsthaft bemüht, das Erbringen der Leistung zu verhindern.

(3)Im Sinne des Absatzes 1 sind

1. Betriebe und Unternehmen unabhängig von ihrem Gegenstand solche, die nach Art und Umfang einen in kaufmännischer Weise eingerichteten Geschäftsbetrieb erfordern;

2. Kredite Gelddarlehen aller Art, Akzeptkredite, der entgeltliche Erwerb und die Stundung von Geldforderungen, die Diskontierung von Wechseln und Schecks und die Übernahme von Bürgschaften, Garantien und sonstigen Gewährleistungen.

§ 265c Sportwettbetrug

(1)Wer als Sportler oder Trainer einen Vorteil für sich oder einen Dritten als Gegenleistung dafür fordert, sich versprechen lässt oder annimmt, dass er den Verlauf oder das Ergebnis eines Wettbewerbs des organisierten Sports zugunsten des Wettbewerbsgegners beeinflusse und infolgedessen ein rechtswidriger Vermögensvorteil durch eine auf diesen Wettbewerb bezogene öffentliche Sportwette erlangt werde, wird mit Freiheitsstrafe bis zu drei Jahren oder mit Geldstrafe bestraft.

(2)Ebenso wird bestraft, wer einem Sportler oder Trainer einen Vorteil für diesen oder einen Dritten als Gegenleistung dafür anbietet, verspricht oder gewährt, dass er den Verlauf oder das Ergebnis eines Wettbewerbs des organisierten Sports zugunsten des Wettbewerbsgegners beeinflusse und infolgedessen ein rechtswidriger Vermögensvorteil durch eine auf diesen Wettbewerb bezogene öffentliche Sportwette erlangt werde.

(3)Wer als Schieds-, Wertungs- oder Kampfrichter einen Vorteil für sich oder einen Dritten als Gegenleistung dafür fordert, sich versprechen lässt oder annimmt, dass er den Verlauf oder das Ergebnis eines Wettbewerbs des organisierten Sports in regelwidriger Weise beeinflusse und infolgedessen ein rechtswidriger Vermögensvorteil durch eine auf diesen Wettbewerb bezogene öffentliche Sportwette erlangt werde, wird mit Freiheitsstrafe bis zu drei Jahren oder mit Geldstrafe bestraft.

(4)Ebenso wird bestraft, wer einem Schieds-, Wertungs- oder Kampfrichter einen Vorteil für diesen oder einen Dritten als Gegenleistung dafür anbietet, verspricht oder gewährt, dass er den Verlauf oder das Ergebnis eines Wettbewerbs des organisierten Sports in regelwidriger Weise beeinflusse und infolgedessen ein rechtswidriger Vermögensvorteil durch eine auf diesen Wettbewerb bezogene öffentliche Sportwette erlangt werde.

(5)Ein Wettbewerb des organisierten Sports im Sinne dieser Vorschrift ist jede Sportveranstaltung im Inland oder im Ausland,

1. die von einer nationalen oder internationalen Sportorganisation oder in deren Auftrag oder mit deren Anerkennung organisiert wird und

2. bei der Regeln einzuhalten sind, die von einer nationalen oder internationalen Sportorganisation mit verpflichtender Wirkung für ihre Mitgliedsorganisationen verabschiedet wurden.

(6)Trainer im Sinne dieser Vorschrift ist, wer bei dem sportlichen Wettbewerb über den Einsatz und die Anleitung von Sportlern entscheidet. Einem Trainer stehen Personen gleich, die aufgrund ihrer beruflichen oder wirtschaftlichen Stellung wesentlichen Einfluss auf den Einsatz oder die Anleitung von Sportlern nehmen können.

§ 265d Manipulation von berufssportlichen Wettbewerben

(1)Wer als Sportler oder Trainer einen Vorteil für sich oder einen Dritten als Gegenleistung dafür fordert, sich versprechen lässt oder annimmt, dass er den Verlauf oder das Ergebnis eines berufssportlichen Wettbewerbs in wettbewerbswidriger Weise zugunsten des Wettbewerbsgegners beeinflusse, wird mit Freiheitsstrafe bis zu drei Jahren oder mit Geldstrafe bestraft.

(2)Ebenso wird bestraft, wer einem Sportler oder Trainer einen Vorteil für diesen oder einen Dritten als Gegenleistung dafür anbietet, verspricht oder gewährt, dass er den Verlauf oder das Ergebnis eines berufssportlichen Wettbewerbs in wettbewerbswidriger Weise zugunsten des Wettbewerbsgegners beeinflusse.

(3)Wer als Schieds-, Wertungs- oder Kampfrichter einen Vorteil für sich oder einen Dritten als Gegenleistung dafür fordert, sich versprechen lässt oder annimmt, dass er den Verlauf oder das Ergebnis eines berufssportlichen Wettbewerbs in regelwidriger Weise beeinflusse, wird mit Freiheitsstrafe bis zu drei Jahren oder mit Geldstrafe bestraft.

(4)Ebenso wird bestraft, wer einem Schieds-, Wertungs- oder Kampfrichter einen Vorteil für diesen oder einen Dritten als Gegenleistung dafür anbietet, verspricht oder gewährt, dass er den Verlauf oder das Ergebnis eines berufssportlichen Wettbewerbs in regelwidriger Weise beeinflusse.

(5)Ein berufssportlicher Wettbewerb im Sinne dieser Vorschrift ist jede Sportveranstaltung im Inland oder im Ausland,

1. die von einem Sportbundesverband oder einer internationalen Sportorganisation veranstaltet oder in deren Auftrag oder mit deren Anerkennung organisiert wird,
2. bei der Regeln einzuhalten sind, die von einer nationalen oder internationalen Sportorganisation mit verpflichtender Wirkung für ihre Mitgliedsorganisationen verabschiedet wurden, und
3. an der überwiegend Sportler teilnehmen, die durch ihre sportliche Betätigung unmittelbar oder mittelbar Einnahmen von erheblichem Umfang erzielen.

(6)§ 265c Absatz 6 gilt entsprechend.

§ 265e Besonders schwere Fälle des Sportwettbetrugs und der Manipulation von berufssportlichen Wettbewerben

In besonders schweren Fällen wird eine Tat nach den §§ 265c und 265d mit Freiheitsstrafe von drei Monaten bis zu fünf Jahren bestraft. Ein besonders schwerer Fall liegt in der Regel vor, wenn

1. die Tat sich auf einen Vorteil großen Ausmaßes bezieht oder
2. der Täter gewerbsmäßig handelt oder als Mitglied einer Bande, die sich zur fortgesetzten Begehung solcher Taten verbunden hat.

§ 266 Untreue

(1)Wer die ihm durch Gesetz, behördlichen Auftrag oder Rechtsgeschäft eingeräumte Befugnis, über fremdes Vermögen zu verfügen oder einen anderen zu verpflichten, mißbraucht oder die ihm kraft Gesetzes, behördlichen Auftrags, Rechtsgeschäfts oder eines Treueverhältnisses obliegende Pflicht, fremde Vermögensinteressen wahrzunehmen, verletzt und dadurch dem, dessen Vermögensinteressen er zu betreuen hat, Nachteil zufügt, wird mit Freiheitsstrafe bis zu fünf Jahren oder mit Geldstrafe bestraft.

(2)§ 243 Abs. 2 und die §§ 247, 248a und 263 Abs. 3 gelten entsprechend.

§ 266a Vorenthalten und Veruntreuen von Arbeitsentgelt

(1)Wer als Arbeitgeber der Einzugsstelle Beiträge des Arbeitnehmers zur Sozialversicherung einschließlich der Arbeitsförderung, unabhängig davon, ob Arbeitsentgelt gezahlt wird, vorenthält, wird mit Freiheitsstrafe bis zu fünf Jahren oder mit Geldstrafe bestraft.

(2)Ebenso wird bestraft, wer als Arbeitgeber

1. der für den Einzug der Beiträge zuständigen Stelle über sozialversicherungsrechtlich erhebliche Tatsachen unrichtige oder unvollständige Angaben macht oder

2. die für den Einzug der Beiträge zuständige Stelle pflichtwidrig über sozialversicherungsrechtlich erhebliche Tatsachen in Unkenntnis lässt

und dadurch dieser Stelle vom Arbeitgeber zu tragende Beiträge zur Sozialversicherung einschließlich der Arbeitsförderung, unabhängig davon, ob Arbeitsentgelt gezahlt wird, vorenthält.

(3)Wer als Arbeitgeber sonst Teile des Arbeitsentgelts, die er für den Arbeitnehmer an einen anderen zu zahlen hat, dem Arbeitnehmer einbehält, sie jedoch an den anderen nicht zahlt und es unterlässt, den Arbeitnehmer spätestens im Zeitpunkt der Fälligkeit oder unverzüglich danach über das Unterlassen der Zahlung an den anderen zu unterrichten, wird mit Freiheitsstrafe bis zu fünf Jahren oder mit Geldstrafe bestraft. Satz 1 gilt nicht für Teile des Arbeitsentgelts, die als Lohnsteuer einbehalten werden.

(4)In besonders schweren Fällen der Absätze 1 und 2 ist die Strafe Freiheitsstrafe von sechs Monaten bis zu zehn Jahren. Ein besonders schwerer Fall liegt in der Regel vor, wenn der Täter

1. aus grobem Eigennutz in großem Ausmaß Beiträge vorenthält,

2. unter Verwendung nachgemachter oder verfälschter Belege fortgesetzt Beiträge vorenthält,

3. fortgesetzt Beiträge vorenthält und sich zur Verschleierung der tatsächlichen Beschäftigungsverhältnisse unrichtige, nachgemachte oder verfälschte Belege von einem Dritten verschafft, der diese gewerbsmäßig anbietet,

4. als Mitglied einer Bande handelt, die sich zum fortgesetzten Vorenthalten von Beiträgen zusammengeschlossen hat und die zur Verschleierung der tatsächlichen Beschäftigungsverhältnisse unrichtige, nachgemachte oder verfälschte Belege vorhält, oder

5. die Mithilfe eines Amtsträgers ausnutzt, der seine Befugnisse oder seine Stellung missbraucht.

(5)Dem Arbeitgeber stehen der Auftraggeber eines Heimarbeiters, Hausgewerbetreibenden oder einer Person, die im Sinne des Heimarbeitsgesetzes diesen gleichgestellt ist, sowie der Zwischenmeister gleich.

(6)In den Fällen der Absätze 1 und 2 kann das Gericht von einer Bestrafung nach dieser Vorschrift absehen, wenn der Arbeitgeber spätestens im Zeitpunkt der Fälligkeit oder unverzüglich danach der Einzugsstelle schriftlich

1. die Höhe der vorenthaltenen Beiträge mitteilt und

2. darlegt, warum die fristgemäße Zahlung nicht möglich ist, obwohl er sich darum ernsthaft bemüht hat.

Liegen die Voraussetzungen des Satzes 1 vor und werden die Beiträge dann nachträglich innerhalb der von der Einzugsstelle bestimmten angemessenen Frist entrichtet, wird der Täter insoweit nicht bestraft. In den Fällen des Absatzes 3 gelten die Sätze 1 und 2 entsprechend.

§ 266b Mißbrauch von Scheck- und Kreditkarten

(1)Wer die ihm durch die Überlassung einer Scheckkarte oder einer Kreditkarte eingeräumte Möglichkeit, den Aussteller zu einer Zahlung zu veranlassen, mißbraucht und diesen dadurch schädigt, wird mit Freiheitsstrafe bis zu drei Jahren oder mit Geldstrafe bestraft.

(2)§ 248a gilt entsprechend.

Dreiundzwanzigster Abschnitt
Urkundenfälschung

§ 267 Urkundenfälschung

(1)Wer zur Täuschung im Rechtsverkehr eine unechte Urkunde herstellt, eine echte Urkunde verfälscht oder eine unechte oder verfälschte Urkunde gebraucht, wird mit Freiheitsstrafe bis zu fünf Jahren oder mit Geldstrafe bestraft.

(2)Der Versuch ist strafbar.

(3)In besonders schweren Fällen ist die Strafe Freiheitsstrafe von sechs Monaten bis zu zehn Jahren. Ein besonders schwerer Fall liegt in der Regel vor, wenn der Täter

1. gewerbsmäßig oder als Mitglied einer Bande handelt, die sich zur fortgesetzten Begehung von Betrug oder Urkundenfälschung verbunden hat,

2. einen Vermögensverlust großen Ausmaßes herbeiführt,

3. durch eine große Zahl von unechten oder verfälschten Urkunden die Sicherheit des Rechtsverkehrs erheblich gefährdet oder

4. seine Befugnisse oder seine Stellung als Amtsträger oder Europäischer Amtsträger mißbraucht.

(4)Mit Freiheitsstrafe von einem Jahr bis zu zehn Jahren, in minder schweren Fällen mit Freiheitsstrafe von sechs Monaten bis zu fünf Jahren wird bestraft, wer die Urkundenfälschung als Mitglied einer Bande, die sich zur fortgesetzten Begehung von Straftaten nach den §§ 263 bis 264 oder 267 bis 269 verbunden hat, gewerbsmäßig begeht.

§ 268 Fälschung technischer Aufzeichnungen

(1)Wer zur Täuschung im Rechtsverkehr

1. eine unechte technische Aufzeichnung herstellt oder eine technische Aufzeichnung verfälscht oder

2. eine unechte oder verfälschte technische Aufzeichnung

gebraucht, wird mit Freiheitsstrafe bis zu fünf Jahren oder mit

Geldstrafe bestraft.

(2)Technische Aufzeichnung ist eine Darstellung von Daten, Meß- oder Rechenwerten, Zuständen oder Geschehensabläufen, die durch ein technisches Gerät ganz oder zum Teil selbsttätig bewirkt wird, den Gegenstand der Aufzeichnung allgemein oder für Eingeweihte erkennen läßt und zum Beweis einer rechtlich erheblichen Tatsache bestimmt ist, gleichviel ob ihr die Bestimmung schon bei der Herstellung oder erst später gegeben wird.

(3)Der Herstellung einer unechten technischen Aufzeichnung steht es gleich, wenn der Täter durch störende Einwirkung auf den Aufzeichnungsvorgang das Ergebnis der Aufzeichnung beeinflußt.

(4)Der Versuch ist strafbar.

(5)§ 267 Abs. 3 und 4 gilt entsprechend.

§ 269 Fälschung beweiserheblicher Daten

(1)Wer zur Täuschung im Rechtsverkehr beweiserhebliche Daten so speichert oder verändert, daß bei ihrer Wahrnehmung eine unechte oder verfälschte Urkunde vorliegen würde, oder derart gespeicherte oder veränderte Daten gebraucht, wird mit Freiheitsstrafe bis zu fünf Jahren oder mit Geldstrafe bestraft.

(2)Der Versuch ist strafbar.

(3)§ 267 Abs. 3 und 4 gilt entsprechend.

§ 270 Täuschung im Rechtsverkehr bei Datenverarbeitung

Der Täuschung im Rechtsverkehr steht die fälschliche Beeinflussung einer Datenverarbeitung im Rechtsverkehr gleich.

§ 271 Mittelbare Falschbeurkundung

(1)Wer bewirkt, daß Erklärungen, Verhandlungen oder Tatsachen, welche für Rechte oder Rechtsverhältnisse von Erheblichkeit sind, in öffentlichen Urkunden, Büchern, Dateien oder Registern als abgegeben oder geschehen beurkundet oder gespeichert werden, während sie überhaupt nicht oder in anderer Weise oder von einer Person in einer ihr nicht zustehenden Eigenschaft oder von einer anderen Person abgegeben oder geschehen sind, wird mit Freiheitsstrafe bis zu drei Jahren oder mit Geldstrafe bestraft.

(2)Ebenso wird bestraft, wer eine falsche Beurkundung oder Datenspeicherung der in Absatz 1 bezeichneten Art zur Täuschung im Rechtsverkehr gebraucht.

(3)Handelt der Täter gegen Entgelt oder in der Absicht, sich oder einen Dritten zu bereichern oder eine andere Person zu schädigen, so ist die Strafe Freiheitsstrafe von drei Monaten bis zu fünf Jahren.

(4)Der Versuch ist strafbar.

§ 272 (weggefallen)

-

§ 273 Verändern von amtlichen Ausweisen

(1)Wer zur Täuschung im Rechtsverkehr

1. eine Eintragung in einem amtlichen Ausweis entfernt, unkenntlich macht, überdeckt oder unterdrückt oder eine einzelne Seite aus einem amtlichen Ausweis entfernt oder

2. einen derart veränderten amtlichen Ausweis gebraucht,

wird mit Freiheitsstrafe bis zu drei Jahren oder mit Geldstrafe bestraft, wenn die Tat nicht in § 267 oder § 274 mit Strafe bedroht ist.

(2)Der Versuch ist strafbar.

§ 274 Urkundenunterdrückung; Veränderung einer Grenzbezeichnung

(1)Mit Freiheitsstrafe bis zu fünf Jahren oder mit Geldstrafe wird bestraft, wer

1. eine Urkunde oder eine technische Aufzeichnung, welche ihm entweder überhaupt nicht oder nicht ausschließlich gehört, in der Absicht, einem anderen Nachteil zuzufügen, vernichtet, beschädigt oder unterdrückt,

2. beweiserhebliche Daten (§ 202a Abs. 2), über die er nicht oder nicht ausschließlich verfügen darf, in der Absicht, einem anderen Nachteil zuzufügen, löscht, unterdrückt, unbrauchbar macht oder verändert oder

3. einen Grenzstein oder ein anderes zur Bezeichnung einer Grenze oder eines Wasserstandes bestimmtes Merkmal in der Absicht, einem anderen Nachteil zuzufügen, wegnimmt, vernichtet, unkenntlich macht, verrückt oder fälschlich setzt.

(2)Der Versuch ist strafbar.

§ 275 Vorbereitung der Fälschung von amtlichen Ausweisen; Vorbereitung der Herstellung von unrichtigen Impfausweisen

(1)Wer eine Fälschung von amtlichen Ausweisen vorbereitet, indem er

1. Platten, Formen, Drucksätze, Druckstöcke, Negative, Matrizen oder ähnliche Vorrichtungen, die ihrer Art nach zur Begehung der Tat geeignet sind,

2. Papier, das einer solchen Papierart gleicht oder zum Verwechseln ähnlich ist, die zur Herstellung von amtlichen Ausweisen bestimmt und gegen Nachahmung besonders gesichert ist, oder

3. Vordrucke für amtliche Ausweise

herstellt, sich oder einem anderen verschafft, feilhält, verwahrt, einem anderen überläßt oder einzuführen oder auszuführen unternimmt, wird mit Freiheitsstrafe bis zu zwei Jahren oder mit Geldstrafe bestraft.

(1a) Wer die Herstellung eines unrichtigen Impfausweises vorbereitet, indem er in einem Blankett-Impfausweis eine nicht durchgeführte Schutzimpfung dokumentiert oder einen auf derartige Weise ergänzten Blankett- Impfausweis sich oder einem anderen verschafft, feilhält, verwahrt, einem anderen überlässt oder einzuführen oder auszuführen unternimmt, wird mit Freiheitsstrafe bis zu zwei Jahren oder mit Geldstrafe bestraft.

(2)Handelt der Täter gewerbsmäßig oder als Mitglied einer Bande, die sich zur fortgesetzten Begehung von Straftaten nach Absatz 1 oder Absatz 1a verbunden hat, so ist die Strafe Freiheitsstrafe von drei Monaten bis zu fünf Jahren.

(3)§ 149 Abs. 2 und 3 gilt entsprechend.

§ 276 Verschaffen von falschen amtlichen Ausweisen

(1)Wer einen unechten oder verfälschten amtlichen Ausweis oder einen amtlichen Ausweis, der eine falsche Beurkundung der in den §§ 271 und 348 bezeichneten Art enthält,

1. einzuführen oder auszuführen unternimmt oder
2. in der Absicht, dessen Gebrauch zur Täuschung im Rechtsverkehr zu ermöglichen, sich oder einem anderen verschafft, verwahrt oder einem anderen überläßt,

wird mit Freiheitsstrafe bis zu zwei Jahren oder mit Geldstrafe bestraft.

(2)Handelt der Täter gewerbsmäßig oder als Mitglied einer Bande, die sich zur fortgesetzten Begehung von Straftaten nach Absatz 1 verbunden hat, so ist die Strafe Freiheitsstrafe von drei Monaten bis zu fünf Jahren.

§ 276a Aufenthaltsrechtliche Papiere; Fahrzeugpapiere

Die §§ 275 und 276 gelten auch für aufenthaltsrechtliche Papiere, namentlich Aufenthaltstitel und Duldungen, sowie für Fahrzeugpapiere, namentlich Fahrzeugscheine und Fahrzeugbriefe.

§ 277 Unbefugtes Ausstellen von Gesundheitszeugnissen

(1)Wer zur Täuschung im Rechtsverkehr unter der ihm nicht zustehenden Bezeichnung als Arzt oder als eine andere approbierte Medizinalperson ein Zeugnis über seinen oder eines anderen Gesundheitszustand ausstellt, wird mit Freiheitsstrafe bis zu einem Jahr oder mit Geldstrafe bestraft, wenn die Tat nicht in anderen Vorschriften dieses Abschnitts mit schwererer Strafe bedroht ist.

(2)In besonders schweren Fällen ist die Strafe Freiheitsstrafe von drei Monaten bis zu fünf Jahren. Ein besonders schwerer Fall liegt in der Regel vor, wenn der Täter gewerbsmäßig oder als Mitglied einer Bande, die sich zur fortgesetzten Begehung von unbefugtem Ausstellen von Gesundheitszeugnissen verbunden hat, Impfnachweise oder Testzertifikate betreffend übertragbare Krankheiten unbefugt ausstellt.

§ 278 Ausstellen unrichtiger Gesundheitszeugnisse

(1)Wer zur Täuschung im Rechtsverkehr als Arzt oder andere approbierte Medizinalperson ein unrichtiges Zeugnis über den Gesundheitszustand eines Menschen ausstellt, wird mit Freiheitsstrafe bis zu zwei Jahren oder mit Geldstrafe bestraft.

(2)In besonders schweren Fällen ist die Strafe Freiheitsstrafe von drei Monaten bis zu fünf Jahren. Ein besonders schwerer Fall liegt in der Regel vor, wenn der Täter gewerbsmäßig oder als Mitglied einer Bande, die sich zur fortgesetzten Begehung von unrichtigem Ausstellen von Gesundheitszeugnissen verbunden hat, Impfnachweise oder Testzertifikate betreffend übertragbare Krankheiten unrichtig ausstellt.

§ 279 Gebrauch unrichtiger Gesundheitszeugnisse

Wer zur Täuschung im Rechtsverkehr von einem Gesundheitszeugnis der in den §§ 277 und 278 bezeichneten Art Gebrauch macht, wird mit Freiheitsstrafe bis zu einem Jahr oder mit Geldstrafe bestraft, wenn die Tat nicht in anderen Vorschriften dieses Abschnitts mit schwererer Strafe bedroht ist.

§ 280 (weggefallen)

-

§ 281 Mißbrauch von Ausweispapieren

(1)Wer ein Ausweispapier, das für einen anderen ausgestellt ist, zur Täuschung im Rechtsverkehr gebraucht, oder wer zur Täuschung im Rechtsverkehr einem anderen ein Ausweispapier überläßt, das nicht für diesen ausgestellt ist, wird mit Freiheitsstrafe bis zu einem Jahr oder mit Geldstrafe bestraft. Der Versuch ist strafbar.

(2)Einem Ausweispapier stehen Gesundheitszeugnisse sowie solche Zeugnisse und andere Urkunden gleich, die im Verkehr als Ausweis verwendet werden.

§ 282 Einziehung

Gegenstände, auf die sich eine Straftat nach § 267, § 268, § 271 Abs. 2 und 3, § 273 oder § 276, dieser auch in Verbindung mit § 276a, oder nach § 279 bezieht, können eingezogen werden. In den Fällen des § 275, auch in Verbindung mit § 276a, werden die dort bezeichneten Fälschungsmittel eingezogen.

Vierundzwanzigster Abschnitt
Insolvenzstraftaten

§ 283 Bankrott

(1)Mit Freiheitsstrafe bis zu fünf Jahren oder mit Geldstrafe wird bestraft, wer bei Überschuldung oder bei drohender oder eingetretener Zahlungsunfähigkeit

1. Bestandteile seines Vermögens, die im Falle der Eröffnung des Insolvenzverfahrens zur Insolvenzmasse gehören, beiseite schafft oder verheimlicht oder in einer den Anforderungen einer ordnungsgemäßen Wirtschaft widersprechenden Weise zerstört, beschädigt oder unbrauchbar macht,

2. in einer den Anforderungen einer ordnungsgemäßen Wirtschaft widersprechenden Weise Verlust- oder Spekulationsgeschäfte oder Differenzgeschäfte mit Waren oder Wertpapieren eingeht oder durch unwirtschaftliche Ausgaben, Spiel oder Wette übermäßige Beträge verbraucht oder schuldig wird,

3. Waren oder Wertpapiere auf Kredit beschafft und sie oder die aus diesen Waren hergestellten Sachen erheblich unter ihrem Wert in einer den Anforderungen einer ordnungsgemäßen Wirtschaft widersprechenden Weise veräußert oder sonst abgibt,

4. Rechte anderer vortäuscht oder erdichtete Rechte anerkennt,

5. Handelsbücher, zu deren Führung er gesetzlich verpflichtet ist, zu führen unterläßt oder so führt oder verändert, daß die Übersicht über seinen Vermögensstand erschwert wird,

6. Handelsbücher oder sonstige Unterlagen, zu deren Aufbewahrung ein Kaufmann nach Handelsrecht verpflichtet ist, vor Ablauf der für Buchführungspflichtige bestehenden Aufbewahrungsfristen beiseite schafft, verheimlicht, zerstört oder beschädigt und dadurch die Übersicht über seinen Vermögensstand erschwert,

7. entgegen dem Handelsrecht

    a) Bilanzen so aufstellt, daß die Übersicht über seinen Vermögensstand erschwert wird, oder

    b) es unterläßt, die Bilanz seines Vermögens oder das Inventar in der vorgeschriebenen Zeit aufzustellen, oder

8. in einer anderen, den Anforderungen einer ordnungsgemäßen Wirtschaft grob widersprechenden Weise seinen Vermögensstand verringert oder seine wirklichen geschäftlichen Verhältnisse verheimlicht oder verschleiert.

(2)Ebenso wird bestraft, wer durch eine der in Absatz 1 bezeichneten Handlungen seine Überschuldung oder Zahlungsunfähigkeit herbeiführt.

(3)Der Versuch ist strafbar.

(4)Wer in den Fällen

1. des Absatzes 1 die Überschuldung oder die drohende oder eingetretene Zahlungsunfähigkeit fahrlässig nicht kennt oder

2. des Absatzes 2 die Überschuldung oder Zahlungsunfähigkeit leichtfertig

verursacht, wird mit Freiheitsstrafe bis zu zwei Jahren oder mit Geldstrafe

bestraft.

(5)Wer in den Fällen

1. des Absatzes 1 Nr. 2, 5 oder 7 fahrlässig handelt und die Überschuldung oder die drohende oder eingetretene Zahlungsunfähigkeit wenigstens fahrlässig nicht kennt oder

2. des Absatzes 2 in Verbindung mit Absatz 1 Nr. 2, 5 oder 7 fahrlässig handelt und die Überschuldung oder Zahlungsunfähigkeit wenigstens leichtfertig verursacht,

wird mit Freiheitsstrafe bis zu zwei Jahren oder mit Geldstrafe bestraft.

(6)Die Tat ist nur dann strafbar, wenn der Täter seine Zahlungen eingestellt hat oder über sein Vermögen das Insolvenzverfahren eröffnet oder der Eröffnungsantrag mangels Masse abgewiesen worden ist.

§ 283a Besonders schwerer Fall des Bankrotts

In besonders schweren Fällen des § 283 Abs. 1 bis 3 wird der Bankrott mit Freiheitsstrafe von sechs Monaten bis zu zehn Jahren bestraft. Ein besonders schwerer Fall liegt in der Regel vor, wenn der Täter

1. aus Gewinnsucht handelt oder

2. wissentlich viele Personen in die Gefahr des Verlustes ihrer ihm anvertrauten Vermögenswerte oder in wirtschaftliche Not bringt.

§ 283b Verletzung der Buchführungspflicht

(1)Mit Freiheitsstrafe bis zu zwei Jahren oder mit Geldstrafe wird bestraft, wer

1. Handelsbücher, zu deren Führung er gesetzlich verpflichtet ist, zu führen unterläßt oder so führt oder verändert, daß die Übersicht über seinen Vermögensstand erschwert wird,

2. Handelsbücher oder sonstige Unterlagen, zu deren Aufbewahrung er nach Handelsrecht verpflichtet ist, vor Ablauf der gesetzlichen Aufbewahrungsfristen beiseite schafft, verheimlicht, zerstört oder beschädigt und dadurch die Übersicht über seinen Vermögensstand erschwert,

3. entgegen dem Handelsrecht

    a) Bilanzen so aufstellt, daß die Übersicht über seinen Vermögensstand erschwert wird, oder

    b) es unterläßt, die Bilanz seines Vermögens oder das Inventar in der vorgeschriebenen Zeit aufzustellen.

(2)Wer in den Fällen des Absatzes 1 Nr. 1 oder 3 fahrlässig handelt, wird mit Freiheitsstrafe bis zu einem Jahr oder mit Geldstrafe bestraft.

(3)§ 283 Abs. 6 gilt entsprechend.

§ 283c Gläubigerbegünstigung

(1)Wer in Kenntnis seiner Zahlungsunfähigkeit einem Gläubiger eine Sicherheit oder Befriedigung gewährt, die dieser nicht oder nicht in der Art oder nicht zu der Zeit zu beanspruchen hat, und ihn dadurch absichtlich oder wissentlich vor den übrigen Gläubigern begünstigt, wird mit Freiheitsstrafe bis zu zwei Jahren oder mit Geldstrafe bestraft.

(2)Der Versuch ist strafbar.

(3)§ 283 Abs. 6 gilt entsprechend.

§ 283d Schuldnerbegünstigung

(1)Mit Freiheitsstrafe bis zu fünf Jahren oder mit Geldstrafe wird bestraft, wer

1. in Kenntnis der einem anderen drohenden Zahlungsunfähigkeit oder
2. nach Zahlungseinstellung, in einem Insolvenzverfahren oder in einem Verfahren zur Herbeiführung der Entscheidung über die Eröffnung des Insolvenzverfahrens eines anderen

Bestandteile des Vermögens eines anderen, die im Falle der Eröffnung des Insolvenzverfahrens zur Insolvenzmasse gehören, mit dessen Einwilligung oder zu dessen Gunsten beiseite schafft oder verheimlicht oder in einer den Anforderungen einer ordnungsgemäßen Wirtschaft widersprechenden Weise zerstört, beschädigt oder unbrauchbar macht.

(2)Der Versuch ist strafbar.

(3)In besonders schweren Fällen ist die Strafe Freiheitsstrafe von sechs Monaten bis zu zehn Jahren. Ein besonders schwerer Fall liegt in der Regel vor, wenn der Täter

1. aus Gewinnsucht handelt oder
2. wissentlich viele Personen in die Gefahr des Verlustes ihrer dem anderen anvertrauten Vermögenswerte oder in wirtschaftliche Not bringt.

(4)Die Tat ist nur dann strafbar, wenn der andere seine Zahlungen eingestellt hat oder über sein Vermögen das Insolvenzverfahren eröffnet oder der Eröffnungsantrag mangels Masse abgewiesen worden ist.

Fünfundzwanzigster Abschnitt Strafbarer Eigennutz

§ 284 Unerlaubte Veranstaltung eines Glücksspiels

(1)Wer ohne behördliche Erlaubnis öffentlich ein Glücksspiel veranstaltet oder hält oder die Einrichtungen hierzu bereitstellt, wird mit Freiheitsstrafe bis zu zwei Jahren oder mit Geldstrafe bestraft.

(2)Als öffentlich veranstaltet gelten auch Glücksspiele in Vereinen oder geschlossenen Gesellschaften, in denen Glücksspiele gewohnheitsmäßig veranstaltet werden.

(3)Wer in den Fällen des Absatzes 1

1. gewerbsmäßig oder
2. als Mitglied einer Bande handelt, die sich zur fortgesetzten Begehung solcher Taten

verbunden hat, wird mit Freiheitsstrafe von drei Monaten bis zu fünf Jahren bestraft.

(4)Wer für ein öffentliches Glücksspiel (Absätze 1 und 2) wirbt, wird mit Freiheitsstrafe bis zu einem Jahr oder mit Geldstrafe bestraft.

§ 285 Beteiligung am unerlaubten Glücksspiel

Wer sich an einem öffentlichen Glücksspiel (§ 284) beteiligt, wird mit Freiheitsstrafe bis zu sechs Monaten oder mit Geldstrafe bis zu einhundertachtzig Tagessätzen bestraft.

§ 286 Einziehung

In den Fällen der §§ 284 und 285 werden die Spieleinrichtungen und das auf dem Spieltisch oder in der Bank vorgefundene Geld eingezogen, wenn sie dem Täter oder Teilnehmer zur Zeit der Entscheidung gehören.
Andernfalls können die Gegenstände eingezogen werden; § 74a ist anzuwenden.

§ 287 Unerlaubte Veranstaltung einer Lotterie oder einer Ausspielung

(1)Wer ohne behördliche Erlaubnis öffentliche Lotterien oder Ausspielungen beweglicher oder unbeweglicher Sachen veranstaltet, namentlich den Abschluß von Spielverträgen für eine öffentliche Lotterie oder Ausspielung anbietet oder auf den Abschluß solcher Spielverträge gerichtete Angebote annimmt, wird mit Freiheitsstrafe bis zu zwei Jahren oder mit Geldstrafe bestraft.

(2)Wer für öffentliche Lotterien oder Ausspielungen (Absatz 1) wirbt, wird mit Freiheitsstrafe bis zu einem Jahr oder mit Geldstrafe bestraft.

§ 288 Vereiteln der Zwangsvollstreckung

(1)Wer bei einer ihm drohenden Zwangsvollstreckung in der Absicht, die Befriedigung des Gläubigers zu vereiteln, Bestandteile seines Vermögens veräußert oder beiseite schafft, wird mit Freiheitsstrafe bis zu zwei Jahren oder mit Geldstrafe bestraft.

(2)Die Tat wird nur auf Antrag verfolgt.

§ 289 Pfandkehr

(1)Wer seine eigene bewegliche Sache oder eine fremde bewegliche Sache zugunsten des Eigentümers derselben dem Nutznießer, Pfandgläubiger oder demjenigen, welchem an der Sache ein Gebrauchs- oder Zurückbehaltungsrecht zusteht, in rechtswidriger Absicht wegnimmt, wird mit Freiheitsstrafe bis zu drei Jahren oder mit Geldstrafe bestraft.

(2)Der Versuch ist strafbar.

(3)Die Tat wird nur auf Antrag verfolgt.

§ 290 Unbefugter Gebrauch von Pfandsachen

Öffentliche Pfandleiher, welche die von ihnen in Pfand genommenen Gegenstände unbefugt in Gebrauch nehmen, werden mit Freiheitsstrafe bis zu einem Jahr oder mit Geldstrafe bestraft.

§ 291 Wucher

(1)Wer die Zwangslage, die Unerfahrenheit, den Mangel an Urteilsvermögen oder die erhebliche Willensschwäche eines anderen dadurch ausbeutet, daß er sich oder einem Dritten

1. für die Vermietung von Räumen zum Wohnen oder damit verbundene Nebenleistungen,
2. für die Gewährung eines Kredits,
3. für eine sonstige Leistung oder
4. für die Vermittlung einer der vorbezeichneten Leistungen

Vermögensvorteile versprechen oder gewähren läßt, die in einem auffälligen Mißverhältnis zu der Leistung oder deren Vermittlung stehen, wird mit Freiheitsstrafe bis zu drei Jahren oder mit Geldstrafe bestraft. Wirken mehrere Personen als Leistende, Vermittler oder in anderer Weise mit und ergibt sich dadurch ein auffälliges Mißverhältnis zwischen sämtlichen Vermögensvorteilen und sämtlichen Gegenleistungen, so gilt Satz 1 für jeden, der die Zwangslage oder sonstige Schwäche des anderen für sich oder einen Dritten zur Erzielung eines übermäßigen Vermögensvorteils ausnutzt.

(2)In besonders schweren Fällen ist die Strafe Freiheitsstrafe von sechs Monaten bis zu zehn Jahren. Ein besonders schwerer Fall liegt in der Regel vor, wenn der Täter

1. durch die Tat den anderen in wirtschaftliche Not bringt,
2. die Tat gewerbsmäßig begeht,

3. sich durch Wechsel wucherische Vermögensvorteile versprechen läßt.

§ 292 Jagdwilderei

(1)Wer unter Verletzung fremden Jagdrechts oder Jagdausübungsrechts

1. dem Wild nachstellt, es fängt, erlegt oder sich oder einem Dritten zueignet oder

2. eine Sache, die dem Jagdrecht unterliegt, sich oder einem Dritten zueignet, beschädigt

oder zerstört, wird mit Freiheitsstrafe bis zu drei Jahren oder mit Geldstrafe bestraft.

(2)In besonders schweren Fällen ist die Strafe Freiheitsstrafe von drei Monaten bis zu fünf Jahren. Ein besonders schwerer Fall liegt in der Regel vor, wenn die Tat

1. gewerbs- oder gewohnheitsmäßig,

2. zur Nachtzeit, in der Schonzeit, unter Anwendung von Schlingen oder in anderer nicht weidmännischer Weise oder

3. von mehreren mit Schußwaffen ausgerüsteten Beteiligten

gemeinschaftlich begangen wird.

(3)Die Absätze 1 und 2 gelten nicht für die in einem Jagdbezirk zur Ausübung der Jagd befugten Personen hinsichtlich des Jagdrechts auf den zu diesem Jagdbezirk gehörenden nach § 6a des Bundesjagdgesetzes für befriedet erklärten Grundflächen.

§ 293 Fischwilderei

Wer unter Verletzung fremden Fischereirechts oder Fischereiausübungsrechts

1. fischt oder

2. eine Sache, die dem Fischereirecht unterliegt, sich oder einem Dritten zueignet, beschädigt

oder zerstört, wird mit Freiheitsstrafe bis zu zwei Jahren oder mit Geldstrafe bestraft.

§ 294 Strafantrag

In den Fällen des § 292 Abs. 1 und des § 293 wird die Tat nur auf Antrag des Verletzten verfolgt, wenn sie von einem Angehörigen oder an einem Ort begangen worden ist, wo der Täter die Jagd oder die Fischerei in beschränktem Umfang ausüben durfte.

§ 295 Einziehung

Jagd- und Fischereigeräte, Hunde und andere Tiere, die der Täter oder Teilnehmer bei der Tat mit sich geführt oder verwendet hat, können eingezogen werden. § 74a ist anzuwenden.

§ 296 (weggefallen)

-

§ 297 Gefährdung von Schiffen, Kraft- und Luftfahrzeugen durch Bannware

(1)Wer ohne Wissen des Reeders oder des Schiffsführers oder als Schiffsführer ohne Wissen des Reeders eine Sache an Bord eines deutschen Schiffes bringt oder nimmt, deren Beförderung

1. für das Schiff oder die Ladung die Gefahr einer Beschlagnahme oder Einziehung (§§ 74 bis 74f) oder

2. für den Reeder oder den Schiffsführer die Gefahr einer Bestrafung

verursacht, wird mit Freiheitsstrafe bis zu zwei Jahren oder mit Geldstrafe

bestraft.

(2)Ebenso wird bestraft, wer als Reeder ohne Wissen des Schiffsführers eine Sache an Bord eines deutschen Schiffes bringt oder nimmt, deren Beförderung für den Schiffsführer die Gefahr einer Bestrafung verursacht.

(3)Absatz 1 Nr. 1 gilt auch für ausländische Schiffe, die ihre Ladung ganz oder zum Teil im Inland genommen haben.

(4)Die Absätze 1 bis 3 sind entsprechend anzuwenden, wenn Sachen in Kraft- oder Luftfahrzeuge gebracht oder genommen werden. An die Stelle des Reeders und des Schiffsführers treten der Halter und der Führer des Kraft- oder Luftfahrzeuges.

Sechsundzwanzigster Abschnitt
Straftaten gegen den Wettbewerb

§ 298 Wettbewerbsbeschränkende Absprachen bei Ausschreibungen

(1)Wer bei einer Ausschreibung über Waren oder Dienstleistungen ein Angebot abgibt, das auf einer rechtswidrigen Absprache beruht, die darauf abzielt, den Veranstalter zur Annahme eines bestimmten Angebots zu veranlassen, wird mit Freiheitsstrafe bis zu fünf Jahren oder mit Geldstrafe bestraft.

(2)Der Ausschreibung im Sinne des Absatzes 1 steht die freihändige Vergabe eines Auftrages nach vorausgegangenem Teilnahmewettbewerb gleich.

(3)Nach Absatz 1, auch in Verbindung mit Absatz 2, wird nicht bestraft, wer freiwillig verhindert, daß der Veranstalter das Angebot annimmt oder dieser seine Leistung erbringt. Wird ohne Zutun des Täters das Angebot nicht angenommen oder die Leistung des Veranstalters nicht erbracht, so wird er straflos, wenn er sich freiwillig und ernsthaft bemüht, die Annahme des Angebots oder das Erbringen der Leistung zu verhindern.

§ 299 Bestechlichkeit und Bestechung im geschäftlichen Verkehr

(1)Mit Freiheitsstrafe bis zu drei Jahren oder Geldstrafe wird bestraft, wer im geschäftlichen Verkehr als Angestellter oder Beauftragter eines Unternehmens

1. einen Vorteil für sich oder einen Dritten als Gegenleistung dafür fordert, sich versprechen lässt oder annimmt, dass er bei dem Bezug von Waren oder Dienstleistungen einen anderen im inländischen oder ausländischen Wettbewerb in unlauterer Weise bevorzuge, oder

2. ohne Einwilligung des Unternehmens einen Vorteil für sich oder einen Dritten als Gegenleistung dafür fordert, sich versprechen lässt oder annimmt, dass er bei dem Bezug von Waren oder Dienstleistungen eine Handlung vornehme oder unterlasse und dadurch seine Pflichten gegenüber dem Unternehmen verletze.

(2)Ebenso wird bestraft, wer im geschäftlichen Verkehr einem Angestellten oder Beauftragten eines Unternehmens

1. einen Vorteil für diesen oder einen Dritten als Gegenleistung dafür anbietet, verspricht oder gewährt, dass er bei dem Bezug von Waren oder Dienstleistungen ihn oder einen anderen im inländischen oder ausländischen Wettbewerb in unlauterer Weise bevorzuge, oder

2. ohne Einwilligung des Unternehmens einen Vorteil für diesen oder einen Dritten als Gegenleistung dafür anbietet, verspricht oder gewährt, dass er bei dem Bezug von Waren oder Dienstleistungen eine Handlung vornehme oder unterlasse und dadurch seine Pflichten gegenüber dem Unternehmen verletze.

§ 299a Bestechlichkeit im Gesundheitswesen

Wer als Angehöriger eines Heilberufs, der für die Berufsausübung oder die Führung der Berufsbezeichnung eine staatlich geregelte Ausbildung erfordert, im Zusammenhang mit der Ausübung seines Berufs einen Vorteil für sich oder einen Dritten als Gegenleistung dafür fordert, sich versprechen lässt oder annimmt, dass er

1. bei der Verordnung von Arznei-, Heil- oder Hilfsmitteln oder von Medizinprodukten,

2. bei dem Bezug von Arznei- oder Hilfsmitteln oder von Medizinprodukten, die jeweils zur unmittelbaren Anwendung durch den Heilberufsangehörigen oder einen seiner Berufshelfer

bestimmt sind, oder

3. bei der Zuführung von Patienten oder Untersuchungsmaterial

einen anderen im inländischen oder ausländischen Wettbewerb in unlauterer Weise bevorzuge, wird mit Freiheitsstrafe bis zu drei Jahren oder mit Geldstrafe bestraft.

§ 299b Bestechung im Gesundheitswesen

Wer einem Angehörigen eines Heilberufs im Sinne des § 299a im Zusammenhang mit dessen Berufsausübung einen Vorteil für diesen oder einen Dritten als Gegenleistung dafür anbietet, verspricht oder gewährt, dass er

1. bei der Verordnung von Arznei-, Heil- oder Hilfsmitteln oder von Medizinprodukten,

2. bei dem Bezug von Arznei- oder Hilfsmitteln oder von Medizinprodukten, die jeweils zur unmittelbaren Anwendung durch den Heilberufsangehörigen oder einen seiner Berufshelfer bestimmt sind, oder

3. bei der Zuführung von Patienten oder Untersuchungsmaterial

ihn oder einen anderen im inländischen oder ausländischen Wettbewerb in unlauterer Weise bevorzuge, wird mit Freiheitsstrafe bis zu drei Jahren oder mit Geldstrafe bestraft.

§ 300 Besonders schwere Fälle der Bestechlichkeit und Bestechung im geschäftlichen Verkehr und im Gesundheitswesen

In besonders schweren Fällen wird eine Tat nach den §§ 299, 299a und 299b mit Freiheitsstrafe von drei Monaten bis zu fünf Jahren bestraft. Ein besonders schwerer Fall liegt in der Regel vor, wenn

1. die Tat sich auf einen Vorteil großen Ausmaßes bezieht oder

2. der Täter gewerbsmäßig handelt oder als Mitglied einer Bande, die sich zur fortgesetzten Begehung solcher Taten verbunden hat.

§ 301 Strafantrag

(1)Die Bestechlichkeit und Bestechung im geschäftlichen Verkehr nach § 299 wird nur auf Antrag verfolgt, es sei denn, daß die Strafverfolgungsbehörde wegen des besonderen öffentlichen Interesses an der Strafverfolgung ein Einschreiten von Amts wegen für geboten hält.

(2)Das Recht, den Strafantrag nach Absatz 1 zu stellen, haben in den Fällen des § 299 Absatz 1 Nummer 1 und Absatz 2 Nummer 1 neben dem Verletzten auch die in § 8 Absatz 3 Nummer 2 und 4 des Gesetzes gegen den unlauteren Wettbewerb bezeichneten Verbände und Kammern.

§ 302 (weggefallen)

Siebenundzwanzigster Abschnitt Sachbeschädigung

§ 303 Sachbeschädigung

(1)Wer rechtswidrig eine fremde Sache beschädigt oder zerstört, wird mit Freiheitsstrafe bis zu zwei Jahren oder mit Geldstrafe bestraft.

(2)Ebenso wird bestraft, wer unbefugt das Erscheinungsbild einer fremden Sache nicht nur unerheblich und nicht nur vorübergehend verändert.

(3)Der Versuch ist strafbar.

§ 303a Datenveränderung

(1)Wer rechtswidrig Daten (§ 202a Abs. 2) löscht, unterdrückt, unbrauchbar macht oder verändert, wird mit Freiheitsstrafe bis zu zwei Jahren oder mit Geldstrafe bestraft.

(2)Der Versuch ist strafbar.

(3)Für die Vorbereitung einer Straftat nach Absatz 1 gilt § 202c entsprechend.

§ 303b Computersabotage

(1)Wer eine Datenverarbeitung, die für einen anderen von wesentlicher Bedeutung ist, dadurch erheblich stört, dass er

1. eine Tat nach § 303a Abs. 1 begeht,

2. Daten (§ 202a Abs. 2) in der Absicht, einem anderen Nachteil zuzufügen, eingibt oder übermittelt oder

3. eine Datenverarbeitungsanlage oder einen Datenträger zerstört, beschädigt, unbrauchbar macht, beseitigt oder verändert,

wird mit Freiheitsstrafe bis zu drei Jahren oder mit Geldstrafe bestraft.

(2)Handelt es sich um eine Datenverarbeitung, die für einen fremden Betrieb, ein fremdes Unternehmen oder eine Behörde von wesentlicher Bedeutung ist, ist die Strafe Freiheitsstrafe bis zu fünf Jahren oder Geldstrafe.

(3)Der Versuch ist strafbar.

(4)In besonders schweren Fällen des Absatzes 2 ist die Strafe Freiheitsstrafe von sechs Monaten bis zu zehn Jahren. Ein besonders schwerer Fall liegt in der Regel vor, wenn der Täter

1. einen Vermögensverlust großen Ausmaßes herbeiführt,

2. gewerbsmäßig oder als Mitglied einer Bande handelt, die sich zur fortgesetzten Begehung von Computersabotage verbunden hat,

3. durch die Tat die Versorgung der Bevölkerung mit lebenswichtigen Gütern oder Dienstleistungen oder die Sicherheit der Bundesrepublik Deutschland beeinträchtigt.

(5)Für die Vorbereitung einer Straftat nach Absatz 1 gilt § 202c entsprechend.

§ 303c Strafantrag

In den Fällen der §§ 303, 303a Abs. 1 und 2 sowie § 303b Abs. 1 bis 3 wird die Tat nur auf Antrag verfolgt, es sei denn, daß die Strafverfolgungsbehörde wegen des besonderen öffentlichen Interesses an der Strafverfolgung ein Einschreiten von Amts wegen für geboten hält.

§ 304 Gemeinschädliche Sachbeschädigung

(1)Wer rechtswidrig Gegenstände der Verehrung einer im Staat bestehenden Religionsgesellschaft oder Sachen, die dem Gottesdienst gewidmet sind, oder Grabmäler, öffentliche Denkmäler, Naturdenkmäler, Gegenstände
der Kunst, der Wissenschaft oder des Gewerbes, welche in öffentlichen Sammlungen aufbewahrt werden oder öffentlich aufgestellt sind, oder Gegenstände, welche zum öffentlichen Nutzen oder zur Verschönerung öffentlicher Wege, Plätze oder Anlagen dienen, beschädigt oder zerstört, wird mit Freiheitsstrafe bis zu drei Jahren oder mit Geldstrafe bestraft.

(2)Ebenso wird bestraft, wer unbefugt das Erscheinungsbild einer in Absatz 1 bezeichneten Sache oder eines dort bezeichneten Gegenstandes nicht nur unerheblich und nicht nur vorübergehend verändert.

(3)Der Versuch ist strafbar.

§ 305 Zerstörung von Bauwerken

(1)Wer rechtswidrig ein Gebäude, ein Schiff, eine Brücke, einen Damm, eine gebaute Straße, eine Eisenbahn oder ein anderes Bauwerk, welche fremdes Eigentum sind, ganz oder teilweise zerstört, wird mit Freiheitsstrafe bis zu fünf Jahren oder mit Geldstrafe bestraft.

(2)Der Versuch ist strafbar.

§ 305a Zerstörung wichtiger Arbeitsmittel

(1)Wer rechtswidrig

1. ein fremdes technisches Arbeitsmittel von bedeutendem Wert, das für die Errichtung einer Anlage oder eines Unternehmens im Sinne des § 316b Abs. 1 Nr. 1 oder 2 oder einer Anlage, die dem Betrieb oder der Entsorgung einer solchen Anlage oder eines solchen Unternehmens dient, von wesentlicher Bedeutung ist, oder

2. ein für den Einsatz wesentliches technisches Arbeitsmittel der Polizei, der Bundeswehr, der Feuerwehr, des Katastrophenschutzes oder eines Rettungsdienstes, das von bedeutendem Wert ist, oder

3. ein Kraftfahrzeug der Polizei, der Bundeswehr, der Feuerwehr, des Katastrophenschutzes oder eines Rettungsdienstes

ganz oder teilweise zerstört, wird mit Freiheitsstrafe bis zu fünf Jahren oder mit Geldstrafe bestraft.

(2)Der Versuch ist strafbar.

Achtundzwanzigster Abschnitt
Gemeingefährliche Straftaten

§ 306 Brandstiftung

(1)Wer fremde

1. Gebäude oder Hütten,

2. Betriebsstätten oder technische Einrichtungen, namentlich Maschinen,

3. Warenlager oder -vorräte,

4. Kraftfahrzeuge, Schienen-, Luft- oder Wasserfahrzeuge,

5. Wälder, Heiden oder Moore oder

6. land-, ernährungs- oder forstwirtschaftliche Anlagen oder Erzeugnisse

in Brand setzt oder durch eine Brandlegung ganz oder teilweise zerstört, wird mit Freiheitsstrafe von einem Jahr bis zu zehn Jahren bestraft.

(2)In minder schweren Fällen ist die Strafe Freiheitsstrafe von sechs Monaten bis zu fünf Jahren.

§ 306a Schwere Brandstiftung

(1)Mit Freiheitsstrafe nicht unter einem Jahr wird bestraft, wer

1. ein Gebäude, ein Schiff, eine Hütte oder eine andere Räumlichkeit, die der Wohnung von Menschen dient,

2. eine Kirche oder ein anderes der Religionsausübung dienendes Gebäude oder

3. eine Räumlichkeit, die zeitweise dem Aufenthalt von Menschen dient, zu einer Zeit, in der Menschen sich dort aufzuhalten pflegen,

in Brand setzt oder durch eine Brandlegung ganz oder teilweise zerstört.

(2)Ebenso wird bestraft, wer eine in § 306 Abs. 1 Nr. 1 bis 6 bezeichnete Sache in Brand setzt oder durch eine Brandlegung ganz oder teilweise zerstört und dadurch einen anderen Menschen in die Gefahr einer Gesundheitsschädigung bringt.

(3)In minder schweren Fällen der Absätze 1 und 2 ist die Strafe Freiheitsstrafe von sechs Monaten bis zu fünf Jahren.

§ 306b Besonders schwere Brandstiftung

(1)Wer durch eine Brandstiftung nach § 306 oder § 306a eine schwere Gesundheitsschädigung eines anderen Menschen oder eine Gesundheitsschädigung einer großen Zahl von Menschen verursacht, wird mit Freiheitsstrafe nicht unter zwei Jahren bestraft.

(2)Auf Freiheitsstrafe nicht unter fünf Jahren ist zu erkennen, wenn der Täter in den Fällen des § 306a

1.   einen anderen Menschen durch die Tat in die Gefahr des Todes bringt,

2.   in der Absicht handelt, eine andere Straftat zu ermöglichen oder zu verdecken oder

3.   das Löschen des Brandes verhindert oder erschwert.

§ 306c Brandstiftung mit Todesfolge

Verursacht der Täter durch eine Brandstiftung nach den §§ 306 bis 306b wenigstens leichtfertig den Tod eines anderen Menschen, so ist die Strafe lebenslange Freiheitsstrafe oder Freiheitsstrafe nicht unter zehn Jahren.

§ 306d Fahrlässige Brandstiftung

(1)Wer in den Fällen des § 306 Abs. 1 oder des § 306a Abs. 1 fahrlässig handelt oder in den Fällen des § 306a Abs. 2 die Gefahr fahrlässig verursacht, wird mit Freiheitsstrafe bis zu fünf Jahren oder mit Geldstrafe bestraft.

(2)Wer in den Fällen des § 306a Abs. 2 fahrlässig handelt und die Gefahr fahrlässig verursacht, wird mit Freiheitsstrafe bis zu drei Jahren oder mit Geldstrafe bestraft.

§ 306e Tätige Reue

(1)Das Gericht kann in den Fällen der §§ 306, 306a und 306b die Strafe nach seinem Ermessen mildern (§ 49 Abs. 2) oder von Strafe nach diesen Vorschriften absehen, wenn der Täter freiwillig den Brand löscht, bevor ein erheblicher Schaden entsteht.

(2)Nach § 306d wird nicht bestraft, wer freiwillig den Brand löscht, bevor ein erheblicher Schaden entsteht.

(3)Wird der Brand ohne Zutun des Täters gelöscht, bevor ein erheblicher Schaden entstanden ist, so genügt sein freiwilliges und ernsthaftes Bemühen, dieses Ziel zu erreichen.

§ 306f Herbeiführen einer Brandgefahr

(1)Wer fremde

1.   feuergefährdete Betriebe oder Anlagen,

2.   Anlagen oder Betriebe der Land- oder Ernährungswirtschaft, in denen sich deren Erzeugnisse befinden,

3.   Wälder, Heiden oder Moore oder

4.   bestellte Felder oder leicht entzündliche Erzeugnisse der Landwirtschaft, die auf Feldern lagern,

durch Rauchen, durch offenes Feuer oder Licht, durch Wegwerfen brennender oder glimmender Gegenstände oder in sonstiger Weise in Brandgefahr bringt, wird mit Freiheitsstrafe bis zu drei Jahren oder mit Geldstrafe bestraft.

(2)Ebenso wird bestraft, wer eine in Absatz 1 Nr. 1 bis 4 bezeichnete Sache in Brandgefahr bringt und dadurch Leib oder Leben eines anderen Menschen oder fremde Sachen von bedeutendem Wert gefährdet.

(3)Wer in den Fällen des Absatzes 1 fahrlässig handelt oder in den Fällen des Absatzes 2 die Gefahr fahrlässig verursacht, wird mit Freiheitsstrafe bis zu einem Jahr oder mit Geldstrafe bestraft.

§ 307 Herbeiführen einer Explosion durch Kernenergie

(1)Wer es unternimmt, durch Freisetzen von Kernenergie eine Explosion herbeizuführen und dadurch Leib oder Leben eines anderen Menschen oder fremde Sachen von bedeutendem Wert zu gefährden, wird mit Freiheitsstrafe nicht unter fünf Jahren bestraft.

(2)Wer durch Freisetzen von Kernenergie eine Explosion herbeiführt und dadurch Leib oder Leben eines anderen Menschen oder fremde Sachen von bedeutendem Wert fahrlässig gefährdet, wird mit Freiheitsstrafe von einem Jahr bis zu zehn Jahren bestraft.

(3)Verursacht der Täter durch die Tat wenigstens leichtfertig den Tod eines anderen Menschen, so ist die Strafe

1. in den Fällen des Absatzes 1 lebenslange Freiheitsstrafe oder Freiheitsstrafe nicht unter zehn Jahren,

2. in den Fällen des Absatzes 2 Freiheitsstrafe nicht unter fünf Jahren.

(4)Wer in den Fällen des Absatzes 2 fahrlässig handelt und die Gefahr fahrlässig verursacht, wird mit Freiheitsstrafe bis zu drei Jahren oder mit Geldstrafe bestraft.

§ 308 Herbeiführen einer Sprengstoffexplosion

(1)Wer anders als durch Freisetzen von Kernenergie, namentlich durch Sprengstoff, eine Explosion herbeiführt und dadurch Leib oder Leben eines anderen Menschen oder fremde Sachen von bedeutendem Wert gefährdet, wird mit Freiheitsstrafe nicht unter einem Jahr bestraft.

(2)Verursacht der Täter durch die Tat eine schwere Gesundheitsschädigung eines anderen Menschen oder eine Gesundheitsschädigung einer großen Zahl von Menschen, so ist auf Freiheitsstrafe nicht unter zwei Jahren zu erkennen.

(3)Verursacht der Täter durch die Tat wenigstens leichtfertig den Tod eines anderen Menschen, so ist die Strafe lebenslange Freiheitsstrafe oder Freiheitsstrafe nicht unter zehn Jahren.

(4)In minder schweren Fällen des Absatzes 1 ist auf Freiheitsstrafe von sechs Monaten bis zu fünf Jahren, in minder schweren Fällen des Absatzes 2 auf Freiheitsstrafe von einem Jahr bis zu zehn Jahren zu erkennen.

(5)Wer in den Fällen des Absatzes 1 die Gefahr fahrlässig verursacht, wird mit Freiheitsstrafe bis zu fünf Jahren oder mit Geldstrafe bestraft.

(6)Wer in den Fällen des Absatzes 1 fahrlässig handelt und die Gefahr fahrlässig verursacht, wird mit Freiheitsstrafe bis zu drei Jahren oder mit Geldstrafe bestraft.

§ 309 Mißbrauch ionisierender Strahlen

(1)Wer in der Absicht, die Gesundheit eines anderen Menschen zu schädigen, es unternimmt, ihn einer ionisierenden Strahlung auszusetzen, die dessen Gesundheit zu schädigen geeignet ist, wird mit Freiheitsstrafe von einem Jahr bis zu zehn Jahren bestraft.

(2)Unternimmt es der Täter, eine unübersehbare Zahl von Menschen einer solchen Strahlung auszusetzen, so ist die Strafe Freiheitsstrafe nicht unter fünf Jahren.

(3)Verursacht der Täter in den Fällen des Absatzes 1 durch die Tat eine schwere Gesundheitsschädigung eines anderen Menschen oder eine Gesundheitsschädigung einer großen Zahl von Menschen, so ist auf Freiheitsstrafe nicht unter zwei Jahren zu erkennen.

(4)Verursacht der Täter durch die Tat wenigstens leichtfertig den Tod eines anderen Menschen, so ist die Strafe lebenslange Freiheitsstrafe oder Freiheitsstrafe nicht unter zehn Jahren.

(5)In minder schweren Fällen des Absatzes 1 ist auf Freiheitsstrafe von sechs Monaten bis zu fünf Jahren, in minder schweren Fällen des Absatzes 3 auf Freiheitsstrafe von einem Jahr bis zu zehn Jahren zu erkennen.

(6)Wer in der Absicht,

1. die Brauchbarkeit einer fremden Sache von bedeutendem Wert zu beeinträchtigen,

2. nachhaltig ein Gewässer, die Luft oder den Boden nachteilig zu verändern oder

3. ihm nicht gehörende Tiere oder Pflanzen von bedeutendem Wert zu schädigen,

die Sache, das Gewässer, die Luft, den Boden, die Tiere oder Pflanzen einer ionisierenden Strahlung aussetzt, die geeignet ist, solche Beeinträchtigungen, Veränderungen oder Schäden hervorzurufen, wird mit Freiheitsstrafe bis zu fünf Jahren oder mit Geldstrafe bestraft. Der Versuch ist strafbar.

§ 310 Vorbereitung eines Explosions- oder Strahlungsverbrechens

(1)Wer zur Vorbereitung

1. eines bestimmten Unternehmens im Sinne des § 307 Abs. 1 oder des § 309 Abs. 2,

2. einer Straftat nach § 308 Abs. 1, die durch Sprengstoff begangen werden soll,

3. einer Straftat nach § 309 Abs. 1 oder

4. einer Straftat nach § 309 Abs. 6

Kernbrennstoffe, sonstige radioaktive Stoffe, Sprengstoffe oder die zur Ausführung der Tat erforderlichen besonderen Vorrichtungen herstellt, sich oder einem anderen verschafft, verwahrt oder einem anderen überläßt, wird in den Fällen der Nummer 1 mit Freiheitsstrafe von einem Jahr bis zu zehn Jahren, in den Fällen der Nummer 2 und der Nummer 3 mit Freiheitsstrafe von sechs Monaten bis zu fünf Jahren, in den Fällen der Nummer 4 mit Freiheitsstrafe bis zu drei Jahren oder mit Geldstrafe bestraft.

(2)In minder schweren Fällen des Absatzes 1 Nr. 1 ist die Strafe Freiheitsstrafe von sechs Monaten bis zu fünf Jahren.

(3)In den Fällen des Absatzes 1 Nr. 3 und 4 ist der Versuch strafbar.

§ 311 Freisetzen ionisierender Strahlen

(1)Wer unter Verletzung verwaltungsrechtlicher Pflichten (§ 330d Absatz 1 Nummer 4, 5, Absatz 2)

1. ionisierende Strahlen freisetzt oder

2. Kernspaltungsvorgänge bewirkt,

die geeignet sind, Leib oder Leben eines anderen Menschen, fremde Sachen von bedeutendem Wert zu schädigen oder erhebliche Schäden an Tieren oder Pflanzen, Gewässern, der Luft oder dem Boden herbeizuführen, wird mit Freiheitsstrafe bis zu fünf Jahren oder mit Geldstrafe bestraft.

(2)Der Versuch ist strafbar.

(3)Wer fahrlässig

1. beim Betrieb einer Anlage, insbesondere einer Betriebsstätte, eine Handlung im Sinne des Absatzes 1 in einer Weise begeht, die geeignet ist, eine Schädigung außerhalb des zur Anlage gehörenden Bereichs herbeizuführen oder

2. in sonstigen Fällen des Absatzes 1 unter grober Verletzung verwaltungsrechtlicher

Pflichten handelt, wird mit Freiheitsstrafe bis zu zwei Jahren oder mit Geldstrafe bestraft.

§ 312 Fehlerhafte Herstellung einer kerntechnischen Anlage

(1)Wer eine kerntechnische Anlage (§ 330d Nr. 2) oder Gegenstände, die zur Errichtung oder zum Betrieb einer solchen Anlage bestimmt sind, fehlerhaft herstellt oder liefert und dadurch eine Gefahr für Leib oder Leben eines anderen Menschen oder für fremde Sachen von bedeutendem Wert herbeiführt, die mit der Wirkung eines Kernspaltungsvorgangs oder der Strahlung eines radioaktiven Stoffes zusammenhängt, wird mit Freiheitsstrafe von drei Monaten bis zu fünf Jahren bestraft.

(2)Der Versuch ist strafbar.

(3)Verursacht der Täter durch die Tat eine schwere Gesundheitsschädigung eines anderen Menschen oder eine Gesundheitsschädigung einer großen Zahl von Menschen, so ist auf Freiheitsstrafe von einem Jahr bis zu zehn Jahren zu erkennen.

(4)Verursacht der Täter durch die Tat den Tod eines anderen Menschen, so ist die Strafe

Freiheitsstrafe nicht unter drei Jahren.

(5) In minder schweren Fällen des Absatzes 3 ist auf Freiheitsstrafe von sechs Monaten bis zu fünf Jahren, in minder schweren Fällen des Absatzes 4 auf Freiheitsstrafe von einem Jahr bis zu zehn Jahren zu erkennen.

(6) Wer in den Fällen des Absatzes 1

1. die Gefahr fahrlässig verursacht oder

2. leichtfertig handelt und die Gefahr fahrlässig verursacht,

wird mit Freiheitsstrafe bis zu drei Jahren oder mit Geldstrafe bestraft.

§ 313 Herbeiführen einer Überschwemmung

(1) Wer eine Überschwemmung herbeiführt und dadurch Leib oder Leben eines anderen Menschen oder fremde Sachen von bedeutendem Wert gefährdet, wird mit Freiheitsstrafe von einem Jahr bis zu zehn Jahren bestraft.

(2) § 308 Abs. 2 bis 6 gilt entsprechend.

§ 314 Gemeingefährliche Vergiftung

(1) Mit Freiheitsstrafe von einem Jahr bis zu zehn Jahren wird bestraft, wer

1. Wasser in gefaßten Quellen, in Brunnen, Leitungen oder Trinkwasserspeichern oder

2. Gegenstände, die zum öffentlichen Verkauf oder Verbrauch bestimmt sind,

vergiftet oder ihnen gesundheitsschädliche Stoffe beimischt oder vergiftete oder mit gesundheitsschädlichen Stoffen vermischte Gegenstände im Sinne der Nummer 2 verkauft, feilhält oder sonst in den Verkehr bringt.

(2) § 308 Abs. 2 bis 4 gilt entsprechend.

§ 314a Tätige Reue

(1) Das Gericht kann die Strafe in den Fällen des § 307 Abs. 1 und des § 309 Abs. 2 nach seinem Ermessen mildern (§ 49 Abs. 2), wenn der Täter freiwillig die weitere Ausführung der Tat aufgibt oder sonst die Gefahr abwendet.

(2) Das Gericht kann die in den folgenden Vorschriften angedrohte Strafe nach seinem Ermessen mildern (§ 49 Abs. 2) oder von Strafe nach diesen Vorschriften absehen, wenn der Täter

1. in den Fällen des § 309 Abs. 1 oder § 314 Abs. 1 freiwillig die weitere Ausführung der Tat aufgibt oder sonst die Gefahr abwendet oder

2. in den Fällen des
    a) § 307 Abs. 2,
    b) § 308 Abs. 1 und 5,
    c) § 309 Abs. 6,
    d) § 311 Abs. 1,
    e) § 312 Abs. 1 und 6 Nr. 1,
    f) § 313, auch in Verbindung mit § 308 Abs. 5,

    freiwillig die Gefahr abwendet, bevor ein erheblicher Schaden entsteht.

(3) Nach den folgenden Vorschriften wird nicht bestraft, wer

1. in den Fällen des
    a) § 307 Abs. 4,
    b) § 308 Abs. 6,
    c) § 311 Abs. 3,

d)   § 312 Abs. 6 Nr. 2,

e)   § 313 Abs. 2 in Verbindung mit § 308 Abs. 6

freiwillig die Gefahr abwendet, bevor ein erheblicher Schaden entsteht, oder

2.   in den Fällen des § 310 freiwillig die weitere Ausführung der Tat aufgibt oder sonst die Gefahr abwendet.

(4)Wird ohne Zutun des Täters die Gefahr abgewendet, so genügt sein freiwilliges und ernsthaftes Bemühen, dieses Ziel zu erreichen.

§ 315 Gefährliche Eingriffe in den Bahn-, Schiffs- und Luftverkehr

(1)Wer die Sicherheit des Schienenbahn-, Schwebebahn-, Schiffs- oder Luftverkehrs dadurch beeinträchtigt, daß er

1.   Anlagen oder Beförderungsmittel zerstört, beschädigt oder beseitigt,

2.   Hindernisse bereitet,

3.   falsche Zeichen oder Signale gibt oder

4.   einen ähnlichen, ebenso gefährlichen Eingriff vornimmt,

und dadurch Leib oder Leben eines anderen Menschen oder fremde Sachen von bedeutendem Wert gefährdet, wird mit Freiheitsstrafe von sechs Monaten bis zu zehn Jahren bestraft.

(2)Der Versuch ist strafbar.

(3)Auf Freiheitsstrafe nicht unter einem Jahr ist zu erkennen, wenn der Täter

1.   in der Absicht handelt,

a)   einen Unglücksfall herbeizuführen oder

b)   eine andere Straftat zu ermöglichen oder zu verdecken, oder

2.   durch die Tat eine schwere Gesundheitsschädigung eines anderen Menschen oder eine Gesundheitsschädigung einer großen Zahl von Menschen verursacht.

(4)In minder schweren Fällen des Absatzes 1 ist auf Freiheitsstrafe von drei Monaten bis zu fünf Jahren, in minder schweren Fällen des Absatzes 3 auf Freiheitsstrafe von sechs Monaten bis zu fünf Jahren zu erkennen.

(5)Wer in den Fällen des Absatzes 1 die Gefahr fahrlässig verursacht, wird mit Freiheitsstrafe bis zu fünf Jahren oder mit Geldstrafe bestraft.

(6)Wer in den Fällen des Absatzes 1 fahrlässig handelt und die Gefahr fahrlässig verursacht, wird mit Freiheitsstrafe bis zu zwei Jahren oder mit Geldstrafe bestraft.

§ 315a Gefährdung des Bahn-, Schiffs- und Luftverkehrs

(1)Mit Freiheitsstrafe bis zu fünf Jahren oder mit Geldstrafe wird bestraft, wer

1.   ein Schienenbahn- oder Schwebebahnfahrzeug, ein Schiff oder ein Luftfahrzeug führt, obwohl er infolge des Genusses alkoholischer Getränke oder anderer berauschender Mittel oder infolge geistiger oder körperlicher Mängel nicht in der Lage ist, das Fahrzeug sicher zu führen, oder

2.   als Führer eines solchen Fahrzeugs oder als sonst für die Sicherheit Verantwortlicher durch grob pflichtwidriges Verhalten gegen Rechtsvorschriften zur Sicherung des Schienenbahn-, Schwebebahn-,
Schiffs- oder Luftverkehrs verstößt

und dadurch Leib oder Leben eines anderen Menschen oder fremde Sachen von bedeutendem Wert gefährdet.

(2)In den Fällen des Absatzes 1 Nr. 1 ist der Versuch strafbar.

(3)Wer in den Fällen des Absatzes 1

1.   die Gefahr fahrlässig verursacht oder

2.   fahrlässig handelt und die Gefahr fahrlässig verursacht,

wird mit Freiheitsstrafe bis zu zwei Jahren oder mit Geldstrafe bestraft.

§ 315b Gefährliche Eingriffe in den Straßenverkehr

(1)Wer die Sicherheit des Straßenverkehrs dadurch beeinträchtigt, daß er

1.   Anlagen oder Fahrzeuge zerstört, beschädigt oder beseitigt,

2.   Hindernisse bereitet oder

3.   einen ähnlichen, ebenso gefährlichen Eingriff vornimmt,

und dadurch Leib oder Leben eines anderen Menschen oder fremde Sachen von bedeutendem Wert gefährdet, wird mit Freiheitsstrafe bis zu fünf Jahren oder mit Geldstrafe bestraft.

(2)Der Versuch ist strafbar.

(3)Handelt der Täter unter den Voraussetzungen des § 315 Abs. 3, so ist die Strafe Freiheitsstrafe von einem Jahr bis zu zehn Jahren, in minder schweren Fällen Freiheitsstrafe von sechs Monaten bis zu fünf Jahren.

(4)Wer in den Fällen des Absatzes 1 die Gefahr fahrlässig verursacht, wird mit Freiheitsstrafe bis zu drei Jahren oder mit Geldstrafe bestraft.

(5)Wer in den Fällen des Absatzes 1 fahrlässig handelt und die Gefahr fahrlässig verursacht, wird mit Freiheitsstrafe bis zu zwei Jahren oder mit Geldstrafe bestraft.

§ 315c Gefährdung des Straßenverkehrs

(1)Wer im Straßenverkehr

1.   ein Fahrzeug führt, obwohl er

    a)   infolge des Genusses alkoholischer Getränke oder anderer berauschender Mittel oder

    b)   infolge geistiger oder körperlicher Mängel

    nicht in der Lage ist, das Fahrzeug sicher zu führen, oder

2.   grob verkehrswidrig und rücksichtslos

    a)   die Vorfahrt nicht beachtet,

    b)   falsch überholt oder sonst bei Überholvorgängen falsch fährt,

    c)   an Fußgängerüberwegen falsch fährt,

    d)   an unübersichtlichen Stellen, an Straßenkreuzungen, Straßeneinmündungen oder Bahnübergängen zu schnell fährt,

    e)   an unübersichtlichen Stellen nicht die rechte Seite der Fahrbahn einhält,

    f)   auf Autobahnen oder Kraftfahrstraßen wendet, rückwärts oder entgegen der Fahrtrichtung fährt oder dies versucht oder

    g)   haltende oder liegengebliebene Fahrzeuge nicht auf ausreichende Entfernung kenntlich macht, obwohl das zur Sicherung des Verkehrs erforderlich ist,

und dadurch Leib oder Leben eines anderen Menschen oder fremde Sachen von bedeutendem Wert gefährdet, wird mit Freiheitsstrafe bis zu fünf Jahren oder mit Geldstrafe bestraft.

(2)In den Fällen des Absatzes 1 Nr. 1 ist der Versuch strafbar.

(3)Wer in den Fällen des Absatzes 1

1.   die Gefahr fahrlässig verursacht oder

2.   fahrlässig handelt und die Gefahr fahrlässig verursacht,

wird mit Freiheitsstrafe bis zu zwei Jahren oder mit Geldstrafe bestraft.

§ 315d Verbotene Kraftfahrzeugrennen

(1)Wer im Straßenverkehr

1. ein nicht erlaubtes Kraftfahrzeugrennen ausrichtet oder durchführt,
2. als Kraftfahrzeugführer an einem nicht erlaubten Kraftfahrzeugrennen teilnimmt oder
3. sich als Kraftfahrzeugführer mit nicht angepasster Geschwindigkeit und grob
    verkehrswidrig und rücksichtslos fortbewegt, um eine höchstmögliche Geschwindigkeit
    zu erreichen,

wird mit Freiheitsstrafe bis zu zwei Jahren oder mit Geldstrafe bestraft.

(2)Wer in den Fällen des Absatzes 1 Nummer 2 oder 3 Leib oder Leben eines anderen Menschen oder fremde Sachen von bedeutendem Wert gefährdet, wird mit Freiheitsstrafe bis zu fünf Jahren oder mit Geldstrafe bestraft.

(3)Der Versuch ist in den Fällen des Absatzes 1 Nummer 1 strafbar.

(4)Wer in den Fällen des Absatzes 2 die Gefahr fahrlässig verursacht, wird mit Freiheitsstrafe bis zu drei Jahren oder mit Geldstrafe bestraft.

(5)Verursacht der Täter in den Fällen des Absatzes 2 durch die Tat den Tod oder eine schwere Gesundheitsschädigung eines anderen Menschen oder eine Gesundheitsschädigung einer großen Zahl von Menschen, so ist die Strafe Freiheitsstrafe von einem Jahr bis zu zehn Jahren, in minder schweren Fällen Freiheitsstrafe von sechs Monaten bis zu fünf Jahren.

§ 315e Schienenbahnen im Straßenverkehr

Soweit Schienenbahnen am Straßenverkehr teilnehmen, sind nur die Vorschriften zum Schutz des Straßenverkehrs (§§ 315b und 315c) anzuwenden.

§ 315f Einziehung

Kraftfahrzeuge, auf die sich eine Tat nach § 315d Absatz 1 Nummer 2 oder Nummer 3, Absatz 2, 4 oder 5 bezieht, können eingezogen werden. § 74a ist anzuwenden.

§ 316 Trunkenheit im Verkehr

(1)Wer im Verkehr (§§ 315 bis 315e) ein Fahrzeug führt, obwohl er infolge des Genusses alkoholischer Getränke oder anderer berauschender Mittel nicht in der Lage ist, das Fahrzeug sicher zu führen, wird mit Freiheitsstrafe bis zu einem Jahr oder mit Geldstrafe bestraft, wenn die Tat nicht in § 315a oder § 315c mit Strafe bedroht ist.

(2)Nach Absatz 1 wird auch bestraft, wer die Tat fahrlässig begeht.

§ 316a Räuberischer Angriff auf Kraftfahrer

(1)Wer zur Begehung eines Raubes (§§ 249 oder 250), eines räuberischen Diebstahls (§ 252) oder einer räuberischen Erpressung (§ 255) einen Angriff auf Leib oder Leben oder die Entschlußfreiheit des Führers eines Kraftfahrzeugs oder eines Mitfahrers verübt und dabei die besonderen Verhältnisse des Straßenverkehrs ausnutzt, wird mit Freiheitsstrafe nicht unter fünf Jahren bestraft.

(2)In minder schweren Fällen ist die Strafe Freiheitsstrafe von einem Jahr bis zu zehn Jahren.

(3)Verursacht der Täter durch die Tat wenigstens leichtfertig den Tod eines anderen Menschen, so ist die Strafe lebenslange Freiheitsstrafe oder Freiheitsstrafe nicht unter zehn Jahren.

§ 316b Störung öffentlicher Betriebe

(1)Wer den Betrieb

1. von Unternehmen oder Anlagen, die der öffentlichen Versorgung mit Postdienstleistungen oder dem öffentlichen Verkehr dienen,

2. einer der öffentlichen Versorgung mit Wasser, Licht, Wärme oder Kraft dienenden Anlage oder eines für die Versorgung der Bevölkerung lebenswichtigen Unternehmens oder

3. einer der öffentlichen Ordnung oder Sicherheit dienenden Einrichtung oder Anlage

dadurch verhindert oder stört, daß er eine dem Betrieb dienende Sache zerstört, beschädigt, beseitigt, verändert oder unbrauchbar macht oder die für den Betrieb bestimmte elektrische Kraft entzieht, wird mit Freiheitsstrafe bis zu fünf Jahren oder mit Geldstrafe bestraft.

(2)Der Versuch ist strafbar.

(3)In besonders schweren Fällen ist die Strafe Freiheitsstrafe von sechs Monaten bis zu zehn Jahren. Ein besonders schwerer Fall liegt in der Regel vor, wenn der Täter durch die Tat die Versorgung der Bevölkerung mit lebenswichtigen Gütern, insbesondere mit Wasser, Licht, Wärme oder Kraft, beeinträchtigt.

§ 316c Angriffe auf den Luft- und Seeverkehr

(1)Mit Freiheitsstrafe nicht unter fünf Jahren wird bestraft, wer

1. Gewalt anwendet oder die Entschlußfreiheit einer Person angreift oder sonstige Machenschaften vornimmt, um dadurch die Herrschaft über

    a) ein im zivilen Luftverkehr eingesetztes und im Flug befindliches Luftfahrzeug oder

    b) ein im zivilen Seeverkehr eingesetztes Schiff

    zu erlangen oder auf dessen Führung einzuwirken, oder

2. um ein solches Luftfahrzeug oder Schiff oder dessen an Bord befindliche Ladung zu zerstören oder zu beschädigen, Schußwaffen gebraucht oder es unternimmt, eine Explosion oder einen Brand herbeizuführen.

Einem im Flug befindlichen Luftfahrzeug steht ein Luftfahrzeug gleich, das von Mitgliedern der Besatzung oder von Fluggästen bereits betreten ist oder dessen Beladung bereits begonnen hat oder das von Mitgliedern der Besatzung oder von Fluggästen noch nicht planmäßig verlassen ist oder dessen planmäßige Entladung noch nicht abgeschlossen ist.

(2)In minder schweren Fällen ist die Strafe Freiheitsstrafe von einem Jahr bis zu zehn Jahren.

(3)Verursacht der Täter durch die Tat wenigstens leichtfertig den Tod eines anderen Menschen, so ist die Strafe lebenslange Freiheitsstrafe oder Freiheitsstrafe nicht unter zehn Jahren.

(4)Wer zur Vorbereitung einer Straftat nach Absatz 1 Schußwaffen, Sprengstoffe oder sonst zur Herbeiführung einer Explosion oder eines Brandes bestimmte Stoffe oder Vorrichtungen herstellt, sich oder einem anderen verschafft, verwahrt oder einem anderen überläßt, wird mit Freiheitsstrafe von sechs Monaten bis zu fünf Jahren bestraft.

§ 317 Störung von Telekommunikationsanlagen

(1)Wer den Betrieb einer öffentlichen Zwecken dienenden Telekommunikationsanlage dadurch verhindert oder gefährdet, daß er eine dem Betrieb dienende Sache zerstört, beschädigt, beseitigt, verändert oder unbrauchbar macht oder die für den Betrieb bestimmte elektrische Kraft entzieht, wird mit Freiheitsstrafe bis zu fünf Jahren oder mit Geldstrafe bestraft.

(2)Der Versuch ist strafbar.

(3)Wer die Tat fahrlässig begeht, wird mit Freiheitsstrafe bis zu einem Jahr oder mit Geldstrafe bestraft.

§ 318 Beschädigung wichtiger Anlagen

(1)Wer Wasserleitungen, Schleusen, Wehre, Deiche, Dämme oder andere Wasserbauten oder Brücken, Fähren, Wege oder Schutzwehre oder dem Bergwerksbetrieb dienende Vorrichtungen zur

Wasserhaltung, zur Wetterführung oder zum Ein- und Ausfahren der Beschäftigten beschädigt oder zerstört und dadurch Leib oder Leben eines anderen Menschen gefährdet, wird mit Freiheitsstrafe von drei Monaten bis zu fünf Jahren bestraft.

(2)Der Versuch ist strafbar.

(3)Verursacht der Täter durch die Tat eine schwere Gesundheitsschädigung eines anderen Menschen oder eine Gesundheitsschädigung einer großen Zahl von Menschen, so ist auf Freiheitsstrafe von einem Jahr bis zu zehn Jahren zu erkennen.

(4)Verursacht der Täter durch die Tat den Tod eines anderen Menschen, so ist die Strafe Freiheitsstrafe nicht unter drei Jahren.

(5)In minder schweren Fällen des Absatzes 3 ist auf Freiheitsstrafe von sechs Monaten bis zu fünf Jahren, in minder schweren Fällen des Absatzes 4 auf Freiheitsstrafe von einem Jahr bis zu zehn Jahren zu erkennen.

(6)Wer in den Fällen des Absatzes 1

1. die Gefahr fahrlässig verursacht oder

2. fahrlässig handelt und die Gefahr fahrlässig verursacht,

wird mit Freiheitsstrafe bis zu drei Jahren oder mit Geldstrafe bestraft.

§ 319 Baugefährdung

(1)Wer bei der Planung, Leitung oder Ausführung eines Baues oder des Abbruchs eines Bauwerks gegen die allgemein anerkannten Regeln der Technik verstößt und dadurch Leib oder Leben eines anderen Menschen gefährdet, wird mit Freiheitsstrafe bis zu fünf Jahren oder mit Geldstrafe bestraft.

(2)Ebenso wird bestraft, wer in Ausübung eines Berufs oder Gewerbes bei der Planung, Leitung oder Ausführung eines Vorhabens, technische Einrichtungen in ein Bauwerk einzubauen oder eingebaute Einrichtungen dieser Art zu ändern, gegen die allgemein anerkannten Regeln der Technik verstößt und dadurch Leib oder Leben eines anderen Menschen gefährdet.

(3)Wer die Gefahr fahrlässig verursacht, wird mit Freiheitsstrafe bis zu drei Jahren oder mit Geldstrafe bestraft.

(4)Wer in den Fällen der Absätze 1 und 2 fahrlässig handelt und die Gefahr fahrlässig verursacht, wird mit Freiheitsstrafe bis zu zwei Jahren oder mit Geldstrafe bestraft.

§ 320 Tätige Reue

(1)Das Gericht kann die Strafe in den Fällen des § 316c Abs. 1 nach seinem Ermessen mildern (§ 49 Abs. 2), wenn der Täter freiwillig die weitere Ausführung der Tat aufgibt oder sonst den Erfolg abwendet.

(2)Das Gericht kann die in den folgenden Vorschriften angedrohte Strafe nach seinem Ermessen mildern (§ 49 Abs. 2) oder von Strafe nach diesen Vorschriften absehen, wenn der Täter in den Fällen

1. des § 315 Abs. 1, 3 Nr. 1 oder Abs. 5,

2. des § 315b Abs. 1, 3 oder 4, Abs. 3 in Verbindung mit § 315 Abs. 3 Nr. 1,

3. des § 318 Abs. 1 oder 6 Nr. 1,

4. des § 319 Abs. 1 bis 3

freiwillig die Gefahr abwendet, bevor ein erheblicher Schaden entsteht.

(3)Nach den folgenden Vorschriften wird nicht bestraft, wer

1. in den Fällen des

    a)   § 315 Abs. 6,

    b)   § 315b Abs. 5,

    c)   § 318 Abs. 6 Nr. 2,

    d)   § 319 Abs. 4

    freiwillig die Gefahr abwendet, bevor ein erheblicher Schaden entsteht, oder

2. in den Fällen des § 316c Abs. 4 freiwillig die weitere Ausführung der Tat aufgibt oder sonst
    die Gefahr abwendet.

(4)Wird ohne Zutun des Täters die Gefahr oder der Erfolg abgewendet, so genügt sein
freiwilliges und ernsthaftes Bemühen, dieses Ziel zu erreichen.

§ 321 Führungsaufsicht

In den Fällen der §§ 306 bis 306c und 307 Abs. 1 bis 3, des § 308 Abs. 1 bis 3, des § 309 Abs. 1 bis
4, des § 310 Abs. 1 und des § 316c Abs. 1 Nr. 2 kann das Gericht Führungsaufsicht anordnen (§ 68
Abs. 1).

§ 322 Einziehung

Ist eine Straftat nach den §§ 306 bis 306c, 307 bis 314 oder 316c begangen worden, so können

1. Gegenstände, die durch die Tat hervorgebracht oder zu ihrer Begehung oder Vorbereitung
    gebraucht worden oder bestimmt gewesen sind, und

2. Gegenstände, auf die sich eine Straftat nach den §§ 310 bis 312, 314 oder

316c bezieht, eingezogen werden.

§ 323 (weggefallen)

-

§ 323a Vollrausch

(1)Wer sich vorsätzlich oder fahrlässig durch alkoholische Getränke oder andere berauschende
Mittel in einen Rausch versetzt, wird mit Freiheitsstrafe bis zu fünf Jahren oder mit Geldstrafe
bestraft, wenn er in diesem Zustand eine rechtswidrige Tat begeht und ihretwegen nicht bestraft
werden kann, weil er infolge des Rausches schuldunfähig war oder weil dies nicht auszuschließen
ist.

(2)Die Strafe darf nicht schwerer sein als die Strafe, die für die im Rausch begangene Tat angedroht
ist.

(3)Die Tat wird nur auf Antrag, mit Ermächtigung oder auf Strafverlangen verfolgt, wenn die
Rauschtat nur auf Antrag, mit Ermächtigung oder auf Strafverlangen verfolgt werden könnte.

§ 323b Gefährdung einer Entziehungskur

Wer wissentlich einem anderen, der auf Grund behördlicher Anordnung oder ohne seine Einwilligung
zu einer Entziehungskur in einer Anstalt untergebracht ist, ohne Erlaubnis des Anstaltsleiters oder
seines Beauftragten alkoholische Getränke oder andere berauschende Mittel verschafft oder überläßt
oder ihn zum Genuß solcher Mittel verleitet, wird mit Freiheitsstrafe bis zu einem Jahr oder mit
Geldstrafe bestraft.

§ 323c Unterlassene Hilfeleistung; Behinderung von hilfeleistenden Personen

(1)Wer bei Unglücksfällen oder gemeiner Gefahr oder Not nicht Hilfe leistet, obwohl dies
erforderlich und ihm den Umständen nach zuzumuten, insbesondere ohne erhebliche eigene

Gefahr und ohne Verletzung anderer wichtiger Pflichten möglich ist, wird mit Freiheitsstrafe bis zu einem Jahr oder mit Geldstrafe bestraft.

(2)Ebenso wird bestraft, wer in diesen Situationen eine Person behindert, die einem Dritten Hilfe leistet oder leisten will.

Neunundzwanzigster Abschnitt Straftaten gegen die Umwelt

§ 324 Gewässerverunreinigung

(1)Wer unbefugt ein Gewässer verunreinigt oder sonst dessen Eigenschaften nachteilig verändert, wird mit Freiheitsstrafe bis zu fünf Jahren oder mit Geldstrafe bestraft.

(2)Der Versuch ist strafbar.

(3)Handelt der Täter fahrlässig, so ist die Strafe Freiheitsstrafe bis zu drei Jahren oder Geldstrafe.

§ 324a Bodenverunreinigung

(1)Wer unter Verletzung verwaltungsrechtlicher Pflichten Stoffe in den Boden einbringt, eindringen läßt oder freisetzt und diesen dadurch

1. in einer Weise, die geeignet ist, die Gesundheit eines anderen, Tiere, Pflanzen oder andere Sachen von bedeutendem Wert oder ein Gewässer zu schädigen, oder

2. in bedeutendem Umfang

verunreinigt oder sonst nachteilig verändert, wird mit Freiheitsstrafe bis zu fünf Jahren oder mit Geldstrafe bestraft.

(2)Der Versuch ist strafbar.

(3)Handelt der Täter fahrlässig, so ist die Strafe Freiheitsstrafe bis zu drei Jahren oder Geldstrafe.

§ 325 Luftverunreinigung

(1)Wer beim Betrieb einer Anlage, insbesondere einer Betriebsstätte oder Maschine, unter Verletzung verwaltungsrechtlicher Pflichten Veränderungen der Luft verursacht, die geeignet sind, außerhalb des zur Anlage gehörenden Bereichs die Gesundheit eines anderen, Tiere, Pflanzen oder andere Sachen von bedeutendem Wert zu schädigen, wird mit Freiheitsstrafe bis zu fünf Jahren oder mit Geldstrafe bestraft. Der Versuch ist strafbar.

(2)Wer beim Betrieb einer Anlage, insbesondere einer Betriebsstätte oder Maschine, unter Verletzung verwaltungsrechtlicher Pflichten Schadstoffe in bedeutendem Umfang in die Luft außerhalb des Betriebsgeländes freisetzt, wird mit Freiheitsstrafe bis zu fünf Jahren oder mit Geldstrafe bestraft.

(3)Wer unter Verletzung verwaltungsrechtlicher Pflichten Schadstoffe in bedeutendem Umfang in die Luft freisetzt, wird mit Freiheitsstrafe bis zu drei Jahren oder mit Geldstrafe bestraft, wenn die Tat nicht nach Absatz 2 mit Strafe bedroht ist.

(4)Handelt der Täter in den Fällen der Absätze 1 und 2 fahrlässig, so ist die Strafe Freiheitsstrafe bis zu drei Jahren oder Geldstrafe.

(5)Handelt der Täter in den Fällen des Absatzes 3 leichtfertig, so ist die Strafe Freiheitsstrafe bis zu einem Jahr oder Geldstrafe.

(6)Schadstoffe im Sinne der Absätze 2 und 3 sind Stoffe, die geeignet sind,

1. die Gesundheit eines anderen, Tiere, Pflanzen oder andere Sachen von bedeutendem Wert zu schädigen oder

2. nachhaltig ein Gewässer, die Luft oder den Boden zu verunreinigen oder sonst nachteilig zu

verändern.

(7)Absatz 1, auch in Verbindung mit Absatz 4, gilt nicht für Kraftfahrzeuge, Schienen-, Luft- oder Wasserfahrzeuge.

§ 325a Verursachen von Lärm, Erschütterungen und nichtionisierenden Strahlen

(1)Wer beim Betrieb einer Anlage, insbesondere einer Betriebsstätte oder Maschine, unter Verletzung verwaltungsrechtlicher Pflichten Lärm verursacht, der geeignet ist, außerhalb des zur Anlage gehörenden

Bereichs die Gesundheit eines anderen zu schädigen, wird mit Freiheitsstrafe bis zu drei Jahren oder mit Geldstrafe bestraft.

(2)Wer beim Betrieb einer Anlage, insbesondere einer Betriebsstätte oder Maschine, unter Verletzung verwaltungsrechtlicher Pflichten, die dem Schutz vor Lärm, Erschütterungen oder nichtionisierenden Strahlen dienen, die Gesundheit eines anderen, ihm nicht gehörende Tiere oder fremde Sachen von bedeutendem Wert gefährdet, wird mit Freiheitsstrafe bis zu fünf Jahren oder mit Geldstrafe bestraft.

(3)Handelt der Täter fahrlässig, so ist die Strafe

1. in den Fällen des Absatzes 1 Freiheitsstrafe bis zu zwei Jahren oder Geldstrafe,

2. in den Fällen des Absatzes 2 Freiheitsstrafe bis zu drei Jahren oder Geldstrafe.

(4)Die Absätze 1 bis 3 gelten nicht für Kraftfahrzeuge, Schienen-, Luft- oder Wasserfahrzeuge.

§ 326 Unerlaubter Umgang mit Abfällen

(1)Wer unbefugt Abfälle, die

1. Gifte oder Erreger von auf Menschen oder Tiere übertragbaren gemeingefährlichen Krankheiten enthalten oder hervorbringen können,

2. für den Menschen krebserzeugend, fortpflanzungsgefährdend oder erbgutverändernd sind,

3. explosionsgefährlich, selbstentzündlich oder nicht nur geringfügig radioaktiv sind oder

4. nach Art, Beschaffenheit oder Menge geeignet sind,

    a) nachhaltig ein Gewässer, die Luft oder den Boden zu verunreinigen oder sonst nachteilig zu verändern oder

    b) einen Bestand von Tieren oder Pflanzen zu gefährden,

außerhalb einer dafür zugelassenen Anlage oder unter wesentlicher Abweichung von einem vorgeschriebenen oder zugelassenen Verfahren sammelt, befördert, behandelt, verwertet, lagert, ablagert, ablässt, beseitigt, handelt, makelt oder sonst bewirtschaftet, wird mit Freiheitsstrafe bis zu fünf Jahren oder mit Geldstrafe bestraft.

(2)Ebenso wird bestraft, wer Abfälle im Sinne des Absatzes 1 entgegen einem Verbot oder ohne die erforderliche Genehmigung in den, aus dem oder durch den Geltungsbereich dieses Gesetzes verbringt.

(3)Wer radioaktive Abfälle unter Verletzung verwaltungsrechtlicher Pflichten nicht abliefert, wird mit Freiheitsstrafe bis zu drei Jahren oder mit Geldstrafe bestraft.

(4)In den Fällen der Absätze 1 und 2 ist der Versuch strafbar.

(5)Handelt der Täter fahrlässig, so ist die Strafe

1. in den Fällen der Absätze 1 und 2 Freiheitsstrafe bis zu drei Jahren oder Geldstrafe,

2. in den Fällen des Absatzes 3 Freiheitsstrafe bis zu einem Jahr oder Geldstrafe.

(6)Die Tat ist dann nicht strafbar, wenn schädliche Einwirkungen auf die Umwelt, insbesondere auf

Menschen, Gewässer, die Luft, den Boden, Nutztiere oder Nutzpflanzen, wegen der geringen Menge der Abfälle offensichtlich ausgeschlossen sind.

§ 327 Unerlaubtes Betreiben von Anlagen

(1) Wer ohne die erforderliche Genehmigung oder entgegen einer vollziehbaren Untersagung

1. eine kerntechnische Anlage betreibt, eine betriebsbereite oder stillgelegte kerntechnische Anlage innehat oder ganz oder teilweise abbaut oder eine solche Anlage oder ihren Betrieb wesentlich ändert oder

2. eine Betriebsstätte, in der Kernbrennstoffe verwendet werden, oder deren Lage

wesentlich ändert, wird mit Freiheitsstrafe bis zu fünf Jahren oder mit Geldstrafe bestraft.

(2) Mit Freiheitsstrafe bis zu drei Jahren oder mit Geldstrafe wird bestraft, wer

1. eine genehmigungsbedürftige Anlage oder eine sonstige Anlage im Sinne des Bundes- Immissionsschutzgesetzes, deren Betrieb zum Schutz vor Gefahren untersagt worden ist,

2. eine genehmigungsbedürftige Rohrleitungsanlage zum Befördern wassergefährdender Stoffe im Sinne des Gesetzes über die Umweltverträglichkeitsprüfung,

3. eine Abfallentsorgungsanlage im Sinne des Kreislaufwirtschaftsgesetzes oder

4. eine Abwasserbehandlungsanlage nach § 60 Absatz 3 des Wasserhaushaltsgesetzes

ohne die nach dem jeweiligen Gesetz erforderliche Genehmigung oder Planfeststellung oder entgegen einer auf dem jeweiligen Gesetz beruhenden vollziehbaren Untersagung betreibt. Ebenso wird bestraft, wer ohne die erforderliche Genehmigung oder Planfeststellung oder entgegen einer vollziehbaren Untersagung eine Anlage,
in der gefährliche Stoffe oder Gemische gelagert oder verwendet oder gefährliche Tätigkeiten ausgeübt werden, in einem anderen Mitgliedstaat der Europäischen Union in einer Weise betreibt, die geeignet ist, außerhalb der Anlage Leib oder Leben eines anderen Menschen zu schädigen oder erhebliche Schäden an Tieren oder Pflanzen, Gewässern, der Luft oder dem Boden herbeizuführen.

(3) Handelt der Täter fahrlässig, so ist die Strafe

1. in den Fällen des Absatzes 1 Freiheitsstrafe bis zu drei Jahren oder Geldstrafe,

2. in den Fällen des Absatzes 2 Freiheitsstrafe bis zu zwei Jahren oder Geldstrafe.

§ 328 Unerlaubter Umgang mit radioaktiven Stoffen und anderen gefährlichen Stoffen und Gütern

(1) Mit Freiheitsstrafe bis zu fünf Jahren oder mit Geldstrafe wird bestraft,

1. wer ohne die erforderliche Genehmigung oder entgegen einer vollziehbaren Untersagung Kernbrennstoffe oder

2. wer ohne die erforderliche Genehmigung oder wer entgegen einer vollziehbaren Untersagung sonstige radioaktive Stoffe, die nach Art, Beschaffenheit oder Menge geeignet sind, durch ionisierende Strahlen den Tod oder eine schwere Gesundheitsschädigung eines anderen oder erhebliche Schäden an Tieren oder Pflanzen, Gewässern, der Luft oder dem Boden herbeizuführen,

herstellt, aufbewahrt, befördert, bearbeitet, verarbeitet oder sonst verwendet, einführt oder ausführt.

(2) Ebenso wird bestraft, wer

1. Kernbrennstoffe, zu deren Ablieferung er auf Grund des Atomgesetzes verpflichtet ist, nicht unverzüglich abliefert,

2. Kernbrennstoffe oder die in Absatz 1 Nr. 2 bezeichneten Stoffe an Unberechtigte abgibt oder die Abgabe an Unberechtigte vermittelt,

3. eine nukleare Explosion verursacht oder

4. einen anderen zu einer in Nummer 3 bezeichneten Handlung verleitet oder eine solche Handlung fördert.

(3)Mit Freiheitsstrafe bis zu fünf Jahren oder mit Geldstrafe wird bestraft, wer unter Verletzung verwaltungsrechtlicher Pflichten

1. beim Betrieb einer Anlage, insbesondere einer Betriebsstätte oder technischen Einrichtung, radioaktive Stoffe oder gefährliche Stoffe und Gemische nach Artikel 3 der Verordnung (EG) Nr. 1272/2008 des Europäischen Parlaments und des Rates vom 16. Dezember 2008 über die Einstufung, Kennzeichnung und Verpackung von Stoffen und Gemischen, zur Änderung und Aufhebung der Richtlinien 67/548/EWG und 1999/45/EG und zur Änderung der Verordnung (EG) Nr. 1907/2006 (ABl. L 353 vom 31.12.2008, S. 1), die zuletzt durch die Verordnung (EG) Nr. 790/2009 (ABl. L 235 vom 5.9.2009, S. 1) geändert worden ist, lagert, bearbeitet, verarbeitet oder sonst verwendet oder

2. gefährliche Güter befördert, versendet, verpackt oder auspackt, verlädt oder entlädt, entgegennimmt oder anderen überläßt

und dadurch die Gesundheit eines anderen, Tiere oder Pflanzen, Gewässer, die Luft oder den Boden oder fremde Sachen von bedeutendem Wert gefährdet.

(4)Der Versuch ist strafbar.

(5)Handelt der Täter fahrlässig, so ist die Strafe Freiheitsstrafe bis zu drei Jahren oder Geldstrafe.

(6)Die Absätze 4 und 5 gelten nicht für Taten nach Absatz 2 Nr. 4.

§ 329 Gefährdung schutzbedürftiger Gebiete

(1)Wer entgegen einer auf Grund des Bundes-Immissionsschutzgesetzes erlassenen Rechtsverordnung über ein Gebiet, das eines besonderen Schutzes vor schädlichen Umwelteinwirkungen durch Luftverunreinigungen oder Geräusche bedarf oder in dem während austauscharmer Wetterlagen ein starkes Anwachsen schädlicher Umwelteinwirkungen durch Luftverunreinigungen zu befürchten ist, Anlagen innerhalb des Gebiets betreibt, wird mit Freiheitsstrafe bis zu drei Jahren oder mit Geldstrafe bestraft. Ebenso wird bestraft, wer innerhalb eines solchen Gebiets Anlagen entgegen einer vollziehbaren Anordnung betreibt, die auf Grund einer in Satz 1
bezeichneten Rechtsverordnung ergangen ist. Die Sätze 1 und 2 gelten nicht für Kraftfahrzeuge, Schienen-, Luft- oder Wasserfahrzeuge.

(2)Wer entgegen einer zum Schutz eines Wasser- oder Heilquellenschutzgebietes erlassenen Rechtsvorschrift oder vollziehbaren Untersagung

1. betriebliche Anlagen zum Umgang mit wassergefährdenden Stoffen betreibt,

2. Rohrleitungsanlagen zum Befördern wassergefährdender Stoffe betreibt oder solche Stoffe befördert oder

3. im Rahmen eines Gewerbebetriebes Kies, Sand, Ton oder andere feste Stoffe abbaut,

wird mit Freiheitsstrafe bis zu drei Jahren oder mit Geldstrafe bestraft. Betriebliche Anlage im Sinne des Satzes 1 ist auch die Anlage in einem öffentlichen Unternehmen.

(3)Wer entgegen einer zum Schutz eines Naturschutzgebietes, einer als Naturschutzgebiet einstweilig sichergestellten Fläche oder eines Nationalparks erlassenen Rechtsvorschrift oder vollziehbaren Untersagung

1. Bodenschätze oder andere Bodenbestandteile abbaut oder gewinnt,

2. Abgrabungen oder Aufschüttungen vornimmt,

3. Gewässer schafft, verändert oder beseitigt,

4. Moore, Sümpfe, Brüche oder sonstige Feuchtgebiete entwässert,

5. Wald rodet,

6. Tiere einer im Sinne des Bundesnaturschutzgesetzes besonders geschützten Art tötet, fängt, diesen nachstellt oder deren Gelege ganz oder teilweise zerstört oder entfernt,

7. Pflanzen einer im Sinne des Bundesnaturschutzgesetzes besonders geschützten Art

beschädigt oder entfernt oder

8. ein Gebäude errichtet

und dadurch den jeweiligen Schutzzweck nicht unerheblich beeinträchtigt, wird mit Freiheitsstrafe bis zu fünf Jahren oder mit Geldstrafe bestraft.

(4) Wer unter Verletzung verwaltungsrechtlicher Pflichten in einem Natura 2000-Gebiet einen für die Erhaltungsziele oder den Schutzzweck dieses Gebietes maßgeblichen

1. Lebensraum einer Art, die in Artikel 4 Absatz 2 oder Anhang I der Richtlinie 2009/147/EG des Europäischen Parlaments und des Rates vom 30. November 2009 über die Erhaltung der wildlebenden Vogelarten
(ABl. L 20 vom 26.1.2010, S. 7) oder in Anhang II der Richtlinie 92/43/EWG des Rates vom 21. Mai 1992 zur Erhaltung der natürlichen Lebensräume sowie der wildlebenden Tiere und Pflanzen (ABl. L 206 vom 22.7.1992, S. 7), die zuletzt durch die Richtlinie 2013/17/EU (ABl. L 158 vom 10.6.2013, S. 193) geändert worden ist, aufgeführt ist, oder

2. natürlichen Lebensraumtyp, der in Anhang I der Richtlinie 92/43/EWG des Rates vom 21. Mai 1992 zur Erhaltung der natürlichen Lebensräume sowie der wildlebenden Tiere und Pflanzen (ABl. L 206 vom 22.7.1992, S. 7), die zuletzt durch die Richtlinie 2013/17/EU (ABl. L 158 vom 10.6.2013, S. 193) geändert worden ist, aufgeführt ist,

erheblich schädigt, wird mit Freiheitsstrafe bis zu fünf Jahren oder mit Geldstrafe bestraft.

(5) Handelt der Täter fahrlässig, so ist die Strafe

1. in den Fällen der Absätze 1 und 2 Freiheitsstrafe bis zu zwei Jahren oder Geldstrafe,

2. in den Fällen des Absatzes 3 Freiheitsstrafe bis zu drei Jahren oder Geldstrafe.

(6) Handelt der Täter in den Fällen des Absatzes 4 leichtfertig, so ist die Strafe Freiheitsstrafe bis zu drei Jahren oder Geldstrafe.

§ 330 Besonders schwerer Fall einer Umweltstraftat

(1) In besonders schweren Fällen wird eine vorsätzliche Tat nach den §§ 324 bis 329 mit Freiheitsstrafe von sechs Monaten bis zu zehn Jahren bestraft. Ein besonders schwerer Fall liegt in der Regel vor, wenn der Täter

1. ein Gewässer, den Boden oder ein Schutzgebiet im Sinne des § 329 Abs. 3 derart beeinträchtigt, daß die Beeinträchtigung nicht, nur mit außerordentlichem Aufwand oder erst nach längerer Zeit beseitigt werden kann,

2. die öffentliche Wasserversorgung gefährdet,

3. einen Bestand von Tieren oder Pflanzen einer streng geschützten Art nachhaltig schädigt oder

4. aus Gewinnsucht handelt.

(2) Wer durch eine vorsätzliche Tat nach den §§ 324 bis 329

1. einen anderen Menschen in die Gefahr des Todes oder einer schweren Gesundheitsschädigung oder eine große Zahl von Menschen in die Gefahr einer Gesundheitsschädigung bringt oder

2. den Tod eines anderen Menschen verursacht,

wird in den Fällen der Nummer 1 mit Freiheitsstrafe von einem Jahr bis zu zehn Jahren, in den Fällen der Nummer 2 mit Freiheitsstrafe nicht unter drei Jahren bestraft, wenn die Tat nicht in § 330a Abs. 1 bis 3 mit Strafe bedroht ist.

(3) In minder schweren Fällen des Absatzes 2 Nr. 1 ist auf Freiheitsstrafe von sechs Monaten bis zu fünf Jahren, in minder schweren Fällen des Absatzes 2 Nr. 2 auf Freiheitsstrafe von einem Jahr bis zu zehn Jahren zu erkennen.

§ 330a Schwere Gefährdung durch Freisetzen von Giften

(1) Wer Stoffe, die Gifte enthalten oder hervorbringen können, verbreitet oder freisetzt und dadurch die Gefahr des Todes oder einer schweren Gesundheitsschädigung eines anderen

Menschen oder die Gefahr einer
Gesundheitsschädigung einer großen Zahl von Menschen verursacht, wird mit Freiheitsstrafe von einem Jahr bis zu zehn Jahren bestraft.

(2)Verursacht der Täter durch die Tat den Tod eines anderen Menschen, so ist die Strafe Freiheitsstrafe nicht unter drei Jahren.

(3)In minder schweren Fällen des Absatzes 1 ist auf Freiheitsstrafe von sechs Monaten bis zu fünf Jahren, in minder schweren Fällen des Absatzes 2 auf Freiheitsstrafe von einem Jahr bis zu zehn Jahren zu erkennen.

(4)Wer in den Fällen des Absatzes 1 die Gefahr fahrlässig verursacht, wird mit Freiheitsstrafe bis zu fünf Jahren oder mit Geldstrafe bestraft.

(5)Wer in den Fällen des Absatzes 1 leichtfertig handelt und die Gefahr fahrlässig verursacht, wird mit Freiheitsstrafe bis zu drei Jahren oder mit Geldstrafe bestraft.

§ 330b Tätige Reue

(1)Das Gericht kann in den Fällen des § 325a Abs. 2, des § 326 Abs. 1 bis 3, des § 328 Abs. 1 bis 3 und des
§ 330a Abs. 1, 3 und 4 die Strafe nach seinem Ermessen mildern (§ 49 Abs. 2) oder von Strafe nach diesen Vorschriften absehen, wenn der Täter freiwillig die Gefahr abwendet oder den von ihm verursachten Zustand beseitigt, bevor ein erheblicher Schaden entsteht. Unter denselben Voraussetzungen wird der Täter nicht nach § 325a Abs. 3 Nr. 2, § 326 Abs. 5, § 328 Abs. 5 und § 330a Abs. 5 bestraft.

(2)Wird ohne Zutun des Täters die Gefahr abgewendet oder der rechtswidrig verursachte Zustand beseitigt, so genügt sein freiwilliges und ernsthaftes Bemühen, dieses Ziel zu erreichen.

§ 330c Einziehung

Ist eine Straftat nach den §§ 326, 327 Abs. 1 oder 2, §§ 328, 329 Absatz 1, 2 oder Absatz 3, dieser auch in Verbindung mit Absatz 5, oder Absatz 4, dieser auch in Verbindung mit Absatz 6, begangen worden, so können

1. Gegenstände, die durch die Tat hervorgebracht oder zu ihrer Begehung oder Vorbereitung gebraucht worden oder bestimmt gewesen sind, und

2. Gegenstände, auf die sich die Tat

bezieht, eingezogen werden. § 74a ist

anzuwenden.

§ 330d Begriffsbestimmungen

(1)Im Sinne dieses Abschnitts ist

1. ein Gewässer:
   ein oberirdisches Gewässer, das Grundwasser und das Meer;

2. eine kerntechnische Anlage:
   eine Anlage zur Erzeugung oder zur Bearbeitung oder Verarbeitung oder zur Spaltung von Kernbrennstoffen oder zur Aufarbeitung bestrahlter Kernbrennstoffe;

3. ein gefährliches Gut:
   ein Gut im Sinne des Gesetzes über die Beförderung gefährlicher Güter und einer darauf beruhenden Rechtsverordnung und im Sinne der Rechtsvorschriften über die internationale Beförderung gefährlicher Güter im jeweiligen Anwendungsbereich;

4. eine verwaltungsrechtliche
   Pflicht: eine Pflicht, die sich
   aus

   a) einer Rechtsvorschrift,

   b) einer gerichtlichen Entscheidung,

c) einem vollziehbaren Verwaltungsakt,

d) einer vollziehbaren Auflage oder

e) einem öffentlich-rechtlichen Vertrag, soweit die Pflicht auch durch Verwaltungsakt hätte auferlegt werden können,

ergibt und dem Schutz vor Gefahren oder schädlichen Einwirkungen auf die Umwelt, insbesondere auf Menschen, Tiere oder Pflanzen, Gewässer, die Luft oder den Boden, dient;

5. ein Handeln ohne Genehmigung, Planfeststellung oder sonstige Zulassung:
auch ein Handeln auf Grund einer durch Drohung, Bestechung oder Kollusion erwirkten oder durch unrichtige oder unvollständige Angaben erschlichenen Genehmigung, Planfeststellung oder sonstigen Zulassung.

(2)Für die Anwendung der §§ 311, 324a, 325, 326, 327 und 328 stehen in Fällen, in denen die Tat in einem anderen Mitgliedstaat der Europäischen Union begangen worden ist,

1. einer verwaltungsrechtlichen Pflicht,

2. einem vorgeschriebenen oder zugelassenen Verfahren,

3. einer Untersagung,

4. einem Verbot,

5. einer zugelassenen Anlage,

6. einer Genehmigung und

7. einer Planfeststellung

entsprechende Pflichten, Verfahren, Untersagungen, Verbote, zugelassene Anlagen, Genehmigungen und Planfeststellungen auf Grund einer Rechtsvorschrift des anderen Mitgliedstaats der Europäischen Union oder auf Grund eines Hoheitsakts des anderen Mitgliedstaats der Europäischen Union gleich. Dies gilt nur, soweit damit ein Rechtsakt der Europäischen Union oder ein Rechtsakt der Europäischen Atomgemeinschaft umgesetzt oder angewendet wird, der dem Schutz vor Gefahren oder schädlichen Einwirkungen auf die Umwelt, insbesondere auf Menschen, Tiere oder Pflanzen, Gewässer, die Luft oder den Boden, dient.

Dreißigster Abschnitt
Straftaten im Amt

§ 331 Vorteilsannahme

(1)Ein Amtsträger, ein Europäischer Amtsträger oder ein für den öffentlichen Dienst besonders Verpflichteter, der für die Dienstausübung einen Vorteil für sich oder einen Dritten fordert, sich versprechen läßt oder annimmt, wird mit Freiheitsstrafe bis zu drei Jahren oder mit Geldstrafe bestraft.

(2)Ein Richter, Mitglied eines Gerichts der Europäischen Union oder Schiedsrichter, der einen Vorteil für sich oder einen Dritten als Gegenleistung dafür fordert, sich versprechen läßt oder annimmt, daß er eine richterliche Handlung vorgenommen hat oder künftig vornehme, wird mit Freiheitsstrafe bis zu fünf Jahren oder mit Geldstrafe bestraft. Der Versuch ist strafbar.

(3)Die Tat ist nicht nach Absatz 1 strafbar, wenn der Täter einen nicht von ihm geforderten Vorteil sich versprechen läßt oder annimmt und die zuständige Behörde im Rahmen ihrer Befugnisse entweder die Annahme vorher genehmigt hat oder der Täter unverzüglich bei ihr Anzeige erstattet und sie die Annahme genehmigt.

§ 332 Bestechlichkeit

(1)Ein Amtsträger, ein Europäischer Amtsträger oder ein für den öffentlichen Dienst besonders Verpflichteter, der einen Vorteil für sich oder einen Dritten als Gegenleistung dafür fordert, sich versprechen läßt oder annimmt, daß er eine Diensthandlung vorgenommen hat oder künftig vornehme und dadurch seine Dienstpflichten verletzt hat oder verletzen würde, wird mit Freiheitsstrafe von sechs Monaten bis zu fünf Jahren bestraft. In minder schweren Fällen ist die Strafe Freiheitsstrafe bis zu drei Jahren oder Geldstrafe. Der Versuch ist strafbar.

(2)Ein Richter, Mitglied eines Gerichts der Europäischen Union oder Schiedsrichter, der einen Vorteil für sich oder einen Dritten als Gegenleistung dafür fordert, sich versprechen läßt oder annimmt, daß er eine richterliche Handlung vorgenommen hat oder künftig vornehme und dadurch seine richterlichen Pflichten verletzt hat oder verletzen würde, wird mit Freiheitsstrafe von einem Jahr bis zu zehn Jahren bestraft. In minder schweren Fällen ist die Strafe Freiheitsstrafe von sechs Monaten bis zu fünf Jahren.

(3)Falls der Täter den Vorteil als Gegenleistung für eine künftige Handlung fordert, sich versprechen läßt oder annimmt, so sind die Absätze 1 und 2 schon dann anzuwenden, wenn er sich dem anderen gegenüber bereit gezeigt hat,

1. bei der Handlung seine Pflichten zu verletzen oder,

2. soweit die Handlung in seinem Ermessen steht, sich bei Ausübung des Ermessens durch den Vorteil beeinflussen zu lassen.

§ 333 Vorteilsgewährung

(1)Wer einem Amtsträger, einem Europäischen Amtsträger, einem für den öffentlichen Dienst besonders Verpflichteten oder einem Soldaten der Bundeswehr für die Dienstausübung einen Vorteil für diesen oder einen Dritten anbietet, verspricht oder gewährt, wird mit Freiheitsstrafe bis zu drei Jahren oder mit Geldstrafe bestraft.

(2)Wer einem Richter, Mitglied eines Gerichts der Europäischen Union oder Schiedsrichter einen Vorteil für diesen oder einen Dritten als Gegenleistung dafür anbietet, verspricht oder gewährt, daß er eine richterliche Handlung vorgenommen hat oder künftig vornehme, wird mit Freiheitsstrafe bis zu fünf Jahren oder mit Geldstrafe bestraft.

(3)Die Tat ist nicht nach Absatz 1 strafbar, wenn die zuständige Behörde im Rahmen ihrer Befugnisse entweder die Annahme des Vorteils durch den Empfänger vorher genehmigt hat oder sie auf unverzügliche Anzeige des Empfängers genehmigt.

§ 334 Bestechung

(1)Wer einem Amtsträger, einem Europäischen Amtsträger, einem für den öffentlichen Dienst besonders Verpflichteten oder einem Soldaten der Bundeswehr einen Vorteil für diesen oder einen Dritten als Gegenleistung dafür anbietet, verspricht oder gewährt, daß er eine Diensthandlung vorgenommen hat oder künftig vornehme und dadurch seine Dienstpflichten verletzt hat oder verletzen würde, wird mit Freiheitsstrafe von drei Monaten bis zu fünf Jahren bestraft. In minder schweren Fällen ist die Strafe Freiheitsstrafe bis zu zwei Jahren oder Geldstrafe.

(2)Wer einem Richter, Mitglied eines Gerichts der Europäischen Union oder Schiedsrichter einen Vorteil für diesen oder einen Dritten als Gegenleistung dafür anbietet, verspricht oder gewährt, daß er eine richterliche Handlung

1. vorgenommen und dadurch seine richterlichen Pflichten verletzt hat oder

2. künftig vornehme und dadurch seine richterlichen Pflichten verletzen würde,

wird in den Fällen der Nummer 1 mit Freiheitsstrafe von drei Monaten bis zu fünf Jahren, in den Fällen der Nummer 2 mit Freiheitsstrafe von sechs Monaten bis zu fünf Jahren bestraft. Der Versuch ist strafbar.

(3)Falls der Täter den Vorteil als Gegenleistung für eine künftige Handlung anbietet, verspricht oder gewährt, so sind die Absätze 1 und 2 schon dann anzuwenden, wenn er den anderen zu bestimmen versucht, daß dieser

1. bei der Handlung seine Pflichten verletzt oder,

2. soweit die Handlung in seinem Ermessen steht, sich bei der Ausübung des Ermessens durch den Vorteil beeinflussen läßt.

§ 335 Besonders schwere Fälle der Bestechlichkeit und Bestechung

(1) In besonders schweren Fällen wird

1. eine Tat nach

   a) § 332 Abs. 1 Satz 1, auch in Verbindung mit Abs. 3, und

   b) § 334 Abs. 1 Satz 1 und Abs. 2, jeweils auch in Verbindung

   mit Abs. 3, mit Freiheitsstrafe von einem Jahr bis zu zehn Jahren
   und

2. eine Tat nach § 332 Abs. 2, auch in Verbindung mit Abs. 3, mit Freiheitsstrafe nicht unter

zwei Jahren bestraft.

(2) Ein besonders schwerer Fall im Sinne des Absatzes 1 liegt in der Regel vor, wenn

1. die Tat sich auf einen Vorteil großen Ausmaßes bezieht,

2. der Täter fortgesetzt Vorteile annimmt, die er als Gegenleistung dafür gefordert hat,
   daß er eine Diensthandlung künftig vornehme, oder

3. der Täter gewerbsmäßig oder als Mitglied einer Bande handelt, die sich zur fortgesetzten
   Begehung solcher Taten verbunden hat.

§ 335a Ausländische und internationale Bedienstete

(1) Für die Anwendung des § 331 Absatz 2 und des § 333 Absatz 2 sowie der §§ 332 und 334,
diese jeweils auch in Verbindung mit § 335, auf eine Tat, die sich auf eine künftige richterliche
Handlung oder eine künftige Diensthandlung bezieht, stehen gleich:

1. einem Richter:
   ein Mitglied eines ausländischen und eines internationalen Gerichts;

2. einem sonstigen Amtsträger:

   a) ein Bediensteter eines ausländischen Staates und eine Person, die beauftragt ist, öffentliche
       Aufgaben für einen ausländischen Staat wahrzunehmen;

   b) ein Bediensteter einer internationalen Organisation und eine Person, die beauftragt ist,
       Aufgaben einer internationalen Organisation wahrzunehmen;

   c) ein Soldat eines ausländischen Staates und ein Soldat, der beauftragt ist,
       Aufgaben einer internationalen Organisation wahrzunehmen.

(2) Für die Anwendung des § 331 Absatz 1 und 3 sowie des § 333 Absatz 1 und 3 auf eine Tat, die
sich auf eine künftige Diensthandlung bezieht, stehen gleich:

1. einem Richter:
   ein Mitglied des Internationalen Strafgerichtshofes;

2. einem sonstigen Amtsträger:

   ein Bediensteter des Internationalen Strafgerichtshofes.

(3) Für die Anwendung des § 333 Absatz 1 und 3 auf eine Tat, die sich auf eine künftige
Diensthandlung bezieht, stehen gleich:

1. einem Soldaten der Bundeswehr:
   ein Soldat der in der Bundesrepublik Deutschland stationierten Truppen der nichtdeutschen
   Vertragsstaaten des Nordatlantikpaktes, die sich zur Zeit der Tat im Inland aufhalten;

2. einem sonstigen Amtsträger:
   ein Bediensteter dieser Truppen;

3. einem für den öffentlichen Dienst besonders Verpflichteten:
   eine Person, die bei den Truppen beschäftigt oder für sie tätig und auf Grund einer allgemeinen
   oder besonderen Anweisung einer höheren Dienststelle der Truppen zur gewissenhaften Erfüllung
   ihrer Obliegenheiten förmlich verpflichtet worden ist.

§ 336 Unterlassen der Diensthandlung

Der Vornahme einer Diensthandlung oder einer richterlichen Handlung im Sinne der §§ 331 bis 335a steht das Unterlassen der Handlung gleich.

§ 337 Schiedsrichtervergütung

Die Vergütung eines Schiedsrichters ist nur dann ein Vorteil im Sinne der §§ 331 bis 335, wenn der Schiedsrichter sie von einer Partei hinter dem Rücken der anderen fordert, sich versprechen läßt oder annimmt oder wenn sie ihm eine Partei hinter dem Rücken der anderen anbietet, verspricht oder gewährt.

§ 338 (weggefallen)

§ 339 Rechtsbeugung

Ein Richter, ein anderer Amtsträger oder ein Schiedsrichter, welcher sich bei der Leitung oder Entscheidung einer Rechtssache zugunsten oder zum Nachteil einer Partei einer Beugung des Rechts schuldig macht, wird mit Freiheitsstrafe von einem Jahr bis zu fünf Jahren bestraft.

§ 340 Körperverletzung im Amt

(1)Ein Amtsträger, der während der Ausübung seines Dienstes oder in Beziehung auf seinen Dienst eine Körperverletzung begeht oder begehen läßt, wird mit Freiheitsstrafe von drei Monaten bis zu fünf Jahren bestraft. In minder schweren Fällen ist die Strafe Freiheitsstrafe bis zu fünf Jahren oder Geldstrafe.

(2)Der Versuch ist strafbar.

(3)Die §§ 224 bis 229 gelten für Straftaten nach Absatz 1 Satz 1 entsprechend.

§§ 341 und 342 (weggefallen)

§ 343 Aussageerpressung

(1)Wer als Amtsträger, der zur Mitwirkung an

1. einem Strafverfahren, einem Verfahren zur Anordnung einer behördlichen Verwahrung,

2. einem Bußgeldverfahren oder

3. einem Disziplinarverfahren oder einem ehrengerichtlichen oder berufsgerichtlichen

Verfahren berufen ist, einen anderen körperlich mißhandelt, gegen ihn sonst Gewalt

anwendet, ihm Gewalt androht
oder ihn seelisch quält, um ihn zu nötigen, in dem Verfahren etwas auszusagen oder zu erklären oder dies zu unterlassen, wird mit Freiheitsstrafe von einem Jahr bis zu zehn Jahren bestraft.

(2)In minder schweren Fällen ist die Strafe Freiheitsstrafe von sechs Monaten bis zu fünf Jahren.

§ 344 Verfolgung Unschuldiger

(1)Wer als Amtsträger, der zur Mitwirkung an einem Strafverfahren, abgesehen von dem Verfahren zur Anordnung einer nicht freiheitsentziehenden Maßnahme (§ 11 Abs. 1 Nr. 8), berufen ist, absichtlich oder wissentlich einen Unschuldigen oder jemanden, der sonst nach dem Gesetz nicht strafrechtlich verfolgt werden darf, strafrechtlich verfolgt oder auf eine solche Verfolgung hinwirkt, wird mit Freiheitsstrafe von einem Jahr bis zu zehn Jahren, in minder schweren Fällen mit Freiheitsstrafe von drei Monaten bis zu fünf Jahren bestraft. Satz 1 gilt sinngemäß für einen Amtsträger, der zur Mitwirkung an einem Verfahren zur Anordnung einer behördlichen Verwahrung berufen ist.

(2)Wer als Amtsträger, der zur Mitwirkung an einem Verfahren zur Anordnung einer nicht freiheitsentziehenden Maßnahme (§ 11 Abs. 1 Nr. 8) berufen ist, absichtlich oder wissentlich jemanden, der nach dem Gesetz nicht strafrechtlich verfolgt werden darf, strafrechtlich verfolgt oder auf eine solche Verfolgung hinwirkt, wird mit Freiheitsstrafe von drei Monaten bis zu fünf Jahren bestraft. Satz 1 gilt sinngemäß für einen Amtsträger, der zur Mitwirkung an

1. einem Bußgeldverfahren oder

2. einem Disziplinarverfahren oder einem ehrengerichtlichen oder berufsgerichtlichen

Verfahren berufen ist. Der Versuch ist strafbar.

§ 345 Vollstreckung gegen Unschuldige

(1)Wer als Amtsträger, der zur Mitwirkung bei der Vollstreckung einer Freiheitsstrafe, einer freiheitsentziehenden Maßregel der Besserung und Sicherung oder einer behördlichen Verwahrung berufen ist, eine solche Strafe, Maßregel oder Verwahrung vollstreckt, obwohl sie nach dem Gesetz nicht vollstreckt werden darf, wird mit Freiheitsstrafe von einem Jahr bis zu zehn Jahren, in minder schweren Fällen mit Freiheitsstrafe von drei Monaten bis zu fünf Jahren bestraft.

(2)Handelt der Täter leichtfertig, so ist die Strafe Freiheitsstrafe bis zu einem Jahr oder Geldstrafe.

(3)Wer, abgesehen von den Fällen des Absatzes 1, als Amtsträger, der zur Mitwirkung bei der Vollstreckung einer Strafe oder einer Maßnahme (§ 11 Abs. 1 Nr. 8) berufen ist, eine Strafe oder Maßnahme vollstreckt, obwohl sie nach dem Gesetz nicht vollstreckt werden darf, wird mit Freiheitsstrafe von drei Monaten bis zu fünf Jahren bestraft. Ebenso wird bestraft, wer als Amtsträger, der zur Mitwirkung bei der Vollstreckung

1. eines Jugendarrestes,

2. einer Geldbuße oder Nebenfolge nach dem Ordnungswidrigkeitenrecht,

3. eines Ordnungsgeldes oder einer Ordnungshaft oder

4. einer Disziplinarmaßnahme oder einer ehrengerichtlichen oder berufsgerichtlichen Maßnahme

berufen ist, eine solche Rechtsfolge vollstreckt, obwohl sie nach dem Gesetz nicht vollstreckt werden darf. Der Versuch ist strafbar.

§§ 346 und 347 (weggefallen)

§ 348 Falschbeurkundung im Amt

(1)Ein Amtsträger, der, zur Aufnahme öffentlicher Urkunden befugt, innerhalb seiner Zuständigkeit eine rechtlich erhebliche Tatsache falsch beurkundet oder in öffentliche Register, Bücher oder Dateien falsch einträgt oder eingibt, wird mit Freiheitsstrafe bis zu fünf Jahren oder mit Geldstrafe bestraft.

(2)Der Versuch ist strafbar.

§§ 349 bis 351 (weggefallen)

§ 352 Gebührenüberhebung

(1)Ein Amtsträger, Anwalt oder sonstiger Rechtsbeistand, welcher Gebühren oder andere Vergütungen für amtliche Verrichtungen zu seinem Vorteil zu erheben hat, wird, wenn er Gebühren oder Vergütungen erhebt, von denen er weiß, daß der Zahlende sie überhaupt nicht oder nur in geringerem Betrag schuldet, mit Freiheitsstrafe bis zu einem Jahr oder mit Geldstrafe bestraft.

(2)Der Versuch ist strafbar.

§ 353 Abgabenüberhebung; Leistungskürzung

(1)Ein Amtsträger, der Steuern, Gebühren oder andere Abgaben für eine öffentliche Kasse zu erheben hat, wird, wenn er Abgaben, von denen er weiß, daß der Zahlende sie überhaupt nicht oder nur in geringerem Betrag schuldet, erhebt und das rechtswidrig Erhobene ganz oder zum Teil nicht zur Kasse bringt, mit Freiheitsstrafe von drei Monaten bis zu fünf Jahren bestraft.

(2)Ebenso wird bestraft, wer als Amtsträger bei amtlichen Ausgaben an Geld oder Naturalien dem Empfänger rechtswidrig Abzüge macht und die Ausgaben als vollständig geleistet in Rechnung stellt.

§ 353a Vertrauensbruch im auswärtigen Dienst

(1)Wer bei der Vertretung der Bundesrepublik Deutschland gegenüber einer fremden Regierung, einer Staatengemeinschaft oder einer zwischenstaatlichen Einrichtung einer amtlichen Anweisung zuwiderhandelt oder in der Absicht, die Bundesregierung irrezuleiten, unwahre Berichte tatsächlicher Art erstattet, wird mit Freiheitsstrafe bis zu fünf Jahren oder mit Geldstrafe bestraft.

(2)Die Tat wird nur mit Ermächtigung der Bundesregierung verfolgt.

§ 353b Verletzung des Dienstgeheimnisses und einer besonderen Geheimhaltungspflicht

(1)Wer ein Geheimnis, das ihm als

1. Amtsträger,

2. für den öffentlichen Dienst besonders Verpflichteten,

3. Person, die Aufgaben oder Befugnisse nach dem Personalvertretungsrecht wahrnimmt oder

4. Europäischer Amtsträger,

anvertraut worden oder sonst bekanntgeworden ist, unbefugt offenbart und dadurch wichtige öffentliche Interessen gefährdet, wird mit Freiheitsstrafe bis zu fünf Jahren oder mit Geldstrafe bestraft. Hat der Täter durch die Tat fahrlässig wichtige öffentliche Interessen gefährdet, so wird er mit Freiheitsstrafe bis zu einem Jahr oder mit Geldstrafe bestraft.

(2)Wer, abgesehen von den Fällen des Absatzes 1, unbefugt einen Gegenstand oder eine Nachricht, zu deren Geheimhaltung er

1. auf Grund des Beschlusses eines Gesetzgebungsorgans des Bundes oder eines Landes oder eines seiner Ausschüsse verpflichtet ist oder

2. von einer anderen amtlichen Stelle unter Hinweis auf die Strafbarkeit der Verletzung der Geheimhaltungspflicht förmlich verpflichtet worden ist,

an einen anderen gelangen läßt oder öffentlich bekanntmacht und dadurch wichtige öffentliche Interessen gefährdet, wird mit Freiheitsstrafe bis zu drei Jahren oder mit Geldstrafe bestraft.

(3)Der Versuch ist strafbar.

(3a) Beihilfehandlungen einer in § 53 Absatz 1 Satz 1 Nummer 5 der Strafprozessordnung genannten Person sind nicht rechtswidrig, wenn sie sich auf die Entgegennahme, Auswertung oder Veröffentlichung des Geheimnisses oder des Gegenstandes oder der Nachricht, zu deren Geheimhaltung eine besondere Verpflichtung besteht, beschränken.

(4)Die Tat wird nur mit Ermächtigung verfolgt. Die Ermächtigung wird erteilt

1. von dem Präsidenten des Gesetzgebungsorgans

   a) in den Fällen des Absatzes 1, wenn dem Täter das Geheimnis während seiner Tätigkeit bei einem oder für ein Gesetzgebungsorgan des Bundes oder eines Landes bekanntgeworden ist,

   b) in den Fällen des Absatzes 2 Nr. 1;

2. von der obersten Bundesbehörde

   a) in den Fällen des Absatzes 1, wenn dem Täter das Geheimnis während seiner Tätigkeit sonst bei einer oder für eine Behörde oder bei einer anderen amtlichen Stelle des Bundes oder für eine solche Stelle bekanntgeworden ist,

   b) in den Fällen des Absatzes 2 Nr. 2, wenn der Täter von einer amtlichen Stelle des Bundes verpflichtet worden ist;

3. von der Bundesregierung in den Fällen des Absatzes 1 Satz 1 Nummer 4, wenn dem Täter das Geheimnis während seiner Tätigkeit bei einer Dienststelle der Europäischen Union bekannt geworden ist;

4. von der obersten Landesbehörde in allen übrigen Fällen der Absätze 1 und 2 Nr. 2.

In den Fällen des Satzes 2 Nummer 3 wird die Tat nur verfolgt, wenn zudem ein Strafverlangen der Dienststelle vorliegt.

§ 353c (weggefallen)

-

§ 353d Verbotene Mitteilungen über Gerichtsverhandlungen

Mit Freiheitsstrafe bis zu einem Jahr oder mit Geldstrafe wird bestraft, wer

1. entgegen einem gesetzlichen Verbot über eine Gerichtsverhandlung, bei der die Öffentlichkeit ausgeschlossen war, oder über den Inhalt eines die Sache betreffenden amtlichen Dokuments öffentlich eine Mitteilung macht,

2. entgegen einer vom Gericht auf Grund eines Gesetzes auferlegten Schweigepflicht Tatsachen unbefugt offenbart, die durch eine nichtöffentliche Gerichtsverhandlung oder durch ein die Sache betreffendes amtliches Dokument zu seiner Kenntnis gelangt sind, oder

3. die Anklageschrift oder andere amtliche Dokumente eines Strafverfahrens, eines Bußgeldverfahrens oder eines Disziplinarverfahrens, ganz oder in wesentlichen Teilen, im Wortlaut öffentlich mitteilt, bevor sie in öffentlicher Verhandlung erörtert worden sind oder das Verfahren abgeschlossen ist.

Fußnote

§ 353d Nr. 3: Nach Maßgabe der Entscheidungsformel mit dem GG vereinbar, BVerfGE v. 3.12.1985; 1986 I 329 - 1 BvL 15/84 -

§ 354 (weggefallen)

-

§ 355 Verletzung des Steuergeheimnisses

(1) Wer unbefugt

1. personenbezogene Daten eines anderen, die ihm als Amtsträger

   a) in einem Verwaltungsverfahren, einem Rechnungsprüfungsverfahren oder einem gerichtlichen Verfahren in Steuersachen,

   b) in einem Strafverfahren wegen einer Steuerstraftat oder in einem Bußgeldverfahren wegen einer Steuerordnungswidrigkeit,

   c) im Rahmen einer Weiterverarbeitung nach § 29c Absatz 1 Satz 1 Nummer 4, 5 oder 6 der Abgabenordnung oder aus anderem dienstlichen Anlass, insbesondere durch Mitteilung einer Finanzbehörde oder durch die gesetzlich vorgeschriebene Vorlage eines Steuerbescheids oder einer Bescheinigung über die bei der Besteuerung getroffenen Feststellungen

   bekannt geworden sind, oder

2. ein fremdes Betriebs- oder Geschäftsgeheimnis, das ihm als Amtsträger in einem der in Nummer 1 genannten Verfahren bekannt geworden ist,

offenbart oder verwertet, wird mit Freiheitsstrafe bis zu zwei Jahren oder mit Geldstrafe bestraft. Personenbezogene Daten eines anderen oder fremde Betriebs- oder Geschäftsgeheimnisse sind dem Täter auch dann als Amtsträger in einem in Satz 1 Nummer 1 genannten Verfahren bekannt geworden, wenn sie sich aus Daten ergeben, zu denen er Zugang hatte und die er unbefugt abgerufen hat. Informationen, die sich auf identifizierte oder identifizierbare verstorbene natürliche Personen oder Körperschaften, rechtsfähige oder nicht rechtsfähige Personenvereinigungen oder Vermögensmassen beziehen, stehen personenbezogenen Daten eines anderen gleich.

(2) Den Amtsträgern im Sinne des Absatzes 1 stehen gleich

1. die für den öffentlichen Dienst besonders Verpflichteten,

2. amtlich zugezogene Sachverständige und

3.   die Träger von Ämtern der Kirchen und anderen Religionsgesellschaften des öffentlichen Rechts.

(3)Die Tat wird nur auf Antrag des Dienstvorgesetzten oder des Verletzten verfolgt. Bei Taten amtlich zugezogener Sachverständiger ist der Leiter der Behörde, deren Verfahren betroffen ist, neben dem Verletzten antragsberechtigt.

§ 356 Parteiverrat

(1)Ein Anwalt oder ein anderer Rechtsbeistand, welcher bei den ihm in dieser Eigenschaft anvertrauten Angelegenheiten in derselben Rechtssache beiden Parteien durch Rat oder Beistand pflichtwidrig dient, wird mit Freiheitsstrafe von drei Monaten bis zu fünf Jahren bestraft.

(2)Handelt derselbe im Einverständnis mit der Gegenpartei zum Nachteil seiner Partei, so tritt Freiheitsstrafe von einem Jahr bis zu fünf Jahren ein.

§ 357 Verleitung eines Untergebenen zu einer Straftat

(1)Ein Vorgesetzter, welcher seine Untergebenen zu einer rechtswidrigen Tat im Amt verleitet oder zu verleiten unternimmt oder eine solche rechtswidrige Tat seiner Untergebenen geschehen läßt, hat die für diese rechtswidrige Tat angedrohte Strafe verwirkt.

(2)Dieselbe Bestimmung findet auf einen Amtsträger Anwendung, welchem eine Aufsicht oder Kontrolle über die Dienstgeschäfte eines anderen Amtsträgers übertragen ist, sofern die von diesem letzteren Amtsträger begangene rechtswidrige Tat die zur Aufsicht oder Kontrolle gehörenden Geschäfte betrifft.

§ 358 Nebenfolgen

Neben einer Freiheitsstrafe von mindestens sechs Monaten wegen einer Straftat nach den §§ 332, 335, 339, 340, 343, 344, 345 Abs. 1 und 3, §§ 348, 352 bis 353b Abs. 1, §§ 355 und 357 kann das Gericht die Fähigkeit, öffentliche Ämter zu bekleiden (§ 45 Abs. 2), aberkennen.

www.ingramcontent.com/pod-product-compliance
Lightning Source LLC
Chambersburg PA
CBHW061528120726